# Meßentladungsstrecken
## (Ionenstrecken)

Von

Dr.-Ing. Siegfried Franck

Mit 183 Abbildungen im Text

**Berlin**
Verlag von Julius Springer
1931

ISBN-13: 978-3-642-47164-3 e-ISBN-13: 978-3-642-47470-5
DOI: 10.1007/978-3-642-47470-5

Meiner Mutter

zu ihrem siebzigsten Geburtstag

gewidmet

# Vorwort.

Im vorliegenden Buch ist versucht worden, die selbständigen Gasentladungen in ihren Anwendungen zu Meßzwecken zu ordnen und unter Auswahl möglichst exakter Unterlagen zu beschreiben.

Der Titel soll darauf hinweisen, daß das Meßprinzip im Vordergrund steht, auf die Theorie der Gasentladungen wird dagegen nur soweit eingegangen, als es für das Verständnis des Meßprinzips notwendig ist. Der Untertitel „Ionenstrecken“ soll den Gegensatz zu den „Elektronenstrecken“ (unselbständige Gasentladungen) andeuten; die gemischtselbständigen Gasentladungen, z. B. die Ionisationsmanometer mit Glühkathode, werden nicht mit behandelt.

Die Ordnung ist nicht nach den meßbaren Größen (Spannungen, Ströme, Kapazitäten, Strahlungen, Zeiten, Drucke usw.), sondern nach den messenden Prinzipien, also nach dem physikalischen Aufbau der selbständigen Gasentladungen erfolgt, weil dadurch das z. T. schwierigere Verständnis des Meßprinzips und die Prüfung seiner Anwendbarkeit erleichtert und eine zu große Fülle von Einzelheiten vermieden wird. Zur leichteren Orientierung nach den meßbaren Größen ist am Ende des Buches (S. 190) im Anschluß an das alphabetische Sachverzeichnis ein systematisches Verzeichnis der meßbaren Größen angegeben.

Daß wohl manche Anwendungen im einzelnen nicht erfaßt wurden, möge der außerordentlich zahlreichen und verstreuten Literatur mit zugute gerechnet werden; mehr Raum wurde den Grundlagen der Anwendungsgebiete gegeben. Viele Anwendungen befinden sich auch noch in starkem Fluß der Entwicklung.

Meinem hochverehrten Lehrer, Herrn Prof. Dr. W. O. Schumann-München, Herrn Prof. Dr. G. Brion und Herrn Prof. Dr. G. Aeckerlein möchte ich für Anregungen und Förderungen der Arbeit verbindlichsten Dank aussprechen. Herrn Dr. W. Vogt danke ich für Unterstützung beim Korrekturlesen.

Freiberg (Sa.), Bergakademie, im Juni 1931.

**Siegfried Franck.**

# Inhaltsverzeichnis.

# A. Allgemeines über Gasentladungen und Meßentladungsstrecken.

**Meßentladungsstrecken.** Die Meßentladungsstrecken (Ionenstrecken) benutzen als Meßprinzip charakteristische, für die zu messende Größe hinreichend bestimmte Formen von selbständigen Gasentladungen zwischen Elektroden.

Nur die Gase eignen sich im allgemeinen unter den Aggregatzuständen für Meßentladungsstrecken, weil bei deren Entladungsformen trotz der komplizierten und zum Teil noch ungelösten Vorgänge enger begrenzte, für Messungen geeignete Gesetzmäßigkeiten zu finden sind. Auf die Theorie dieser Gesetzmäßigkeiten wird nur so weit eingegangen, als es für das Verständnis des Meßprinzips notwendig ist[1].

Gemessen werden in erster Linie elektrische Spannungen, da es sich um Vorgänge in elektrischen Feldern handelt. Indirekt können durch Spannungsmessungen andere elektrische und nichtelektrische Größen (Ströme, Widerstände, Kapazitäten, Zeiten usw.) bestimmt werden. In zweiter Linie können Ströme, Kapazitäten, Strahlungen, Zeiten, Drucke usw. gemessen werden, wenn die Charakteristiken der Entladungen dies zulassen. Indirekt können dadurch wieder andere elektrische und nichtelektrische Größen ermittelt werden.

**Selbständige und unselbständige Gasentladungen.** Man unterscheidet bei den Gasentladungen selbständige und unselbständige Entladungen. Bei unselbständiger Entladung ist der Entladungsstrom von einer äußeren Energiequelle (Ionisator) abhängig. Steigert man in einem (z. B. durch Bestrahlung der Elektroden mit ultraviolettem Licht) ionisierten Gas die Spannung zwischen den Elektroden allmählich, so zeigt der Strom den in Abb. 1 dargestellten Verlauf. Zunächst ist der

---

[1] Für die theoretischen Grundlagen der selbständigen Gasentladungen und ihre Literatur sei auf die Handbücher der Physik (Geiger u. Scheel) **14.** Berlin 1926 und der Experimentalphysik (Wien u. Harms) **13/3.** Leipzig 1929 verwiesen. Umfassende Darstellungen ferner: Handbuch der Elektrizität und des Magnetismus (Graetz) **3.** Leipzig 1923. W. O. Schumann: Elektrische Durchbruchfeldstärke von Gasen. Berlin 1923. R. Seeliger: Einführung in die Physik der Gasentladungen. Leipzig 1927. A. Gemant: Elektrophysik der Isolierstoffe. Berlin 1930.

Strom annähernd proportional der Spannung (Gebiet *O—A*). Die durch das elektrische Feld den Ionen erteilte Geschwindigkeit ist noch nicht groß, so daß die Ionen längere Zeit im Gasvolumen verbleiben, wodurch viele neu entstandene Ionen sich wiedervereinigen (rekombinieren) oder diffundieren; es gelangen also nicht alle erzeugten Ionen an die Elektroden. Von *A* ab ist aber die Feldstärke und damit die Geschwindigkeit der Ionen so groß, daß alle erzeugten Ionen auch an die Elektroden abgeführt werden. Wenn die Zahl der in der Zeiteinheit erzeugten Ionen konstant bleibt, bleibt nun bei weiter wachsender Spannung auch der Strom konstant (Sättigungsgebiet *A—B*). Durch eine höhere Spannung wird nur die Geschwindigkeit der Ionen, nicht aber ihre Zahl vergrößert. Erlischt die äußere Ionenzufuhr, so erlischt auch der Strom. Beispiele für unselbständige Entladungen sind die Glühkathodenelektronenstrecken oder die Photoströme in Vakuumröhren.

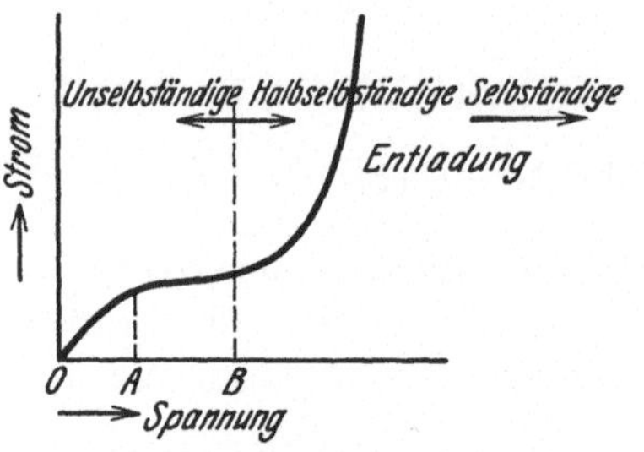

Abb. 1. Selbständige, halbselbständige und unselbständige Entladungen.

Bei weiterer Steigerung der Spannung steigt der Strom plötzlich sehr stark an (Abb. 1, *B*). Dieser Anstieg ist durch die Fähigkeit der Ladungsträger, der positiven und negativen Ionen und der Elektronen, durch Stoß neue Ionen im Gas zu bilden, zu erklären. Die Ladungsträger haben durch die hohe Spannung eine solche Geschwindigkeit erhalten, daß sie durch Stoß an den elektrisch neutralen Gasmolekülen immer neue Ladungsträger als Ersatz der an die Elektroden abgeführten erzeugen können. Die Entladung wird als selbständig bezeichnet, wenn auch bei Fortfall des äußeren Ionisators die Entladung bestehen bleibt.

Daraus ergibt sich, daß einmal im Entladungsraum zur Einleitung der „Ionenlawine" wenigstens einige Ionen vorhanden sein müssen, während im übrigen der Vorgang ganz unabhängig von diesen Ionen ist; und andererseits, daß Stoßionisation sowohl von den negativen wie auch von den positiven Trägern ausgehen muß. Denn es wird sonst, wenn nur zunächst die eine (negative, weil hierzu die beweglichen Elektronen gehören) Trägerart ionisiert, die Entladung bei Versiechen der äußeren Ionenquelle aufhören, die Lawine entsteht nur in der einen Richtung und läuft als einmaliger Vorgang leer ab. Dies wird als halb- oder gemischtselbständige Entladung bezeichnet (z. B. Geigerscher Spitzenzähler, Ionisationsmanometer). Nur wenn auch die andere Trägerart ionisiert, kann von einer eigentlich selbständigen Entladung gesprochen werden.

Im folgenden werden nur die s e l b s t ä n d i g e n Gasentladungen in ihren Anwendungen als Meßentladungsstrecken (Ionenstrecken) behandelt. Der Name Ionenstrecken soll den Unterschied gegenüber den Elektronenstrecken (z. B. Glühkathodenstrecke) andeuten.

**Raumladungsfreie und raumladungsbeschwerte Gasentladungen.** Man unterscheidet bei den selbständigen Gasentladungen nach der neueren Morphologie zwei große Gruppen, die sich aus der Ionentheorie der Gasentladungen ergeben: die raumladungsfreien und die raumladungsbeschwerten Entladungen. Im ersteren Falle haben wir das reine Elektrodenfeld, das durch die Oberflächenladungen der Elektroden bedingt ist. Im zweiten Falle sind außer den Oberflächenladungen noch Raumladungen vorhanden, die zusammen die Feldverteilung bestimmen. Beide Arten der selbständigen Gasentladungen lassen sich zwar nicht exakt trennen und es gibt Zwischenformen; insbesondere geht jede raumladungsbeschwerte Entladungsform genetisch erst durch die raumladungsfreie Entladung hindurch. Im wesentlichen bestimmen sie aber den Charakter der Entladung.

Die raumladungsfreien Entladungen nennt man auch Townsendentladungen nach J. S. Townsend[1], der zuerst auf Grund der Stoßionentheorie von J. J. Thomson[2] die Erscheinungen in verdünnten Gasen der Rechnung zugänglich gemacht hat. Später ist die Theorie vor allem von W. O. Schumann für dichte Gase erweitert worden.

Bei den raumladungsbeschwerten Entladungen unterscheidet man zwei Hauptformen: die Glimmentladungen und die Bogenentladungen. Dazu kommen aber Zwischen- und Sonderformen, bei höheren Drucken z. B. Sprühentladungen (Glimmlicht, Büschel- und Streifenentladungen) als Zwischenformen, Funkenentladungen als Sonderformen der Bogenentladungen. Die Entladungsform wird vor allem durch die Stromdichte an der Kathode bedingt. Bei normaler Glimmentladung findet Elektronenbefreiung aus kalter Kathode, bei der Bogenentladung thermische Elektronenbefreiung statt. Eine Bogenentladung entsteht vermutlich immer aus einer Glimmentladung, und diese wieder aus einer Townsendentladung (z. B. entsteht nach Rogowski[3] auch die Funkenentladung als kurzdauernder Bogen aus einer Townsend- und Glimmentladung). Es entwickeln sich also der Reihe nach auseinander die älteren Entladungsformen nach dem Schema: Townsendentladung → Glimmentladung → Bogenentladung. Welche Entladungsform sich stabil einstellt, hängt von den Bedingungen der Entladungsstrecke und des äußeren Entladungskreises (Stromkreises) ab. Die Bedingungen der Entladungsstrecke sind Geo-

[1] Townsend, J. S.: Phil. Mag. (6) **6**, 598 (1903); Handb. Radiologie **1**.

[2] Thomson, J. J.: Phil. Mag. (5) **50**, 278 (1900). Thomson-Marx: Elektr. Durchgang in Gasen. Leipzig 1906.

[3] Rogowski, W.: Arch. Elektrot. **20**, 625 (1928).

metrie des Entladungsraumes und Gasdichte, Elektrodenmaterial usw., die des äußeren Entladungskreises die Konstanten des Stromkreises (EMK, Widerstände, Induktivitäten, Kapazitäten).

Die einzelnen Entladungsformen sind, sofern man sie stabil erhalten will, sehr vom Druck abhängig, weil die kathodische Stromdichte mit dem Druck stark ansteigt. Abb. 2 gibt nach Seeliger und Schmekel[1] einen Anhalt; grundsätzlich kann aber jede Entladungsform bei jedem Druck erhalten werden.

Abb. 2. Die Gebiete der selbständigen Gasentladungen abhängig vom Druck und der Stromdichte (nach Seeliger und Schmekel).

**Entladungscharakteristiken.** Als Entladungscharakteristiken bezeichnet man die Beziehungen zwischen Elektrodenspannung und Entladungsstromstärke. Abb. 3 gibt einen Überblick über die verschiedenen Entladungscharakteristiken, die im einzelnen in der Übersicht der speziellen Entladungsformen näher besprochen werden. Sie können steigend und fallend sein. Die Townsendentladungscharakteristik ist nur steigend, die Bogenentladungscharakteristik im allgemeinen nur fallend, während die Glimmentladungscharakteristik sowohl fallend wie steigend ist. Bei

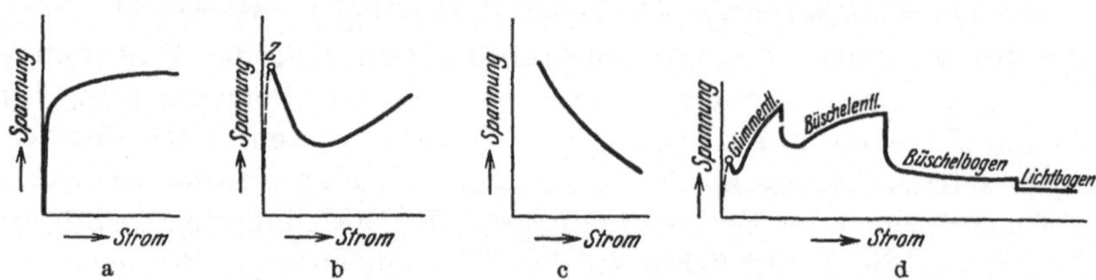


a Townsendentladung b Glimmentladung c Reine Bogenentladung d Sprüh- und Bogen-(Funken-) Entladungen.

Abb. 3. Entladungscharakteristiken.

den Zwischen- und Sonderformen (Büschel- und Büschelbogen) gibt es kompliziertere Charakteristiken, die auch von der kleinsten geradlinigen Entfernung der Elektroden voneinander, der sog. Schlagweite, abhängig sind.

Man unterscheidet ferner statische und dynamische Charakteristiken; denn die Charakteristik einer Entladung ist abhängig von der Geschwindigkeit, mit der sich Spannung und Strom zeitlich ändern. Statisch ist der Zustand, von dem ab die zeitliche Änderung von Spannung und Strom implizit keinen Einfluß auf die Charakteristik hat.

---

[1] Seeliger, R. u. J. Schmekel: Physik. Z. **26**, 471 (1925).

# B. Die Meßentladungsstrecken. (Ionenstrecken.)

## I. Raumladungsfreie Meßentladungsstrecken.

Von den je nach den Bedingungen des Entladungskreises stabil sich einstellenden, genetisch aufeinanderfolgenden Formen Townsendentladung—Glimmentladung—Bogenentladung wird zunächst die praktisch raumladungsfreie Townsendentladung behandelt, die den Beginn der selbständigen Entladung charakterisiert, also als „Zündform" aller Entladungen angesprochen werden kann. Streng raumladungsfrei kann sie nicht sein, denn die Elektrizitätsträger im Gase stellen ja schon Raumladungen dar, letztere gehören also wesentlich zum Elektrizitätstransport durch Gase hindurch, und neuere Untersuchungen von Rogowski[1] und Schumann[2] zeigen, daß zur eigentlichen Zündung der Entladung die Raumladungen eine ausschlaggebende Rolle spielen, allerdings erst so unmittelbar vor der Zündung, daß wenigstens im stationären Zustand die Spannungsänderung $\varDelta U$, die nötig ist, um das praktisch raumladungsfreie Feld in das Zündfeld zu verwandeln, außerordentlich klein ist. Die Betrachtung der Townsendentladung als praktisch raumladungsfreie, nur durch das Elektrodenfeld bedingte Entladung ist unter diesem Gesichtspunkt zulässig und bequem.

## Die Townsendentladungen (Anfangspannungen).

### 1. Überblick.

**Anfangspannung, Durchbruchfeldstärke.** Es stehen immer die Bedingungen und Gesetzmäßigkeiten, die die Entladungen für Meßzwecke geeignet machen, hier im Vordergrund. Die Hauptanwendung der Townsendentladung beruht darauf, daß der Übergang der unselbständigen und halbselbständigen in die selbständige Entladung bei einer scharf begrenzten Spannung (Anfangspannung) vor sich geht. Man kann deshalb die Anfangspannung zur Spannungsmessung benutzen. Da man mit dem reinen Elektrodenfeld rechnen kann, spielt die Elektrodengeometrie eine entscheidende Rolle. Unterschieden wird die Townsendentladung im homogenen Medium (reine Gase und Gasgemische) bei Zwei- und Vielelektrodenanordnungen, und im inhomogenen Medium (feste Körper — Gase, Gleitentladungen); ferner statische (Gleichspannung) und dynamische (Wechselspannung, Hochfrequenz, Stoß) Townsendentladung. Schließlich werden die Beeinflussungen der

[1] Rogowski, W.: Arch. Elektrot. **16**, 496 (1926); **20**, 99, 625 (1928).

[2] Schumann, W. O.: Z. techn. Phys. **11**, 58, 131, 194 (1930).

Townsendentladungen durch innere und äußere Störungen der Entladungsstrecken betrachtet.

Die Zündspannung der Townsendentladung nennt man Anfangspannung. Dieser Anfangspannung entsprechen bestimmte, aus der Elektrodengeometrie und der Spannung zu berechnende Anfangs- oder Durchbruchfeldstärken. Meist versteht man unter Durchbruchfeldstärke schlechthin die maximale Feldstärke im Entladungsraum, die im inhomogenen elektrischen Feld immer an der Oberfläche[1] einer der Elektroden liegen wird. Die Theorie der Elektrostatik gestattet verhältnismäßig einfache Anordnungen (Zylinder und Kugeln im Zusammenhang mit Ebenen) streng und auch kompliziertere Anordnungen mit Annäherung in ihrem Feldverlauf zu berechnen[2]. Wichtig ist, daß bei sich nicht umhüllenden Anordnungen der Feldverlauf auch von den Spannungen der Elektroden gegen Erde (Potentialen) abhängen kann. Auf die Berechnungen wird hier nicht eingegangen.

Die Townsendentladung als stationäre Entladungsform tritt vor allem bei höheren Drucken (s. S. 4, Abb. 2), aus praktischen Gründen bei Atmosphärendruck auf. Deswegen ist noch eine besondere Einteilung der Entladungen bei Atmosphärendruck in diesem Zusammenhange für die Meßentladungsstrecken wichtig[3].

**Anfangspannung als Glimmlicht (Korona) oder als Funke.** Nach der Zündung der Townsendentladung kann sich entweder diese selbst stabil erhalten. Sie tritt in Form von Glimmen, das die Oberfläche besonders bei stark gekrümmten Elektroden mit einer dünnen Lichthaut bedeckt, oder von Leuchtfäden (stiellosen Büscheln) auf. Bei dieser Erscheinung, die Glimmlicht genannt wird, treten noch keine wesentlichen Raumladungen auf (im Gegensatz zu den eigentlichen Glimmentladungen bei tieferen Drucken, Kap. IIb, die raumladungsbeschwert sind, und zu den Büschel-, Streifen- und Bogenentladungen bei Atmosphärendruck, Kap. IIc).

Es kann aber auch nach Erreichen der Zündspannung sofort eine stoßartige, bogenförmige Verbindung zwischen den Elektroden, der sog. Funke (Vollfunke), oder in einem Teile der Entladungsstrecke, der Teilfunke (Vorentladung), eintreten. Der Funke hat diskontinuierlichen Charakter und kann in verschiedenen Entladungsübergängen plötzlich einsetzen (die sog. Funkenspannung kann mit der Anfangs-

---

[1] Deswegen wird die Durchbruchfeldstärke, soweit eine Unterscheidung von der Feldstärke nötig ist, mit dem Index 0 bezeichnet ($\mathfrak{E}_0$).

[2] Vgl. Handbuch der Physik **12** und Handbuch der Experimentalphysik **10**. W. O. Schumann: Elektrische Durchbruchfeldstärke von Gasen. Berlin 1923. A. Schwaiger: Elektrische Festigkeitslehre. Berlin 1925. A. Roth: Hochspannungstechnik. Berlin 1927.

[3] Siehe M. Toepler: Z. techn. Phys. **10**, 73, 113 (1929); ETZ **51**, 1470 (1930).

spannung, der Glimmgrenzspannung, der Büschelgrenzspannung (Streifengrenzspannung) oder Büschelbogengrenzspannung zusammenfallen); wahrscheinlich kann er als kurzdauernde Bogenentladung angesprochen werden, die die vorhergehenden Entladungen (Glimmlicht, Büschel-, Streifenentladung) so schnell durchläuft, daß sie nicht in Erscheinung treten.

Das Glimmlicht wird auch Korona genannt, wobei darunter nach F. W. Peek jede bei der Anfangspannung einsetzende Entladungsform verstanden wird, sofern sie keine Funkenentladung ist.

Wir unterscheiden also bei der Townsendentladung im folgenden immer, ob sie als Glimmlicht oder als Funke zündet.

## 2. Die Ähnlichkeitsgesetze.

(Paschensches Gesetz, Townsendsches Ähnlichkeitsgesetz, geometrische Charakteristiken.)

**Paschensches Gesetz und Townsendsches Ähnlichkeitsgesetz.** Diese Gesetze sind für die Meßentladungsstrecken von besonderer Bedeutung. Die Stoßionisierung in einem Gas hängt wesentlich von der Spannung je mittlere freie Weglänge ab. Nach Townsend bleibt die Anfangspannung konstant, wenn die Spannung je mittlere freie Weglänge im Gas konstant bleibt. Es herrschen dann an homologen Punkten der Entladungsbahn gleiche Ionisationszustände[1]. Die Spannung, die auf eine mittlere freie Weglänge im Gas entfällt, kann nun bei gegebener konstanter Elektrodenspannung sowohl durch Änderung der Gasdichte wie auch durch Änderung des geometrischen Entladungsraumes (Elektrodendimensionen, Schlagweite) verändert werden. Am einfachsten übersieht man dies bei ebenen Elektroden. Die Zahl der Moleküle zwischen den Ebenen bleibt offenbar die gleiche, wenn man gegenüber dem Ausgangszustand den Gasdruck verdoppelt und die Schlagweite auf die Hälfte erniedrigt. Bei konstanter Elektrodenspannung bleibt damit auch die Spannung je mittlere freie Weglänge und damit die Anfangspannung konstant. Dasselbe wird erreicht, wenn man den Gasdruck auf die Hälfte erniedrigt und die Schlagweite verdoppelt. Die Anfangspannung hängt nur von dem Produkt aus Druck und Schlagweite ($ps$) ab. In Abb. 4 ist die Anfangspannung von ebenen Elektroden abhängig von $ps$ aufgetragen. Diese Beziehung wurde zuerst von Paschen[2] gefunden und nach ihm Paschensches Ge-

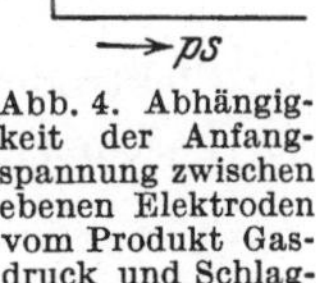

Abb. 4. Abhängigkeit der Anfangspannung zwischen ebenen Elektroden vom Produkt Gasdruck und Schlagweite (nach Paschen).

[1] Es gilt dies nur unter gewissen Voraussetzungen: Es darf die Absolutzahl der Moleküle und Ionen pro Volumeneinheit und der Absolutwert der Feldstärke auf den Entladungsvorgang keinen Einfluß haben; siehe auch R. Holm: Physik. Z. **25**, 497 (1924); **26**, 412 (1925).

[2] Paschen, F.: Ann. Physik **37**, 69 (1889).

setz genannt. Es bildet aber nur einen Spezialfall des allgemeinen Townsendschen Ähnlichkeitsgesetzes. Hat man nämlich keine ebenen Elektroden, sondern eine beliebige Elektrodenanordnung, so muß, um der Bedingung der konstanten Spannung je mittlere freie Weglänge zu genügen, zugleich mit der Schlagweite der ganze Entladungsraum ähnlich geändert werden; also sämtliche Lineardimensionen des Entladungsraumes müssen im gleichen Verhältnis mit der Schlagweite verändert werden. Bei Kugeln und Zylindern z. B. muß mit der Schlagweite zugleich der Durchmesser im selben Verhältnis größer oder kleiner werden (Abb. 5). Dieses allgemeine Townsendsche Ähnlichkeitsgesetz gilt für Anfangspannungen in großen Druckbereichen außerordentlich exakt[1]. Nur bei Elektrodenformen mit Stellen unendlicher Feldstärke, z. B. scharfen Spitzen und Kanten, gilt es nicht mehr. Statt des Druckes kann man allgemeiner die Dichte des Gases einführen ($\delta$ im folgenden immer genannt), nur bei höheren Temperaturen können durch Thermionen Abweichungen eintreten[2].

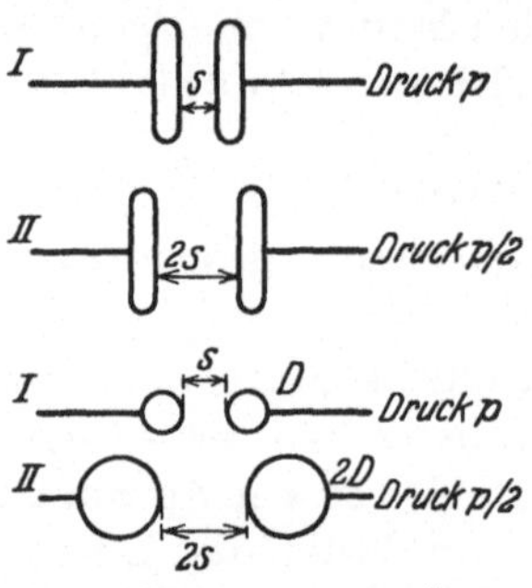

Abb. 5. Das Townsendsche Ähnlichkeitsgesetz bei Ebenen und Kugeln oder Zylindern.

Bezeichnet man mit $a$ irgend eine Leiterdimension der Entladungsstrecke, mit der zugleich alle anderen Leiterdimensionen des elektrischen Feldes ähnlich geändert werden, mit $U$ die Anfangspannung und mit $\delta$ die Gasdichte, so kann das allgemeine Ähnlichkeitsgesetz ausgedrückt werden durch

$$U = f_1(\delta a). \tag{1}$$

Führt man die S. 6 bezeichnete Durchbruchfeldstärke $\mathfrak{E}$ ein, so wird

$$\mathfrak{E}\, a = f_2(\delta a). \tag{2}$$

Bei Elektrodenanordnungen mit einer Lineardimension (Ebene Felder) ist (Paschensches Gesetz, Abb. 4)

$$U = f_1(\delta s). \tag{3}$$

Bei Anordnungen mit zwei Lineardimensionen, wie sie häufig vorkommen (Zylinder- und Kugelanordnungen mit gleichen Elektroden), Schlagweite $s$ und Durchmesser $D$, wird

$$U = f_1(\delta s) = f_2(\delta D) \quad \text{bei} \quad \frac{s}{D} = \text{konst}. \tag{4}$$

In Abb. 6 sind diese Größen aufgetragen. Durch Änderung des Parameters ergibt sich $U$ abhängig von $\frac{s}{D}$. Diese Darstellung eignet sich

---

[1] Vgl. S. Franck: Arch. Elektrot. **21**, 318 (1928); **23**, 226 (1929).

[2] Siehe [1] und H. C. Bowker: Proc. Phys. Soc. **43**, 96 (1931).

besonders gut für Spannungsmeßzwecke bei Kugel- und Zylinderfunkenstrecken. Man braucht keine Korrektion für den Luftdichteeinfluß vorzunehmen, sondern hat alle Parameter exakt erfaßt (siehe S. 22 u. 39).

Für die Durchbruchfeldstärken sind analog nach Gl. (2) S. 8 bei Elektrodenanordnungen mit **einer** Lineardimension (Ebene Felder) $\mathfrak{E}s$ und $\delta s$, mit zwei Lineardimensionen $\mathfrak{E}s$ oder $\mathfrak{E}D$, $\frac{s}{D}$ und $\delta s$ oder $\delta D$ als Funktionen darzustellen. Im letzteren Falle ist es einfacher und an

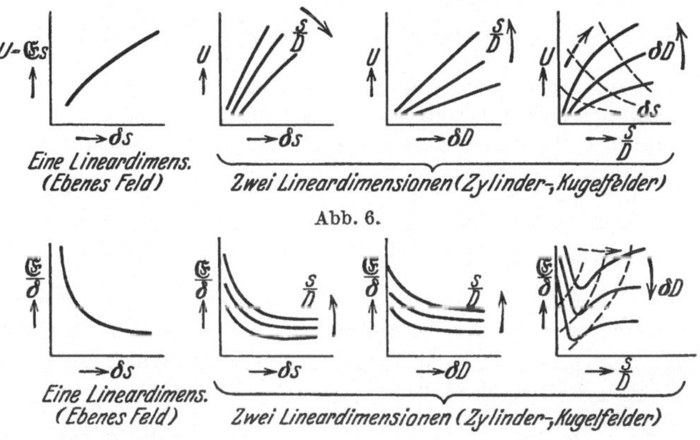


Abb. 7.

Abb. 6 und 7. Anfangspannung, Durchbruchfeldstärke, Gasdichte und Lineardimensionen der Elektroden (Schlagweite, Durchmesser der gleichen Kugeln und Zylinder) in ihren Ähnlichkeitsbeziehungen. Die Richtung des Pfeiles zeigt Anwachsen der betreffenden Größe an.

die übliche Darstellung der Durchbruchfeldstärke anknüpfend, die Größen $\frac{\mathfrak{E}}{\delta}$, $\frac{s}{D}$ und $\delta D$ aufzutragen (Abb. 7). Das ergibt dasselbe Bild wie die Darstellung von $\mathfrak{E}$, $\frac{s}{D}$ und $D$ bei konstantem $\delta$.

**Geometrische Charakteristiken.** Eine andere, rein geometrische Ähnlichkeit läßt sich bei der Berechnung der Feldstärke aus den geometrischen Dimensionen der Entladungsstrecke entnehmen. Bei ebenen Feldern hängt Spannung und Feldstärke bekanntlich durch die Gleichung

$$U = \mathfrak{E}\, s \tag{5}$$

zusammen. Für andere Anordnungen ergeben sich für die maximale Feldstärke $\mathfrak{E}_0$ kompliziertere Gleichungen (s. S. 6), die man durch einen Faktor $\eta$ zusammenfassen kann:

$$U = \mathfrak{E}_0 s \eta . \tag{6}$$

$\eta$ ist nach Schwaiger der sog. Ausnutzungsfaktor oder Gütefaktor der Anordnung. Für Ebenen ist $\eta = 1$; für alle anderen Anordnungen ist $\eta < 1$. $\eta$ gibt also an, um wieviel kleiner die Anfangspannung einer Anordnung ist als diejenige der Anordnnng zweier Ebenen mit gleicher Schlagweite (gleiche Durchbruchfeldstärke vorausgesetzt, was ja bei Gasen nicht streng erfüllbar ist). Bei ebenem Feld ist z. B. die Anfangspannung $U$; bei beliebiger anderer Anordnung mit gleicher Schlagweite $U\eta$. Soweit das elektrostatische Feld beliebiger Anordnungen berechenbar ist, kann auch $\eta$ angegeben werden[1]. Für Anordnungen mit zwei Lineardimensionen ist $\eta$ eine Funktion zweier Größen $p$ und $q$, der sog. geometrischen Charakteristiken, die definiert sind durch

$$p = \frac{r+s}{r}; \qquad q = \frac{R}{r}. \tag{7}$$

$r$ = Krümmungsradius der kleineren Elektrode,
$R$ = Krümmungsradius der größeren Elektrode,
$s$ = Schlagweite (kleinster geradliniger Abstand der Elektroden).

Man sieht, daß $p$ und $q$ von dem Verhältnis zweier Größen abhängt. Es können sich also die Absolutwerte $R$, $r$ und $s$ ändern, ohne daß sich $p$ oder $q$ ändert (geometrische Ähnlichkeit). Abb. 8 gibt $\eta$ abhängig von der Charakteristik $p$ für verschiedene Anordnungen an. Die größte (nicht absolut, sondern nur unter der Annahme konstanter Durchbruchfeldstärke) Anfangspannung hat das ebene Feld („günstigste" Anordnung). Dann folgen gleich große Zylinder nebeneinander, dann Zylinder gegen Ebene, koaxiale Zylinder, zwei gleich große Kugeln nebeneinander und als „schlechteste" Anordnung Kugel gegen Ebene.

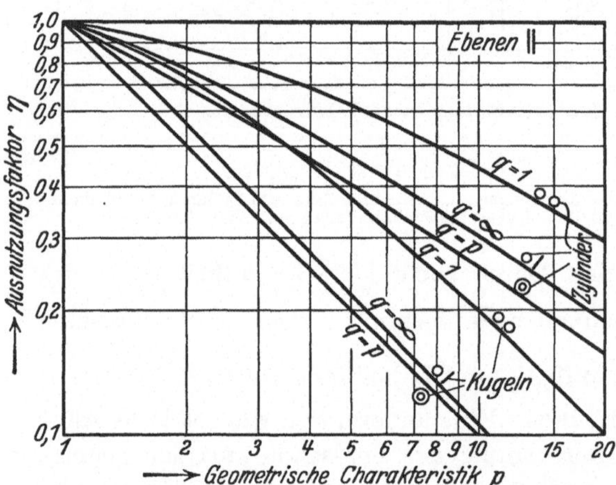


Abb. 8. Ausnutzungsfaktor $\eta$ abhängig von der geometrischen Charakteristik $p$ bei verschiedenen Feldanordnungen.

Für jede Anordnung gibt es eine „günstigste" Charakteristik, d. h. eine solche Wahl der Krümmungen, daß sich für gegebene Schlagweite $s$ die größte Durchschlagspannung ergibt (ohne daß die Anordnung selbst geändert wird). Sie läßt sich leicht errechnen (s. Schwaiger[2]) und beträgt z. B. für konzentrische Kugeln $p_g = 2{,}0$, für ko-

[1] Der S. 17, 31 und 59 für verschiedene Felder angegebene Formfaktor $F$ ist $1/\eta$.
[2] Schwaiger, A.: Elektrische Festigkeitslehre. Berlin 1925.

axiale Zylinder $p_g = 2{,}718$. Für anaxiale Zylinder ergeben sich Reihen von günstigsten Charakteristiken, weil hier die beiden geometrischen Charakteristiken $p$ und $q$ in die Rechnung einzuführen sind.

## 3. Homogenes Dielektrikum.

### α) Statische Townsendentladungen (Gleichspannung).

*Zweielektrodenanordnungen.*

Die beiden Elektroden können ebene oder gekrümmte Flächen bilden. Bei gekrümmten Flächen können die Elektroden nebeneinander liegen oder sich umhüllen (einander ab- oder zugewandte Scheitel). Bei sich einhüllenden Elektroden kann die umhüllende größere Elektrode zur umhüllten kleineren konzentrisch bzw. koaxial oder azentrisch bzw. anaxial liegen.

Ebene Felder.

**Feldbestimmung, Entladungsart, Meßspannungen.** Die Feldbestimmung ist hier sehr einfach; die im Raum zwischen den Platten überall gleich große Feldstärke ist gleich dem Verhältnis der Anfangspannung ($U_{max}$) zur Schlagweite ($s$). Die Anfangspannung ist hier immer zugleich Funkenspannung, sofern die Randausbildung (s. im folgenden S. 13) einwandfrei ist.

Die zuverlässigsten Messungen von Thomson[1], Baille[2], de la Rue und H. Müller[3], Liebig[4], Freyberg[5], C. Müller[6], Guye und Mercier[7], Meyer[8], Earhart[9], Villard und Abraham[10], Schumann[11], Spath[12], Klemm[13], Löber[14], Rengier[15] und Sahland[16] sind in Abb. 9 eingetragen, und zwar nicht Anfangspannungen, sondern das Verhältnis Durchbruchfeldstärke zu Luftdichte. Aus allen Messungen wurde

---

[1] Thomson, W. (Lord Kelvin): Phil. Mag. (4) **20**, 316 (1860); Proc. Roy. Soc. **10**, 326 (1860).

[2] Baille, J. B.: Ann. Chim. Phys. (5) **29**, 181 (1883).

[3] de la Rue, W. u. H. W. Müller: Phil. Trans. Roy. Soc. **171**, 83 (1880); Proc. Roy. Soc. **36**, 151 (1883/84).

[4] Liebig, G. A.: Phil. Mag. (5) **24**, 106 (1887).

[5] Freyberg, J.: Wiedemanns Ann. **38**, 231 (1889).

[6] Müller, C.: Ann. Physik (4) **28**, 585 (1909).

[7] Guye, C. E. u. P. Mercier: Archives de Geneve (5) **2** (1920). Jan.-Febr.

[8] Meyer, E.: Ann. Physik (4) **58**, 297 (1919).

[9] Earhart, R. F.: Phil. Mag. (6) **1**, 147 (1901).

[10] Villard, P. u. H. Abraham: Compt. Rend. **153**, 1200 (1911).

[11] Schumann, W. O.: Arch. Elektrot. **11**, 1 (1922).

[12] Spath, W.: Arch. Elektrot. **12**, 331 (1923).

[13] Klemm, A.: Arch. Elektrot. **12**, 553 (1923).

[14] Löber, H.: Arch. Elektrot. **14**, 516 (1925).

[15] Rengier, H.: Arch. Elektrot. **16**, 76 (1926).

[16] Sahland, W.: Arch. Elektrot. **19**, 145 (1927).

eine mittlere Kurve gebildet, deren Werte in Zahlentafel 1 am Schluß des Buches angegeben sind. Die Durchbruchfeldstärke fällt mit wachsender

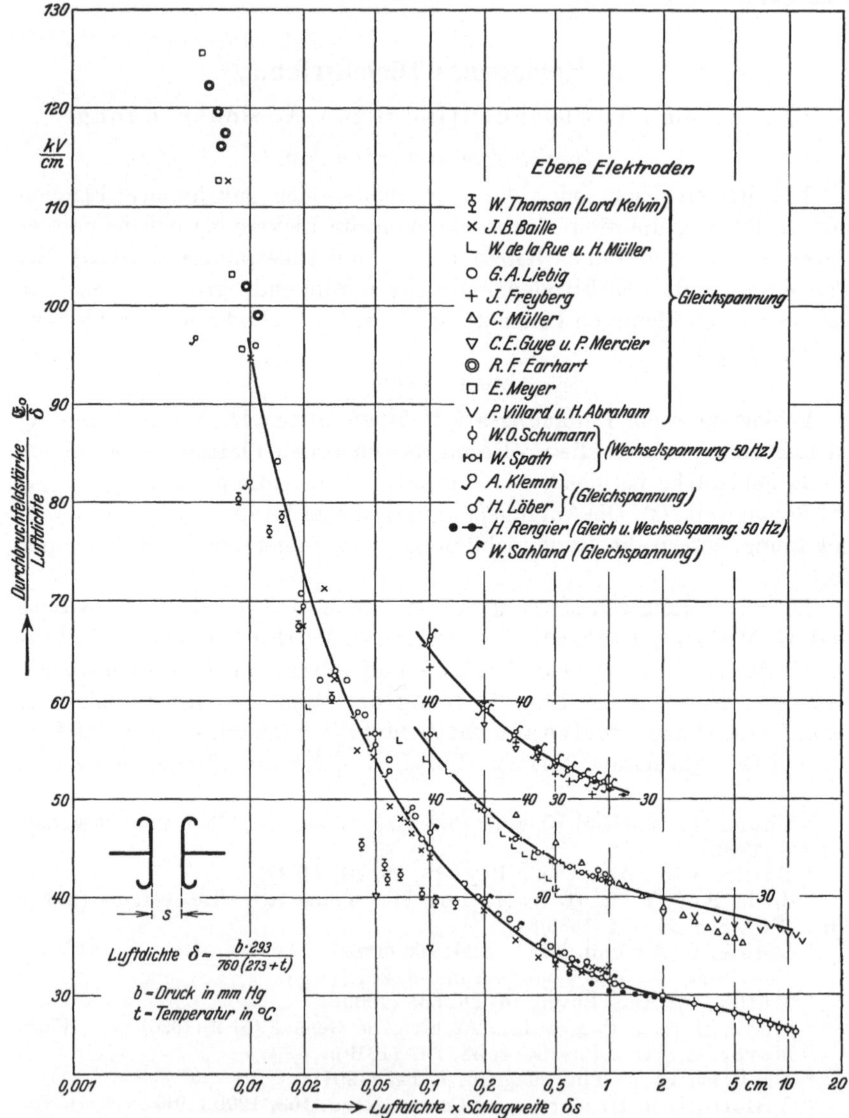


Abb. 9. Das Verhältnis Durchbruchfeldstärke zu Luftdichte abhängig vom Produkt Luftdichte mal Schlagweite bei ebenen Elektroden. (Zur Verdeutlichung der verschiedenen Meßpunkte ist ein Teil der Kurven parallel verschoben.)

Schlagweite zunächst stärker, dann schwächer ab, ohne sich einem konstanten Minimalwert zu nähern. Gegenüber den Schumannschen Mittelwerten[1] liegen diese Mittelwerte von $s = 0{,}03$ bis $0{,}1$ cm etwas höher (maximal 2,2%), von $s = 0{,}2$ bis 2 cm etwas tiefer (maximal 3,2%).

**Randeinfluß.** Besonders wichtig bei der Messung mit ebenen Feldern ist die Frage des Randeinflusses. Man kann nur endliche Elektroden benutzen; scharfe Ränder geben extrem hohe Feldstärken an diesen Stellen. Abb. 10 zeigt Kraftlinien und Niveauflächen am Rande eines ebenen scheibenförmigen Kondensators nach Maxwell.

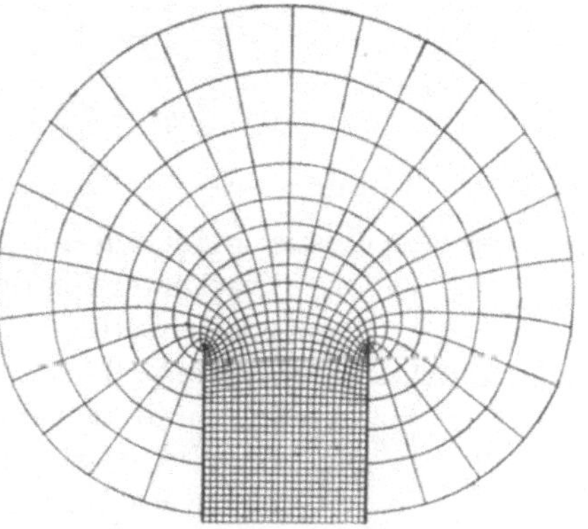

Abb. 10. Kraftlinien und Niveauflächen am Rande eines ebenen Kondensators (nach Maxwell).

Zur Erzielung eines streng homogenen Feldes mit endlichen Elektroden ist es offenbar nötig, daß die Feldstärke am Rande nirgends den Wert im Inneren für unendlich ausgedehnte Platten überschreitet. Rogowski[2] hat nun einen Weg angegeben, wie man diese Bedingung erfüllt, indem man aus Abb. 10 eine Äquipotentialfläche herausgreift, für die diese Bedingung zutrifft, und sie zur Elektrodenfläche macht. Abb. 11 zeigt die Feldstärken am Plattenrand (als Vektoren gezeichnet) bei verschiedenen Profilen. An dünnen Platten wird die Feldstärke am Rand unendlich groß. Mit allmählich abnehmender Krümmung wird die Verteilung der Feldstärke immer gleichmäßiger, erst bei Profil *d* überschreitet die Feldstärke am Rande

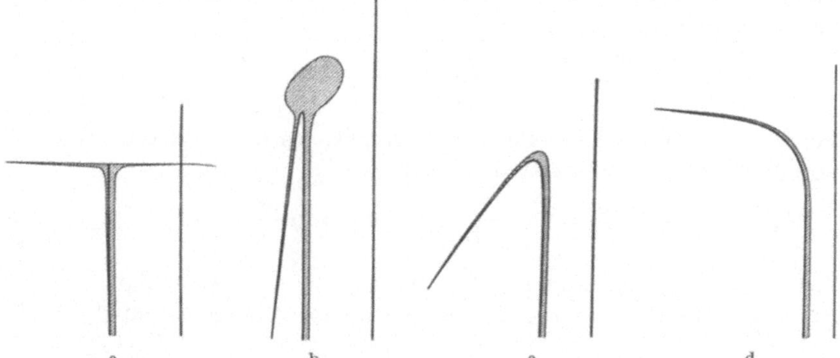


Abb. 11. Feldstärken am Plattenrand bei verschiedenen Profilen (nach Rogowski).

[1] Siehe die Zusammenstellung der Messungen an Ebenen von W. O. Schumann: El. Durchbruchfeldstärke, S. 24.

[2] Rogowski, W.: Arch. Elektrot. **12**, 1 (1923). Rengier, H.: Anm. 15, S. 10.

nirgends den Wert im Inneren. Es ist das die Niveaulinie $\psi = \frac{\pi}{2}$ (90°) nach Abb. 10, wobei $\psi$ der Winkelwert ist, der auf der Vollebene $= 0$, auf der Halbebene $= \pi$ (180°) ist. Diese Form läßt sich analytisch durch das Gleichungssystem darstellen

$$\left.\begin{aligned} x &= A\varphi, \\ y &= A\left(\frac{\pi}{2} - e^{\varphi}\right), \end{aligned}\right\} \tag{8}$$

wenn das Koordinatensystem nach Abb. 12 gelegt wird, wobei $A = \frac{a}{\pi}$ und die eine Ebene unendlich ausgedehnt ist. $\varphi$ ist nach Abb. 10 der Parameter für die Kraftlinien; $\varphi =$ konst. bedeutet eine Kraftlinie. Ist die zweite Elektrode keine ausgedehnte Platte, so ist sie in derselben Weise wie die erste zu verändern, so daß für obige Gleichung für die maximale Schlagweite $s = 2a$, für die die ebene Entladungsstrecke entworfen werden soll, die Konstante $A = \frac{2a}{\pi} = \frac{s}{\pi}$ einzusetzen ist. Zunächst ist bei der Gleichung vorausgesetzt, daß die Elektrode mit ihrer Krümmung nach außen bis ins Unendliche reicht. Um anzugeben, wann man die Elektrode am Rande abbrechen kann, muß man Festlegungen treffen: die Feldstärke $\mathfrak{E}$ im Kondensatorinneren soll höchstens $p$% von der Feldstärke $\mathfrak{E}_0$ des unendlich großen Kondensators abweichen. Das ergibt

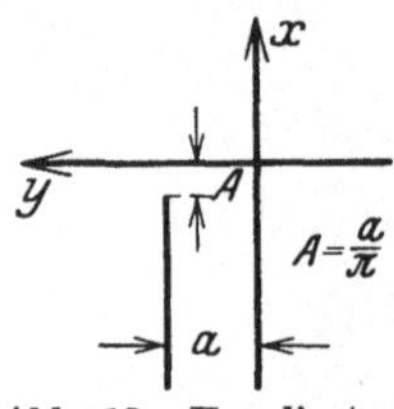

Abb. 12. Koordinatensystem für Gleichung (8).

$$\frac{\mathfrak{E}}{\mathfrak{E}_0} = \frac{100 - p}{100} = \frac{1}{\sqrt{1 + e^{2\varphi_1}}}; \qquad \varphi_1 = -\frac{1}{2}\ln\frac{50}{p}. \tag{9}$$

Ferner werde die Elektrode dort begrenzt, wo die Feldstärke auf $q$% von $\mathfrak{E}_0$ herabgesunken ist; das ergibt

$$\frac{q}{100} = \frac{1}{\sqrt{1 + e^{2\varphi_2}}}; \qquad \varphi_2 \approx \ln\frac{100}{q}. \tag{10}$$

Z. B. für $p = \frac{1}{400}$% und $q = 8$% wird $\varphi_1 = -5$; $\varphi_2 \approx 2{,}5$; d. h. bis zu diesen Grenzen ist der Parameter im Gleichungssystem (8) einzusetzen[1].

Dieser Kondensator mit dem Feldstärkenverlauf gilt ganz allgemein für beliebige Medien. Hat man aber ein gasförmiges Medium, vor allem also atmosphärische Luft, so braucht man nicht diese strenge Form anzuwenden, sondern kann ruhig am Rand etwas höhere Feldstärken als im Inneren zulassen, ohne daß eine Durchschlagsgefahr für den Rand besteht. Das ergibt sich aus den Entladungsbedingungen in Gasen, wo nicht ohne weiteres die Feldstärke, sondern die Verteilung

[1] Rogowski, W.: Arch. Elektrot. **12**, 1 (1923); Rengier, H.: Arch. Elektrot. **16**, 76 (1926).

der Feldstärke längs einer Kraftlinie maßgebend ist. Ein derartiges Profil ist von Rogowski und Rengier[1] aus der Niveaulinie $\psi = 120^0$ angegeben worden (Abb. 13)[2]. Es zeigt am Rande bis 15% höhere Feldstärken als in der Mitte. Von $\frac{\mathfrak{E}}{\mathfrak{E}_0} = 50\%$ ab darf man auch eine etwas freiere Profilierung vornehmen. Für annähernde Ermittlung der Randausbildung dienen die beigegebenen Zahlen[3].

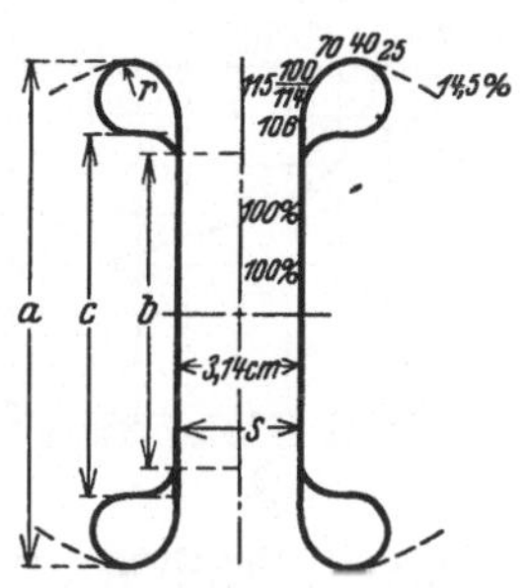


Abb. 13. Ebenenprofil nach Rogowski und Rengier aus der Niveaulinie $\psi = 120^0$. In Annäherung ist $a = 4{,}3\,s$, $b = 2{,}5\,s$, $c = 3\,s$, $r = \frac{s}{2}$. $s$ größte zulässige Schlagweite.

Wie neuerdings Schilling[4] auf Grund der Townsend-Schumannschen Entladungsbedingungen für normale Luft bei Atmosphärendruck gezeigt hat, kann man sogar noch eine wesentlich stärker gekrümmte Randausbildung zulassen. Sie ist durch folgendes Gleichungssystem gegeben:

$$\left.\begin{aligned} x &= \frac{a}{(1-k)}\,\frac{1}{\pi}\,(\varphi\cos k\pi - \ln\varphi - 1)\,,\\ y &= \frac{a}{(1-k)}\,\frac{1}{\pi}\,(\varphi\sin k\pi - k\pi + \pi)\,. \end{aligned}\right\} \qquad (11)$$

$a$ ist wieder der Abstand des abgerundeten Kondensators gegen die ausgedehnte Ebene. Für beiderseitig abgerundete Kondensatoren ist $a = \frac{s}{2}$ zu setzen ($s$ = Schlagweite zwischen den beiderseitig abgerundeten Kondensatoren). $k$ ist der sog. Abrundungskoeffizient, der auf Grund der Meßgenauigkeit von Funkenstrecken (1 bis 2%) bei einem Elektrodenabstand

$$\begin{aligned} s &= a \quad \text{bis} \quad 5\text{ cm} \quad k = 0{,}29 \div 0{,}30\,,\\ s &= a \quad ,, \quad 10\text{ cm} \quad k = 0{,}30 \div 0{,}31\,,\\ s &= a \quad ,, \quad 20\text{ cm} \quad k = 0{,}31 \div 0{,}32 \end{aligned}$$

zu wählen ist. Der Abrundungskoeffizient des beiderseitig abgerundeten Kondensators stimmt mit demjenigen für den einseitig abgerunden von gleichem Plattenabstand überein. Abb. 14 gibt den Abrundungsverlauf für $s = 5$ cm ($a = 2{,}5$ cm), $k = 0{,}29$. Die Feldstärke am Rand geht dabei bis 27% über den Wert im Innern hinaus. Bei größeren Elektrodenabständen würde man eine etwas flachere Abrundung und geringere Feldstärkenerhöhung bekommen.

Sind die Elektrodenränder nicht nach diesen Gesichtspunkten profiliert, so zeigt sich im Gegensatz zu den Rogowskiprofilen ein Einfluß

[1] Rogowski, W. u. H. Rengier: Arch. Elektrot. **16**, 73 (1926). Rengier, H.: Arch. Elektrot. **16**, 76 (1926).

[2] Schaulinien zur bequemen Bestimmung der Profile siehe C. Stoerk; ETZ **52**, 43 (1931).

[3] Nach W. O. Schumann: Handbuch der Experimentalphysik **10**. Leipzig 1930.

[4] Schilling, W.: Arch. Elektrot. **24**, 383 (1930).

der Plattengröße, wie Messungen von Spath[1] zeigen. $s$ soll nach Spath höchstens $\frac{1}{11} D$ betragen[2].

Abb. 15 gibt Messungen an ebenen Elektroden in verschiedenen Gasen nach Guye und Mercier[3], Hammershaimb und Mercier[4] und Franck[5] wieder; die ebenen Elektroden hatten bei ersteren 45 mm Durchmesser, bei Franck nach Rogowski-Profil 70 mm Durchmesser. Die Durchbruchfeldstärke und Anfangspannung von Wasserdampf liegt etwa 8% höher als von Luft.

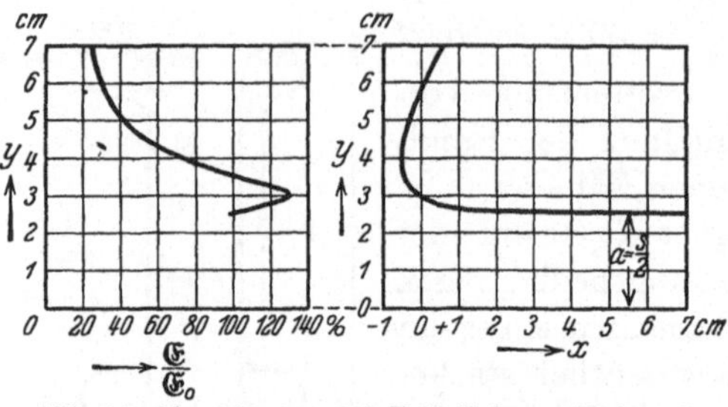

Abb. 14. Abrundungs- und Feldstärkenverlauf nach Gleichung (11) S. 15 für eine Schlagweite $s = 5$ cm (nach Schilling). Abrundungskoeffizient $k = 0{,}29$.

**Praktische Anordnung der ebenen Funkenstrecke.** Bei richtiger Randausbildung ist es für die Anfangspannung gleichgültig, ob ein Pol geerdet ist oder nicht, ebenso sind äußere Feldstörungen nicht möglich. Die Messung erfolgt entweder bei konstanter Spannung unter allmählichem Nähern der Ebenen oder bei konstanter Schlagweite unter Steigerung der Spannung; weiteres darüber siehe bei Kugelfunkenstrecke S. 28. Bestrahlung der Ebenen ist wenigstens unterhalb etwa 50 $kV_{max}$ nötig. Bei genauen Messungen ist auch auf gute Oberflächenbeschaffenheit der Ebenen zu achten. Nach Rengier erfolgten bei Behandlung der Oberfläche mit feinstem Karborundumpapier die ersten 10 Überschläge bei ständig wachsender Spannung; dann waren alle Werte auf 0,1% konstant! Brandwunden waren ohne Einfluß, auch auf die Bestrahlung. Am besten ist Abreiben mit Karborundumpapier und Nachpolieren mit sauberem Wildleder, ohne mit

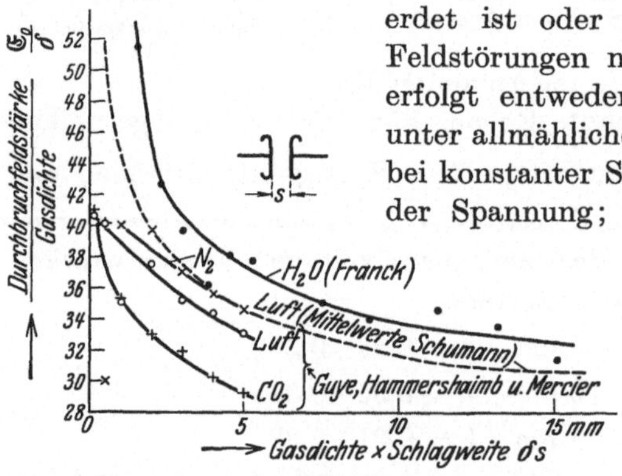


Abb. 15. Messungen an ebenen Elektroden in verschiedenen Gasen.

[1] Spath, W.: Arch. Elektrot. **12**, 331 (1923); siehe S. 335, Abb. 5.

[2] Rengier fand bei seinen Messungen beträchtliche Unterschiede zwischen Gleichspannung und 50 Hz-Wechselspannung, die aber wohl auf Meßfehlern beruhen. Die Wechselspannung liegt bei ihm im Bereich von $s = 0{,}6$ bis 1 cm im Durchschnitt etwa 2,0% höher als die Gleichspannung, maximal 2,7%.

[3] Guye, C. E. u. P. Mercier: Archives de Genève (5) **2** (1920). Jan.-Febr.

[4] Hammershaimb, G. u. P. Mercier: Archives de Genève (5) **3**, 356, 488 (1921).

[5] Franck, S.: Z. Physik **69**, 409 (1931).

den Händen zu berühren. Kleine Staubteilchen werden durch die ersten 1 bis 2 Durchschläge weggebrannt.

Die Intensität der Bestrahlung scheint, wie neue Versuche mit langsam gleichmäßig gesteigerter Gleichspannung nach Masch[1] zeigen, einen kleinen Einfluß auf die Anfangspannung zu haben. Bei einer Zn-Plattenfunkenstrecke (Schlagweite $s = 1$ cm) wurde die Kathode direkt durch ein Sieb in der Anode mit einer Quarzlampe bestrahlt. Bei Abständen der Quarzlampe von 396 mm, 560 mm, 868 mm und $\infty$ ergaben sich Überwerte in %: 0; 0,49; 0,67 und 1,3.

## Kugelfelder.

**Feldbestimmung.** Die gebräuchlichste Anordnung ist die gleicher Kugeln nebeneinander; daneben tritt noch die Anordnung Kugel gegen Ebene auf. Bei der rechnerisch komplizierteren Bestimmung des elektrischen Feldes von nebeneinander liegenden gleichen Kugeln muß man beachten, daß bei dieser sich nicht umhüllenden Anordnung außer der gegenseitigen Kapazität auch Kapazität gegen die unendlich fern gedachte Erdhülle oder künstliche Hülle vorhanden ist (Abb. 16). Je nach dem Verhältnis der Spannungen an den Kugeln gegen das Hüllenpotential bekommt man verschiedene Kapazitäten. Ist das Verhältnis der Spannungen nicht gleich 1, so bekommt man durch Influenzladungen an den Kugeln eine asymmetrische Ladungsverteilung; bei Bestimmung der Feldstärken muß man also immer das Verhältnis der Spannungen gegen die Hülle kennen. Für die maximale Feldstärke bei zwei gleichen Kugeln (Durchmesser $D$) ergibt sich[2]

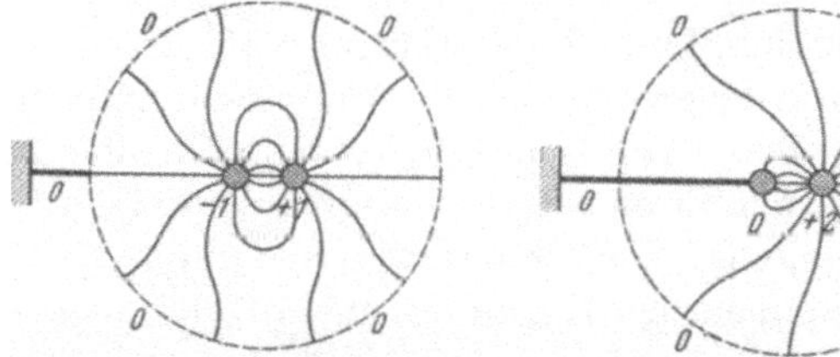

Abb. 16. Symmetrische und unsymmetrische Spannungsverteilung an zwei gleichen Kugeln gegen das Hüllen-(Erd-)Potential.

$$\mathfrak{E}_0 = \frac{U}{s} F; \qquad \text{Formfaktor} \quad F = \frac{f_1 - \varrho(2f - f_1)}{1 - \varrho}. \tag{12}$$

$\mathfrak{E}_0$ maximale Feldstärke,
$U$ Spannung zwischen den Kugeln,
$\varrho = \frac{U_2}{U_1}$ Verhältnis der Spannungen gegen Erde (Potentiale) oder Hülle, $+1 > \varrho > -1$,
$s$ Schlagweite,
$f, f_1$ Formfaktoren für das Kugelfeld bei symmetrischer Spannungsverteilung und einem geerdeten Pol (Hüllenpol); Funktion von $s/D$ (Abb. 49)[3],
$F$ Formfaktor für das Kugelfeld bei beliebiger Spannungsverteilung an den Kugeln; Funktion von $s/D$ und $\varrho$.

Bei ungleichen Spannungen gegen Erde tritt die maximale Feldstärke an der Kugel mit der größeren Spannung gegen Erde (Hülle) auf. Für

[1] Masch, K.: Arch. Elektrot. **24**, 561 (1930).
[2] Siehe S. Franck: Arch. Elektrot. **24**, 70 (1930).
[3] Tabellen bei W. O. Schumann: El. Durchbruchfeldstärke. S. 29.

Meßzwecke hat man es meistens mit den beiden Anordnungen zu tun: Symmetrische Spannungsverteilung ($\varrho = -1$) und ein Pol geerdet ($\varrho = 0$). Dafür ergibt sich aus Gl. (12)

$$\mathfrak{E}_0 = \frac{U}{s} f \quad \text{(symmetrische Spannungsv.).} \tag{13}$$

$$\mathfrak{E}_0 = \frac{U}{s} f_1 \quad \text{(ein Pol geerdet).} \tag{14}$$

$f$ und $f_1$ sind in Abb. 49, S. 58, angegeben.

Dieselben Formeln und Tabellen gelten auch für Anordnungen Kugel gegen Ebene, wenn statt $\frac{s}{D}$ der Wert $2\frac{s_e}{D}$ gesetzt wird, wobei $s_e$ die Schlagweite gegen die Ebene bedeutet.

Die Kapazität zweier gleicher Kugeln schwankt etwa zwischen 2 und 50 $\mu\mu$F.

**Entladungsart.** Bei verhältnismäßig großen Kugeldurchmessern und kleinen Schlagweiten ist die Anfangspannung zugleich Funkenspannung und auch nur in diesem Bereich sind Kugelfelder für Meßzwecke brauchbar, da der Einsatz des Glimmlichtes nicht ohne besondere Hilfsmittel erkennbar ist. Sehr konstante Spannung (Gleichspannung) begünstigt das Glimmen; bei Kugeln bis 10 cm Durchmesser kann selbst bei kleinen Schlagweiten dadurch die Funkenspannung Glimmgrenzspannung sein (Toepler[1]). Diese und die Anfangspannung unterscheiden sich noch um einige Prozente. Spannungsschwankungen verhindern das Glimmen. Bei Gleichspannungen sind nach Toepler[2] die kritischen Schlagweiten, bei denen Anfangspannungen und Funkenspannungen voneinander abzuweichen beginnen:

2 gleiche Kugeln: Symmetrische Spannungsverteilung gegen Erde: $\frac{s}{D} \approx 5{,}5$

ein Pol geerdet: Anode isoliert $\frac{s}{D} \approx 2{,}0$

Kathode isoliert $\frac{s}{D} \approx 1{,}3$

Kugel gegen geerdete Platte: Kugel-Anode $\frac{s}{D} \approx 1{,}7$

Kugel-Kathode $\frac{s}{D} \approx 0{,}9$.

Also besonders bei Erdung einer Elektrode tritt leicht Glimmlicht auf, am frühesten, wenn die isolierte Elektrode Kathode ist. Aber auch ohne daß Glimmlicht auftritt, darf man bei Kugelfunkenstrecken für Meßzwecke nicht höher als $\frac{s}{D} = 2{,}0$ gehen, weil sonst die Beeinflussung

[1] Toepler, M.: Arch. Elektrot. **17**, 64, 389 (1926).

[2] Toepler, M.: ETZ **28**, 998, 1025 (1907); Z. techn. Phys. **3**, 327 (1922).

durch fremde Felder in der Umgebung zu groß werden kann. Nach den Regeln des Verbandes Deutscher Elektrotechniker[1] ist bei symmetrischer Spannungsverteilung die Anzahl der Millimeter des Kugeldurchmessers die obere Grenze der Spannung in $kV_{effektiv}$, die man mit diesen Kugeln noch messen kann. Bei einpoliger Erdung liegt die höchstzulässige Spannung 25% tiefer. Das entspricht im Mittel einem Verhältnis $\frac{s}{D} = 0{,}65$ und 0,46 bei symmetrischer Spannung und einem geerdeten Pol, bei $D = 100$ cm 0,73 und 0,50, bei $D = 5$ cm 0,53 und 0,36. Als äußerste Grenzen sind etwa $\frac{s}{D} = 2{,}0$ **und 1,5** anzusehen. Nach neueren Messungen von McMillan und Starr spielt auch die Polarität bei $s > 1{,}6\sqrt{R}$ eine Rolle (s. S. 25). Nach unten ist an sich keine Grenze gesetzt, doch sinkt bereits von $s < 0{,}1$ cm ab die Meßgenauigkeit; kleinere Schlagweiten wie $s \approx 0{,}01$ cm bei etwa 1 kV kann man wegen möglicher Vorentladung (Staub!) aus Genauigkeitsgründen nicht verwenden.

**Meßspannungen.** Sämtliche wichtigeren Messungen an gleichen Kugelelektroden wurden zusammengestellt, auf Durchbruchfeldstärken umgerechnet und in einem doppellogarithmischen Koordinatensystem aufgetragen $\left(\frac{\mathfrak{E}}{\delta}\text{ abhängig von }\frac{s}{D}\text{ mit dem Parameter }\delta D\right)$. Graphisch wurden daraus die wahrscheinlichsten Kurven ermittelt (unter Berücksichtigung des verschiedenen Gewichts der Messungen). Es wurden folgende Messungen benutzt:

**Messungen an Kugelfunkenstrecken[2].**

Heydweiller, A.[3]: Erde, $D = 0{,}5$ cm; 1,0 cm; 2,0 cm.
Orgler, A.[4]: Erde, $D = 2{,}5$ cm.
Müller, C.[5]: Erde, $D = 5{,}0$ cm.
Weicker, W.[6]: Symm., $D = 2{,}0$ cm; 5,0 cm; 10,0 cm; 15,0 cm.
Chubb, L. W. u. C. Fortescue[7]: Erde: $D = 25{,}0$ cm; 37,5 cm; 50,0 cm.
Peek, F. W.[8]: Symm., $D = 1{,}11$ cm; 2,54 cm; 6,25 cm; 6,66 cm; 12,5 cm; 25,0 cm; 75,0 cm.
Erde, $D = 6{,}25$ cm; 12,5 cm; 25,0 cm; 50,0 cm; 75,0 cm.
Estorff, W.[9]: Symm., $D = 0{,}45$ cm; 1,0 cm; 1,5 cm; 2,15 cm; 3,5 cm; 5,0 cm; 7,5 cm; 10,0 cm; 15,0 cm.

---

[1] Regeln für Spannungsmessungen mit der Kugelfunkenstrecke in Luft. Berlin; VDE 1926 [siehe ETZ **47**, 594, 862 (1926)].
[2] Siehe S. Franck: ETZ **51**, 778 (1930).
[3] Heydweiller, A.: Ann. Physik **40**, 464 (1890); **48**, 213 (1893).
[4] Orgler, A.: Ann. Physik **1**, 159 (1900).
[5] Müller, C.: Ann. Physik **28**, 585 (1909).
[6] Weicker, W.: Dissert. Dresden **1910**; ETZ **32**, 436 (1911).
[7] Chubb, L. W. u. C. C. Fortescue: Proc. Am. Inst. El. Engs. **32**, 629 (1913).
[8] Peek, F. W.: Proc. Am. Inst. El. Engs. **32**, 1337 (1913); **33**, 889 (1914); ETZ **37**, 11 (1916); El. World **78**, 1319 (1921); El. u. Maschinenb. **40**, 90 (1922); Naturwiss. **10**, 231 (1922).
[9] Estorff, W.: Dissert. Berlin **1915**; ETZ **37**, 60 (1916).

Toepler, M.[1]: Symm., $D = 5{,}0$ cm; 10,0 cm; 15,0 cm.
Klemm, A.[2]: Symm., $D=2{,}0$ cm; 3,0 cm; 4,0 cm; 5,0 cm; 8,0 cm.
Erde, $D=2{,}0$ cm; 3,0 cm; 4,0 cm; 5,0 cm; 8,0 cm.
Palm, A.[3]: Symm., $D=25{,}0$ cm; 75,0 cm.
Sahland, W.[4] : Erde, $D=0{,}8$ cm; 1,0 cm.
Franck, S.[5]: Symm., $D=0{,}5$ cm; 1,0 cm; 2,0 cm; 5,0 cm; 10,0 cm.
Erde, $D=0{,}5$ cm; 1,0 cm; 2,5 cm.
Carroll, J. S. u. B. Cozzens[6]: Erde, $D=100{,}0$ cm.
Stoerk, C. u. W. Holzer[7]: Erde, $D=5{,}0$ cm; 10,0 cm; 15,0 cm; 25,0 cm; 50,0 cm.
Bechdoldt, H.[8]: Symm., $D=5{,}0$ cm; 10,0 cm; 15,0 cm; 25,0 cm; 50,0 cm; 75,0 cm.
Außerdem: British Thomson-Houston Company[9]: Erde, $D=2{,}0$ cm.

In Zahlentafel 2 am Schluß des Buches sind die ermittelten und nach einem besonderen graphischen Ausgleichverfahren (s. S. 21) ausgeglichenen Zahlenwerte für $\frac{\mathfrak{E}_0}{\delta}$ und $U_{\max}$ angegeben. Mit wachsendem $\frac{s}{D}$ sinkt die Durchbruchfeldstärke bis zu einem Minimum $\left(\text{bei } \frac{s}{D} \approx 0{,}1 \text{ bis } 0{,}25\right)$ und steigt dann bei symmetrischer Spannungsverteilung wenig, bei einem geerdeten Pol stärker an. Der Abfall mit wachsender Schlagweite ist ähnlich wie beim homogenen Feld darauf zurückzuführen, daß die Ionisierungswahrscheinlichkeit mit größerer Zahl der freien

[1] Toepler, M.: Z. techn. Phys. **3**, 327 (1922).
[2] Klemm, A.: Arch. Elektrot. **12**, 553 (1923).
[3] Palm, A.: ETZ **47**, 904. (1926).
[4] Sahland, W.: Arch. Elektrot. **19**, 145 (1927).
[5] Franck, S.: Arch. Elektrot. **21**, 318 (1928).
[6] Carroll, J. S. u. B. Cozzens: J. Am. Inst. El. Engs. **47**, 892 (1928).
[7] Stoerk, C. u. W. Holzer: Z. techn. Phys. **10**, 317 (1929).
[8] Bechdoldt, H.: ETZ **50**, 1394 (1929).
[9] British Thomson-Houston Co., Techn. Report Reference L/T **16**, Westminster 1926.

Weitere Literatur:

Regeln für Spannungsmessungen mit der Kugelfunkenstrecke in Luft: Berlin, VDE 1926; ETZ **47**, 594, 863 (1926).
Report on Standards for Measurement of Test Voltage in Dielectric Tests, Nr 4, Juni **1927**, New York.
IEC: The further Examination and Extension of the Table of Sphere-Gap Dimensions and Calibrations, Nr 206, Juni **1929**.
Schwaiger, A.: Wiss. Veröff. a. d. Siemens-Konzern **2**, 140 (1922).
Edler, R.: El. u. Maschinenb. **43**, 809 u. 829 (1925).
Reiche, W.: ETZ **46**, 1650 (1925).
Weicker, W.: Mitt. Hermsd. Schomb. **1927**, 899.
Schmitz, W. u. O. Rienhoff: Strahlentherapie **32**, 582 (1929).
Darbord, R.: Compt. Rend. **188**, 1665 (1929).
Correggiari, F.: L'Elettrotecnica **17**, 376 (1930).
Whitehead, S. u. A. P. Castellain: Electrician **106**, 241 (1931); Kugeln $D=2{,}0$ und 6,25 cm. Siehe British Electrical and Allied Industr. Research Assoc., Ref. L/T 40.

Weglängen wächst, die Ionisationsspannung pro mittlere freie Weglänge also geringer sein kann. Andererseits wird aber mit wachsender Schlagweite die Inhomogenität des Kugelfeldes größer, die Feldstärke ist nur in einem kleinen Bereich in der Nähe der Kugelscheitel so groß, daß Stoß-Ionisation einsetzen kann. Beide Einflüsse sind entgegengesetzt, bei kleinerem $\frac{s}{D}$ überwiegt der erstere, bei größerem $\frac{s}{D}$ der letztere; die Durchbruchfeldstärke steigt infolgedessen wieder an. Bei einem geerdeten Pol wird die Divergenz des Feldes noch größer (stärkerer Anstieg). Bei größerem Kugeldurchmesser ist der Anstieg nicht so stark, weil trotz gleicher Inhomogenität $\left(\text{das Feld ist nur von } \frac{s}{D} \text{ abhängig}\right)$ die Absolutzahl der freien Weglängen größer wird; aus ähnlichem Grunde verschiebt sich auch das Minimum zu etwas kleinerem $\frac{s}{D}$. Mit wachsendem Kugeldurchmesser sinkt die Durchbruchfeldstärke allgemein, bei gleichem $\frac{s}{D}$, weil die Weglängenzahl größer wird, bei gleichem $s$, weil die Inhomogenität geringer wird. Tabelle 1 gibt die Größe und Stelle des Minimums für Kugelelektroden an[1].

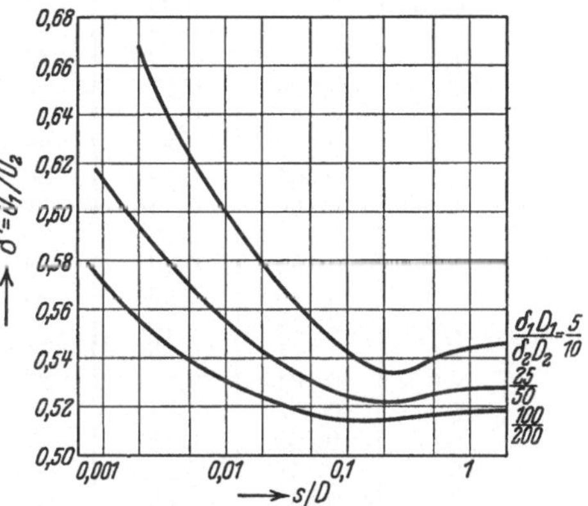


Abb. 17. Das Verhältnis zweier Anfangspannungen abhängig von $\frac{s}{D}$ bei symmetrischer Spannungsverteilung an den Elektroden.

Bildet man das Verhältnis zweier Anfangsspannungen, die zu zwei bestimmten konstanten Werten des Produktes aus Gasdichte und Kugeldurchmesser (oder Schlagweite) gehören, so hat dieses Verhältnis einen ähnlichen Verlauf wie die Durchbruchfeldstärke (Abb. 17)

$$\frac{U_{1_{\delta_1 D_1 = c_1}}}{U_{2_{\delta_2 D_2 = c_2}}} = \frac{\mathfrak{E}_1 D_1}{\mathfrak{E}_2 D_2} = \frac{\mathfrak{E}_1 s_1}{\mathfrak{E}_2 s_2} = \delta'. \tag{15}$$

Im besonderen fallen auch die Minima zusammen. Diese Bedingung ergibt sich aus Ähnlichkeitsbetrachtungen (s. S. 8). Durch Aufzeichnen der Durchbruchfeldstärken lassen sich herausfallende Meßwerte und störende Einflüsse viel leichter erkennen als durch Aufzeichnen der Anfangspannungen. Man kann also die Kurve für die einzelnen Kugeldurchmesser in sich abgleichen. Die obige Beziehung gibt noch eine genaue Kontrolle zwischen den Durchmesserparametern, so daß man eine Abgleichung in zueinander senkrechten Richtungen hat. Auf diese Weise wurden die

[1] Franck, S.: Arch. Elektrot. **23**, 226 (1929).

in Zahlentafel 2 angegebenen Werte abgeglichen[1]. In Zahlentafel 3 sind noch Anfangspannungen und Durchbruchfeldstärken für kleine Kugeldurchmesser ($D = 0{,}5$ bis 4 cm) angegeben, die ebenso wie bei Zahlentafel 2 ermittelt wurden.

Tabelle 1.
Das Minimum der Durchbruchfeldstärke bei gleichen Kugeln in normaler Luft.

| $\delta D$ | $\frac{s}{D}$ | | $\frac{\mathfrak{E}}{\delta} \cdot \text{Min.} \frac{\text{kV}_{\text{max}}}{\text{cm}}$ | |
|---|---|---|---|---|
| cm | symmetr. | geerdet | symmetr. | geerdet |
| 0,5 | 0,282 | 0,246 | 54,20 | 55,85 |
| 0,75 | 0,271 | 0,238 | 49,66 | 50,93 |
| 1,0 | 0,262 | 0,231 | 46,77 | 47,86 |
| 1,5 | 0,248 | 0,220 | 43,00 | 44,11 |
| 2,0 | 0,236 | 0,211 | 40,93 | 41,78 |
| 2,5 | 0,227 | 0,203 | 39,35 | 40,13 |
| 3,0 | 0,220 | 0,197 | 38,37 | 39,04 |
| 4,0 | 0,207 | 0,187 | 36,98 | 37,54 |
| 5,0 | 0,196 | 0,178 | 36,02 | 36,52 |
| 6,0 | 0,187 | 0,170 | 35,28 | 35,81 |
| 6,25 | 0,185 | 0,168 | 35,12 | 35,65 |
| 7,0 | 0,178 | 0,163 | 34,67 | 35,20 |
| 7,5 | 0,175 | 0,159 | 34,47 | 34,95 |
| 8,0 | 0,171 | 0,155 | 34,28 | 34,75 |
| 9,0 | 0,164 | 0,149 | 33,88 | 34,36 |
| 10 | 0,160 | 0,144 | 33,57 | 34,04 |
| 12,5 | 0,150 | 0,135 | 32,89 | 33,34 |
| 15 | 0,143 | 0,129 | 32,40 | 32,81 |
| 20 | 0,136 | 0,122 | 31,62 | 32,06 |
| 25 | 0,133 | 0,118 | 31,12 | 31,48 |
| 30 | 0,131 | 0,116 | 30,73 | 31,05 |
| 40 | 0,128 | 0,114 | 30,16 | 30,48 |
| 50 | 0,127 | 0,113 | 29,79 | 30,06 |
| 60 | 0,126 | 0,112 | 29,48 | 29,75 |
| 70 | 0,125 | 0,112 | 29,28 | 29,51 |
| 75 | 0,125 | 0,111 | 29,17 | 29,41 |
| 80 | 0,124 | 0,111 | 29,11 | 29,31 |
| 90 | 0,124 | 0,110 | 28,97 | 29,17 |
| 100 | 0,124 | 0,110 | 28,84 | 29,04 |
| 150 | 0,123 | 0,109 | 28,35 | 28,51 |
| 200 | 0,122 | 0,108 | 28,05 | 28,22 |

Zur Benutzung der Zahlentafelwerte für Spannungsmessungen trägt man am besten in einem doppellogarithmischen Koordinatensystem $U_{\text{max}}$ abhängig von $\frac{s}{D}$ mit dem Parameter $\delta D$ auf. Durch die Einführung der Luftdichte $\delta$ nach dem Townsendschen Ähnlichkeitsgesetz (s. S. 9, Abb. 6) fällt jede Korrektion auf eine bestimmte Luftdichte und Normalspannung fort. Man braucht nur die bei der Messung herrschende, meist während der Messung annähernd konstante Luftdichte $\delta$ zu bestimmen und erhält durch Multiplikation mit dem verwendeten Kugeldurchmesser $\delta D$. Durch das konstante $D$ ist die Abszisse in der Schlagweite geeicht $\left(\frac{s}{D}, D = \text{konst}\right)$, wobei zweckmäßig Kugeldurchmesser mit einfachen Verhältnissen zum Dezimalsystem benutzt werden

[1] Bei brieflich mitgeteilten Messungen von R. Weicker jun. und E. Hubel-Stourport (England) an parallelgeschalteten Kugeln $D_1 = 100$ cm und $D_2 = 25$ cm, ein Pol geerdet, wurden die Schlagweiten $s_1$ und $s_2$ für gleiche Anfangspannungen und die Unterschiede der diesen Schlagweiten entsprechenden Eichspannungen nach Peek, VDE und vorliegender Tabelle festgestellt. Es ergab sich dann die beste Übereinstimmung, wenn letztere zugrunde gelegt wurde. Die mittleren Abweichungen nach den drei Quellen waren 6,0%, 4,6% und 1,5%.

($D = 2$, 5, 10, 25, 50, 100, 200 cm usw.). Die Anfangspannung ergibt sich dann aus einer kontinuierlichen Kurve, bzw. man kann zwischen zwei kontinuierlichen Kurven bequem interpolieren, weil sie annähernd parallel verlaufen[1]. Dabei sind die Messungen bezüglich Luftdichtenkorrektion immer richtig wiedergegeben. Diese Korrektion hängt bei allen Kugeln und Schlagweiten in komplizierterer Weise von diesen selbst ab. Nur in roher Annäherung und bei kleinen Dichteänderungen kann man die Anfangspannung proportional der Dichte, also proportional dem Druck $b$ und umgekehrt proportional der absoluten Temperatur $T$ annehmen (Dichte $\delta = \frac{b \cdot 293}{760\,(273 + t)}$; 1% Dichteänderung entspricht in der Nähe von 760 mm Hg und 20° C einer Druckänderung von etwa 8 mm und einer Temperaturänderung von 3° C).

Der Verlauf der Durchbruchfeldstärke bei symmetrischer Spannungsverteilung ist analytisch von Toepler, Peek und Bechdoldt auf einen von Heydweiller 1890 für isolierte, alleinstehende Kugeln aufgestellten Formeltypus zurückgeführt worden:

$$\mathfrak{E}_0 = A + \frac{B}{\sqrt{D}}, \tag{16}$$

wo $A$ und $B$ Konstante sind. Danach ist die Durchbruchfeldstärke unabhängig von der Schlagweite, nur von $D$ abhängig. Wie der Verlauf der Durchbruchfeldstärke zeigt (Abb. 7 S. 9), gilt dies niemals streng, aber näherungsweise um so besser, je größer der Kugeldurchmesser ist. Unterhalb des Minimums stimmt Gl. (16) gar nicht mehr.

Die Konstanten $A$ und $B$ ergeben sich nach Peek zu

$$A = 27{,}747, \qquad B = 21{,}004 \qquad (760 \text{ mm Hg}, 20^0\,\text{C}).$$

Wird außerdem $\delta$ nach dem Townsendschen Ähnlichkeitsgesetz eingesetzt, so ergibt sich für die Anfangspannung aus Gl. (16)

$$\begin{aligned} U_{\max} &= \mathfrak{E}_0\, s \frac{1}{f} \frac{D}{D} = \left(A + \frac{B}{\sqrt{\delta D}}\right) \delta D \left[\frac{s}{D} \frac{1}{f}\right], \\ &= a \left[\frac{s}{D} \frac{1}{f}\right], \qquad \left(\delta = \frac{b \cdot 293}{760(273 + t)}\right). \end{aligned} \tag{17}$$

Will man $U_{\text{eff}}$ bekommen, so kann man statt der obigen Konstanten für $A$ und $B$ einsetzen:

$$A = 19{,}62; \qquad B = 14{,}852.$$

---

[1] Bei Wahl von $U_{\max}$ von 10 $\text{kV}_{\max}$ bis 100 $\text{kV}_{\max}$ oder von log $U_{\max}$ von 1 bis 2 gleich 25 cm ist eine Dichteänderung von ½%, die einer Temperaturänderung von 1,5° C bei 20° C oder einer Druckänderung von 3,8 mm Hg bei 760 mm Hg entspricht, noch bequem abzulesen; log $U_{\max}$ und log $\frac{s}{D}$ ist zweckmäßig im selben Maßstabe aufzutragen, weil sich so die besten Kurvenschnittpunkte unter fast 45° ergeben; siehe S. Franck: Arch. Elektrot. **21**, 372 (1928), Abb. 43.

Bei einem geerdeten Pol kann von einer annähernden Konstanz der Durchbruchfeldstärke auch nach dem Minimum keine Rede sein. Um für $U_{max}$ aber dieselbe Gleichungsform zu bekommen, hat Peek experimentelle Umrechnungswerte $f_2$ an Stelle des mathematisch bestimmten Formfaktors $f$ (s. S. 17) eingeführt, die dem Anstieg Rechnung tragen und auch nur von $\frac{s}{D}$ abhängen. Es wird somit für alle Kugeldurchmesser ein gleichartiger Anstieg nach dem Minimum angenommen, was auch nicht zutrifft. Für einen geerdeten Pol ist so in Gl. (17) an Stelle von $f$ der Faktor $f_2$ zu setzen. $a$ ist in Tabelle 2 u. 3 für verschiedene Werte $\delta D$ angegeben, ebenso $\frac{s}{D}\frac{1}{f}$ und $\frac{s}{D}\frac{1}{f_2}$ für verschiedene Werte $\frac{s}{D}$. Man kann auch bequem zunächst immer mit $\delta = 1$ $U_{max}$ bestimmen und diesen Wert für andere Luftdichten mit einem Korrektionsfaktor $k$ multiplizieren, der sich ergibt zu

Tabelle 2 und 3.

$$U_{max} = a\left[\frac{s}{D}\frac{1}{f}\right]$$

symmetr. Spannungsvert.,

$$U_{max} = a\left[\frac{s}{D}\frac{1}{f_2}\right]$$

ein Pol geerdet.

Tabelle 2.

| $\delta D$ cm | $a$ |
|---|---|
| 2 | 85,20 |
| 5 | 185,6 |
| 6,25 | 225,9 |
| 10 | 342,8 |
| 12,5 | 421,1 |
| 15 | 497 |
| 25 | 798 |
| 50 | 1535 |
| 75 | 2263 |
| 100 | 2985 |
| 150 | 4418 |
| 200 | 5845 |

Tabelle 3.

| $\frac{s}{D}$ | Symmetr. Sp. $\frac{s}{D}\frac{1}{f}$ | Ein Pol geerdet $\frac{s}{D}\frac{1}{f_2}$ |
|---|---|---|
| 0 | 0 | 0 |
| 0,05 | 0,0484 | 0,0484 |
| 0,10 | 0,0936 | 0,0936 |
| 0,15 | 0,1361 | 0,1357 |
| 0,20 | 0,1759 | 0,175 |
| 0,25 | 0,2131 | 0,212 |
| 0,30 | 0,2483 | 0,245 |
| 0,35 | 0,2811 | 0,275 |
| 0,40 | 0,3118 | 0,303 |
| 0,45 | 0,3406 | 0,329 |
| 0,50 | 0,3679 | 0,354 |
| 0,60 | 0,4181 | 0,398 |
| 0,70 | 0,4620 | 0,433 |
| 0,80 | 0,5016 | 0,461 |
| 0,90 | 0,5357 | 0,486 |
| 1,00 | 0,5650 | 0,509 |
| 1,10 | 0,5962 | 0,526 |
| 1,20 | 0,6202 | 0,543 |
| 1,50 | 0,678 | 0,580 |
| 2,00 | 0,747 | [0,625] |

$$k = \delta\,\frac{1 + \frac{0,757}{\sqrt{\delta D}}}{1 + \frac{0,757}{\sqrt{D}}}; \qquad (18)$$

$$U_{max_{\delta = x}} = k_{\delta = x}\, U_{max_{\delta = 1}}.$$

$k$ ist in Tabelle 4 für verschiedene Kugeldurchmesser $D$ angegeben[1].

[1] Man kann $k$ durch ein Nomogramm bestimmen, indem man auf drei parallelen, gleichweit entfernten Maßstäben ($x$, $y$, $z$) aufträgt

$$y = \log\sqrt{\delta},$$
$$x = \log\frac{b \cdot 293}{760},$$
$$-z = -\log(273 + t).$$

Durch geradlinige Verbindung der Druck- ($x$) und Temperaturachse ($z$) bekommt man im Schnittpunkt auf der mittleren $k$-Achse ($y$) den Korrektionsfaktor $k$, da $2y = x + z$ ist; siehe R. H. Marvin: J. Am. Inst. El. Engs. **43**, 34 (1924). Siehe auch S. Whitehead u. W. D. Owen: World Power **14**, 404 (1930).

Für weniger genaue Messungen und kleine Dichteänderungen kann $k = \delta$ gesetzt werden.

Tabelle 4.

| Relative Luftdichte $\delta$ | Korrektionsfaktor $k$ | | | | | | | | |
|---|---|---|---|---|---|---|---|---|---|
| | $D = 2$ cm | $D = 5$ cm | $D = 10$ cm | $D = 15$ cm | $D = 25$ cm | $D = 50$ cm | $D = 75$ cm | $D = 100$ cm | $D = 200$ cm |
| 0,50 | 0,572 | 0,551 | 0,540 | 0,534 | 0,527 | 0,520 | 0,517 | 0,515 | 0,511 |
| 0,55 | 0,617 | 0,600 | 0,586 | 0,581 | 0,575 | 0,569 | 0,565 | 0,563 | 0,559 |
| 0,60 | 0,661 | 0,645 | 0,633 | 0,629 | 0,623 | 0,617 | 0,614 | 0,612 | 0,608 |
| 0,65 | 0,704 | 0,690 | 0,679 | 0,676 | 0,671 | 0,665 | 0,663 | 0,661 | 0,657 |
| 0,70 | 0,746 | 0,734 | 0,725 | 0,722 | 0,718 | 0,713 | 0,711 | 0,710 | 0,707 |
| 0,75 | 0,789 | 0,779 | 0,771 | 0,769 | 0,765 | 0,761 | 0,759 | 0,758 | 0,756 |
| 0,80 | 0,832 | 0,825 | 0,818 | 0,816 | 0,812 | 0,809 | 0,808 | 0,807 | 0,805 |
| 0,85 | 0,874 | 0,868 | 0,863 | 0,862 | 0,860 | 0,857 | 0,856 | 0,855 | 0,853 |
| 0,90 | 0,916 | 0,913 | 0,910 | 0,908 | 0,906 | 0,904 | 0,904 | 0,903 | 0,902 |
| 0,95 | 0,958 | 0,957 | 0,955 | 0,954 | 0,953 | 0,952 | 0,952 | 0,952 | 0,951 |
| 1,00 | 1,000 | 1,000 | 1,000 | 1,000 | 1,000 | 1,000 | 1,000 | 1,000 | 1,000 |
| 1,05 | 1,042 | 1,043 | 1,044 | 1,046 | 1,047 | 1,047 | 1,048 | 1,048 | 1,049 |
| 1,10 | 1,083 | 1,087 | 1,088 | 1,092 | 1,093 | 1,095 | 1,096 | 1,096 | 1,097 |

Die nach der Peekschen Formel bestimmten Anfangspannungen können von den wirklichen mittleren Meßwerten erheblich abweichen[1]. Unterhalb $\frac{s}{D} = 0{,}1$ darf sie nicht benutzt werden. Besonders groß sind die Unterschiede bei größeren Kugeln bei einem geerdeten Pol $\left(\text{bis etwa } 10\% \text{ bei großem } \frac{s}{D}\right)$ und kleineren Kugeln bei symmetrischer Spannungsverteilung.

Nach Bechdoldt[2] lassen sich die Anfangspannungen für Kugeln $\geqq 10$ cm Durchmesser bei symmetrischer Spannungsverteilung besser mit folgenden Konstanten $A$ und $B$ berechnen:

$$A = 26{,}233, \qquad B = 34{,}838.$$
$$(18{,}55) \qquad\qquad (24{,}634)$$

Die Werte in Klammern gelten für $U_{\mathrm{eff}}$[3].

**Einfluß der Polarität.** Die Polarität hat allgemein auf die Anfangspannung bei relativ zur Schlagweite wenig gekrümmten Elektroden sehr geringen Einfluß; bei relativ stark gekrümmten Elektroden kann er sehr groß werden. Hat man symmetrische Spannungsverteilung und gleiche Elektroden, so bekommt man immer die gleiche Anfangspannung, obwohl die Richtung (Polarität) der Anfangspannung sich ändern kann. Erst

[1] Siehe S. Franck: ETZ **51**, 778 (1930), Abb. 2 u. 7.

[2] Differenz zwischen gemessenen und berechneten Werten siehe H. Bechdoldt: ETZ **50**, 1396 (1929), Abb. 11.

[3] Eine andere Formel von W. Kehse: ETZ **45**, 201 (1927), für Funkenspannungen ist wegen ihrer Ungenauigkeit nicht brauchbar.

bei unsymmetrischer Spannungsverteilung gegen Erde (bei sich nicht umhüllenden Elektroden) oder ungleichen Elektroden zeigt sich der Einfluß der Polarität in der Anfangspannung.

Bei gleichen Kugeln zeigt sich ein Polaritätseffekt demnach nur bei größerem $\frac{s}{D}$ und einem geerdeten Pol. McMillan und Starr[1] fanden bis zur Schlagweite $s \leqq 1{,}6\sqrt{R}$ die gleiche Anfangspannung bei positiver oder negativer nicht geerdeter Kugel ($R$ = Radius der Kugeln). Von $s = 1{,}6\sqrt{R}$ bis $2\,R$ erhielten sie eine tiefere Anfangspannung bei negativer, nichtgeerdeter Kugel. Bei Schlagweiten $s > 2\,R$ kehren sich die Verhältnisse um, bei positiver isolierter Kugel ist $U_{\text{max}}$ tiefer. Der Grund für die kleinere Anfangspannung bei negativer Kugel liegt in der hohen lokalen Feldstärke an der negativen Kugel, die durch die davorliegende starke positive Raumladung bedingt ist.

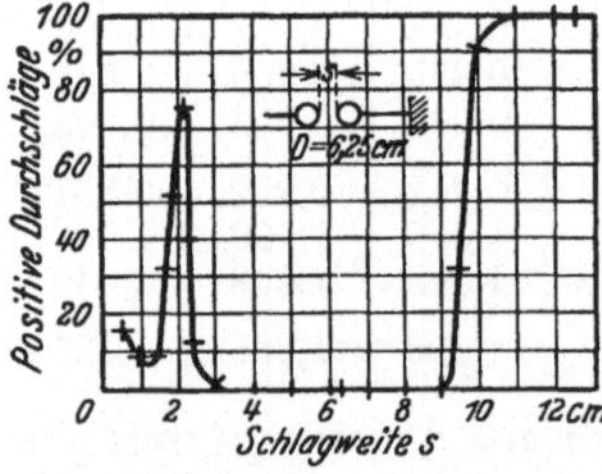


Abb 18. Verteilungskurven der Durchschläge bei positiver und negativer Halbwelle gegen Erde von Wechselspannungen (60 Hz) abhängig von der Schlagweite (nach McMillan und Starr).

Die in Zahlentafel 2 und 3 angegebenen Eichspannungen bis $\frac{s}{D} = 2{,}0$ enthalten die tieferen Werte, die bei Wechselspannungsmessungen sich natürlich immer einstellen. Die Differenzen zwischen positiven und negativen Werten sind aber so gering, daß sie praktisch zu vernachlässigen sind. Erst bei $\frac{s}{D} > 2$ werden sie größer, dieser Bereich wird aber nicht zu Messungen benutzt.

McMillan und Starr erhielten bei Wechselspannungen von 60 Hz interessante Verteilungskurven (durch Lichtenbergsche Figuren), indem abhängig von der Schlagweite die prozentuale Anzahl der Durchschläge (bei über 1000 Einzelbeobachtungen) in der positiven Halbwelle aufgetragen wird (Abb. 18 für $D = 6{,}25$ cm-Kugeln). Im Bereich etwa $s = 1{,}6\sqrt{R}$ bis $2\,R$ sind in 100% Fällen negative, bei $s > 2\,R$ in 100% Fällen positive Durchschläge vorhanden.

**Einfluß der Luftzusammensetzung, andere Gase.** Abgesehen von der Dichte hat bei verschiedenartiger Zusammensetzung der Luft nur der Wasserdampfgehalt einen geringen Einfluß auf die Anfangspannung. Innerhalb kleiner Grenzen (z. B. etwa 40% bis 60% rel. Feuchtigkeit) ist er zu vernachlässigen. Nach Franck[2] steigt die Anfangspannung

[1] McMillan, F. O. u. E. C. Starr: J. Am. Inst. El. Engs. **49**, 859 (1930). Takeshi Nishi u. Yoshitane Ishiguro: Bull. Inst. Phys. Chem. Res. **10**, 266 (1931); Abstracts **10**, 33 (1931).

[2] Franck, S.: Arch. Elektrot. **21**, 318 (1928); siehe auch Anfangspannungen bei Kugelelektroden in reinem Wasserdampf, E. Weichelt: Physik. Z. **32**, 182 (1931). S. Franck: Z. Physik **69**, 409 (1931).

mit von 0 bis 95% zunehmender relativer Feuchtigkeit bis etwa 3% (s. S. 63). Die Funkenspannung zwischen Kugeln $D = 2{,}5$ cm in verschiedenen Gasen zeigt Abb. 19 nach Orgler[1] (eine Kugel geerdet, Gleichspannung, 18⁰ C).

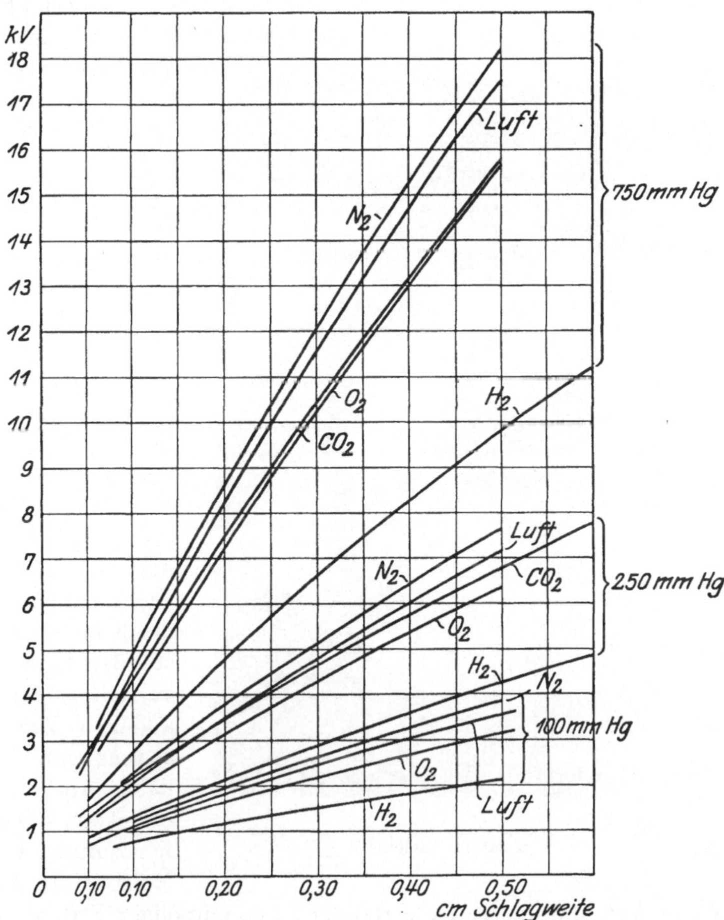


Abb. 19. Funkenspannung gleicher Kugeln, $D = 2{,}5$ cm (ein Pol geerdet), in verschiedenen Gasen (nach Orgler). Gleichspannung, 18⁰ C.

**Praktische Anordnung der Kugelfunkenstrecke**[2]. Die Entfernung der Kugeln von benachbarten geerdeten, ungeerdeten oder unter Spannung stehenden nichtsprühenden Leitern soll mindestens das 2½fache des Kugeldurchmessers betragen; bei sprühenden Leitern[3] ist ein we-

[1] Orgler, A.: Ann. Physik (4) **1**, 159 (1900).
[2] Siehe ETZ **47**, 594, 862 (1926). [3] Toepler, M.: ETZ **51**, 777 (1930).

nigstens 5facher Abstand vorzusehen. Die Zuleitungen dürfen nur in einem Mindestabstand des 5 fachen Kugeldurchmessers an der Funkenstrecke vorbeigeführt werden. Der wirkliche Kugeldurchmesser und die sphärischen Werte der Kugeloberfläche an den einander zugewandten Seiten sollen nicht mehr als 1% vom theoretischen Wert abweichen; eine etwaige Naht zwischen zwei Kugelhälften soll möglichst weit von den zugewandten Scheiteln entfernt sein. Der die Kugeln tragende Schaft soll möglichst dünn und nicht über 10% des Kugeldurchmessers sein. Die Führungen der Kugelschäfte sollen mindestens um den Kugeldurchmesser von den Kugeln entfernt sein. In der Regel liegen die Kugelschäfte horizontal oder vertikal. Für höhere Spannungen (über 300 $kV_{max}$) ist die vertikale Anordnung zweckmäßiger (Gewicht der Kugeln). Unter Umständen kann die Feldverteilung dadurch sich ändern. Die Anfangspannungen bei vertikaler Anordnung sind oft etwas höher als bei horizontaler Anordnung. Meist liegt die obere Kugel fest, die untere ist beweglich; bei einpoliger Erdung wird man die bewegliche Kugel erden.

Abb. 20. Kugelfunkenstrecke mit Kugeln $D = 2{,}4$ m (Porzellanfabrik Rosenthal).

Vor die Funkenstrecke sind induktionsfreie Vorschaltwiderstände von etwa $^1/_5$ bis 1 $\Omega$ je Volt der zu messenden Spannung zu schalten. Bei symmetrischer Spannungsverteilung sind sie je zur Hälfte vor jede Kugel, bei einpoliger Erdung insgesamt vor die ungeerdete Kugel zu legen; siehe später S. 66 über Einflüsse des Schaltkreises.

Die Messung erfolgt entweder bei konstanter Spannung, indem die Kugeln bis zum Durchschlag allmählich genähert werden, oder bei konstanter Schlagweite, indem die Spannung allmählich bis zum Durchschlag gesteigert wird. Besonders in der Nähe des Durchschlags ist Schlagweite oder Spannung sehr langsam und gleichmäßig zu ändern; ersteres läßt sich meist besser durchführen; die Geschwindigkeit der Annäherung der Elektroden soll von 10% unterhalb der Durchschlagspannung 2 mm/sec nicht überschreiten. Bei Spannungsregelung dürfen die Spannungsstufen nicht zu groß sein (maximal ½% der zu messenden Spannung bei einer Meßgenauigkeit von $\pm 1$ bis 2%).

Die ersten Durchschläge (1 bis 3) sind im allgemeinen nicht maßgebend, da Staubteilchen das Feld stören können und weggebrannt werden müssen. Auch dann empfiehlt es sich, mehrere Messungen vorzunehmen und Mittelwerte zu bilden.

Über Bestrahlung siehe S. 60. Unterhalb $45\,\mathrm{kV_{max}}$ empfiehlt sich künstliche Ionisierung, die unter Umständen durch die Zuführungsdrähte selbst (1 mm stark und blank) besorgt werden kann, die in einem Mindestabstand vom 5 fachen Kugeldurchmesser an der Kugelfunkenstrecke vorbeigeführt werden.

Eine praktische Ausführung der Kugelfunkenstrecke in vertikaler Anordnung zeigt Abb. 20 (Porzellanfabrik Rosenthal, Kugeln $D = 2{,}4$ m aus 2,5 mm starkem Kupferblech). Die Ablesung der Schlagweite kann an einer Meßuhr mit cm- und mm-Anzeiger oder einem Fernabstandszeiger mit Zählwerk erfolgen. Zweckmäßig trennt man durch ein auf die Entladung ansprechendes Relais die Spannungsquelle im Augenblick des Funkenüberschlages ab.

Man kann auch optisch eine Abbildung der Kugeln oder ein einfaches Schattenbild auf einer Skala herstellen und so die Schlagweite messen[1].

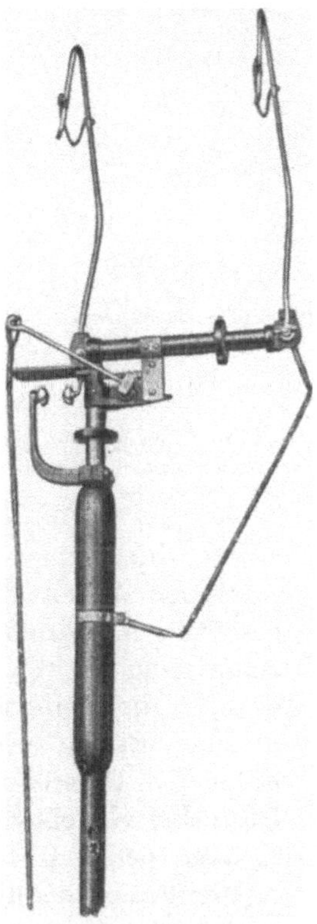

Abb. 21. Kugelkalottenfunkenstrecke zur Messung der Spannungsverteilung an Hängeketten (Siemens-Halske).

Eine andere Anordnung (S. u. H.)[2] zur Messung der Spannungsverteilung an Hängeketten zeigt Abb. 21. Eine kleine, verstellbare Funkenstrecke (Kugelkalotten) ist am Ende einer langen Isolierstange angebracht; sie ist durch einen Schnürzug verstellbar, die Schlagweite kann an einer Skala abgelesen werden. Die beiden hakenförmig gebogenen Hörner dienen zum Anlegen an Kappe und Klöppel der Isolatorenglieder.

---

[1] Naumann, O.: Mitt. Hermsd.-Schomb. **1924**, 259; siehe S. 273.
[2] ETZ **48**, 1005 (1927).

Eine Handkugelfunkenstrecke, wie sie in der Röntgentechnik häufig verwendet wird, zeigt Abb. 22[1]. Man nähert (mit einer Hand) die durch Federdruck auseinandergehaltenen Kugeln bis zum Durchschlag und läßt sie sofort wieder auseinanderspreizen; der mitgeführte Skalenzeiger gibt die kleinste Schlagweite oder bei entsprechender Eichung sofort die Durchbruchspannung an.

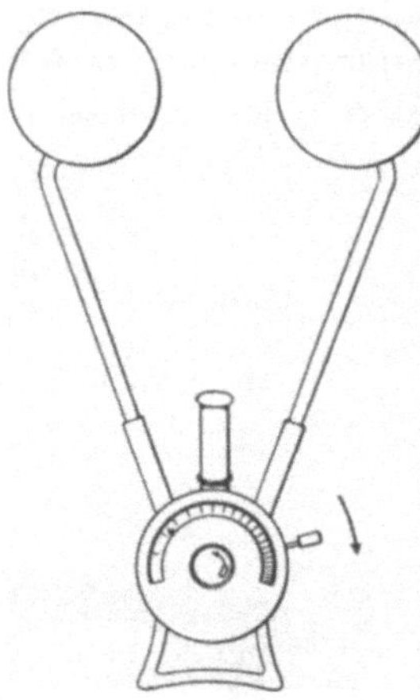

Abb. 22. Handkugelfunkenstrecke mit Spannungsanzeiger.

Der von der Firma E. Haefely-Basel angegebene Kugelkondensator zur Messung des Höchstwertes einer Wechselspannung durch den Ladestrom kann auch bei direkter Erdung des Meßkreisausschnittes als normale Kugelfunkenstrecke benutzt werden[2].

**Genauigkeit der Messungen. Besondere Anordnungen.** Bei Beachtung aller Vorsichtsmaßregeln kann eine Genauigkeit von $\pm$ 0,5 bis 1% erreicht werden[3]. Sie sinkt bei größerem Verhältnis $\frac{s}{D}$ und sehr kleinen Schlagweiten. Eine Erhöhung der Genauigkeit kann einmal durch Einhüllen der Kugeln in geerdete, nicht zu weitmaschige Käfige erfolgen[4]. Man ist dann von störenden Außeneinflüssen frei, muß aber die Funkenstrecke für die gewählte Anordnung besonders eichen. Eine zweite sehr beachtliche Anordnung ist von van Cauwenberghe und Marchal[5] angegeben; es wird die Ionisation über den zur Vermeidung von Verzögerungen üblichen Betrag erhöht, indem z. B. in die eine Kugelelektrode dicht unter der Scheiteloberfläche ein stärkeres Radiumpräparat gebracht wird. Bei Kugelkalotten $D = 5$ cm und einer Schlagweite $s = 0{,}3$ cm ergaben sich z. B. bei jedesmaligen 12 Messungen die Werte der Tab. 5.

Der wahrscheinliche Fehler der Einzelmessung wird also auf 0,2% erniedrigt, offenbar von einer bestimmten Ionisationsstärke ab, ohne daß eine weitere Erhöhung die Streuung weiterhin vermindert; nur die Anfangspannung selbst wird dadurch noch weiter sehr wenig er-

[1] Holzknecht, G.: Fortschr. Röntgenstr. **35**, 95 (1927).

[2] Über Strommessung durch Spannungsmessung mit Kugelfunkenstrecke an einem Widerstand siehe O. Zdralek: Arch. Elektrot. **18**, 1 (1927).

[3] Siehe auch D. Nasledow u. P. Scharawsky: Strahlentherapie **33**, 394 (1929). Vergleich mit der Spannungsmessung durch Grenzwellenlänge des kontinuierlichen Röntgenspektrums. Nach S. Whitehead u. A. P. Castellain: Electrician **106**, 241 (1931) schwanken 4 bis 5 nacheinander durchgeführte Messungen um 0,5%.

[4] Toepler, M.: Z. techn. Phys. **3**, 327 (1922); ETZ **51**, 777 (1930). Bechdoldt, H.: ETZ **50**, 1394 (1929).

[5] van Cauwenberghe, R. u. G. Marchal: Rev. gen. électr. **27**, 331 (1930).

Tabelle 5.

| Ionisatoren | $kV_{max}$ | Wahrscheinlicher Fehler der Einzelmessung % | Herabsetzung der Spannung in % des vorhergehenden Wertes % |
|---|---|---|---|
| 1. Ohne Ionisation; Mittelwert $U_{max}$ | 12,275 | 9,3 | — |
| 2. Ionisation mit Bogenlampe . . . | 11,094 | 0,75 | 9,6 |
| 3. Mit 0,5 mg Radium in der Kalotte. | 10,872 | 0,2 | 1,8 |
| 4. Mit 10 mg Radium in der Kalotte. | 10,833 | 0,2 | 0,36 |

niedrigt. 0,5 mg Radium erniedrigten die Anfangsspannung gegenüber der gewöhnlichen Ionisation mit Bogenlampe um 1,8%, 10 mg Radium, also die 20fache Menge, nur weiterhin um 0,36%.

## Zylinderfelder.

**Feldbestimmung.** Man unterscheidet sich umhüllende (koaxial oder disaxial) und sich nicht umhüllende Zylinder (achsenparallele oder sich kreuzende Zylinder gleicher oder ungleicher Größe). Beide Formen werden für Meßzwecke benutzt. Im ersteren Fall ist man von äußeren Feldstörungen vollkommen frei (Zylinderfunkenstrecke nach Petersen, Koronavoltmeter), im zweiten Fall hat man günstige Feldverteilung und geringere Abmessungen (Zylinderfunkenstrecke nach Schwaiger).

Zur Berechnung der Durchbruchfeldstärke gilt im allgemeinsten Fall

$$\mathfrak{E}_0 = \frac{U}{s} F; \qquad \text{Formfaktor } F = \frac{\mathfrak{Sin}\,\frac{1}{2}(\varrho_1 - \varrho_2)\,\mathfrak{Cof}\,\frac{\varrho_1}{2}}{\frac{1}{2}(\varrho_1 - \varrho_2)\,\mathfrak{Cof}\,\frac{\varrho_2}{2}}, \tag{19}$$

wobei

$$\mathfrak{Cof}\,\varrho_1 = \left|\frac{R_1^2 - R_2^2 + d^2}{2\,d R_1}\right| \quad \text{und} \quad \mathfrak{Cof}\,\varrho_2 = \left|\frac{R_1^2 - R_2^2 - d^2}{2\,d R_2}\right|.$$

$R_1$ kleinerer, $R_2$ größerer Zylinderradius, $d$ ihr Achsenabstand. Für $d = 0$ (koaxiale Zylinder) wird

$$\mathfrak{E}_0 = \frac{U}{R_1 \ln \frac{R_2}{R_1}}; \tag{20}$$

für gleich große, parallele Zylinder wird

$$\mathfrak{E}_0 = \frac{U}{s} f; \qquad \text{Formfaktor} \quad f = \frac{\sqrt{\xi(2+\xi)}}{\ln(1 + \xi + \sqrt{\xi(2+\xi)})}; \qquad \xi = \frac{s}{D}; \tag{21}$$

in anderer Form geschrieben[1]:

$$\mathfrak{E}_0 = \frac{U\sqrt{\left(\frac{d}{D}\right)^2 - 1}}{D\left[\frac{d}{D} - 1\right]\mathfrak{Ar}\,\mathfrak{Cof}\,\frac{d}{D}}. \tag{22}$$

$D$ Zylinderdurchmesser, $d$ Achsenabstand.

[1] Mahlke, P.: Carlswerk-Rundschau, H. 3, S. 12, Juni 1928.

Für Zylinder-Ebene ist $\mathfrak{E}_0$ mit 2 zu multiplizieren und für $\frac{d}{D}$ ist $\frac{h}{R}$ zu setzen ($h$ Abstand der Zylinderachse von der Ebene).

Ist der Abstand der Zylinder groß relativ zum Durchmesser, so wird

$$\mathfrak{E}_0 = \frac{U}{2R\ln\frac{d}{R}}. \tag{23}$$

Bei $\frac{d}{R} = 5$ beträgt der Fehler etwa 2,5%.

Für einen Zylinder (Draht) in großem Abstande $h$ von einer Ebene ist $\mathfrak{E}_0$ mit 2 zu multiplizieren und statt $d$ der Wert $2h$ zu setzen. Für eine Drehstromleitung (symmetrisches Spannungsdreieck) ergibt sich

$$\mathfrak{E}_0 = \frac{U}{\sqrt{3}\,R\ln\frac{d}{R}} \tag{24}$$

sowohl bei Aufhängung in Form eines gleichseitigen Spannungsdreiecks wie in einer Ebene.

**Entladungsart.** Bei koaxialen Zylindern ist bei $\frac{R}{r} \leqq 4$ die Anfangspannung zugleich Funkenspannung, bei $r < \frac{R}{6}$ bis $\frac{R}{10}$ tritt das Glimmlicht mit einem sehr charakteristischen Geräusch in Erscheinung. Bei $r < \frac{R}{10}$ tritt nur schwaches Glimmlicht auf. Bei gleichen Zylindern nebeneinander gelten ähnliche Verhältnisse wie bei Kugeln nebeneinander, nur liegen die Grenzen bei höherem $\frac{s}{D}$. Bei der Zylinderfunkenstrecke nach Schwaiger kann man für Spannungsmessungen bis zu $\frac{s}{D} = 1{,}5$ bis 2,5 gehen, gleichgültig ob ein Pol geerdet ist oder nicht.

**Meßspannungen. Zylinderfunkenstrecke nach Petersen.** Abb. 23 zeigt die Zylinderfunkenstrecke nach Petersen[1]; sie hat folgende Abmessungen und Meßbereiche: Außenzylinder etwa doppelt so lang wie sein Durchmesser; Innenzylinder etwa doppelte Länge des Außenzylinders; Ränder des Außenzylinders sanft nach außen gebogen. Um mög-

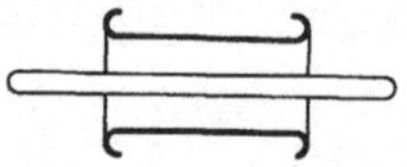

Abb. 23. Zylinderfunkenstrecke (nach Petersen).

Tabelle 6.

| Meßbereich bis $kV_{max}$ | Durchmesser des inneren Zylinders cm | Durchmesser des äußeren Zylinders cm |
|---|---|---|
| 56 | 4 | 12 |
| 50 | 2 | 12 |
| 104 | 8 | 24 |
| 92 | 4 | 24 |
| 200 | 18 | 52 |
| 200 | 10 | 56 |

[1] Petersen, W.: Hochspannungstechnik. Stuttgart 1911.

lichst hohe Durchschlagspannungen bei zentraler Lage zu bekommen, wird $\frac{R}{r} \approx 3$ gewählt.

Zur Veränderung der Schlagweite wird der Innenzylinder parallel verschoben. Bei koaxialen Zylindern gilt Gl. (20) S. 31. Für disaxiale Zylinder (Parallelverschiebung) ist die Anfangspannung zu berechnen aus Gl. (19), S. 31

$$U = \mathfrak{E}_0 s \frac{1}{F}. \tag{25}$$

$\mathfrak{E}_0$ selbst ist unabhängig vom äußeren Zylinderradius, wenn beide Radien nicht zu nahe gleich sind, nur abhängig vom Innenradius, gleichgültig ob er koaxial oder disaxial liegt. In Tabelle 7 sind Werte für $\mathfrak{E}_0$ nach Messungen von W. Petersen[1] und W. O. Schumann[2] angegeben.

Tabelle 7.

| $r$ cm | $\mathfrak{E}_0 \frac{\text{kV}_{\max}}{\text{cm}}$ | $r$ cm | $\mathfrak{E}_0 \frac{\text{kV}_{\max}}{\text{cm}}$ |
|---|---|---|---|
| 0,1 | 62,0 | 5 | 33,1 |
| 0,2 | 53,8 | 6 | 32,6 |
| 0,3 | 49,5 | 7 | 32,2 |
| 0,4 | 46,7 | 8 | 31,9 |
| 0,5 | 44,8 | 9 | 31,6 |
| 1,0 | 40,2 | 10 | 31,3 |
| 2 | 36,6 | 12 | 30,9 |
| 3 | 34,7 | 15 | 30,5 |
| 4 | 33,7 | | |

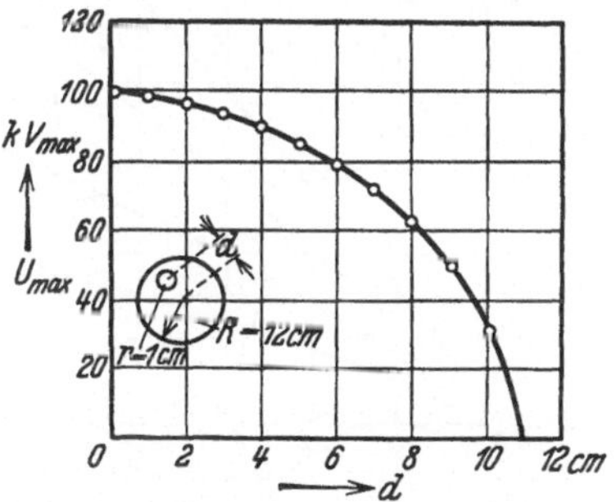


Abb. 24. Eichkurven für koaxiale Zylinderanordnung. Kurve: errechnete Anfangspannungen nach Gl. (25); Punkte: gemessene Anfangspannungen (nach Petersen). 760 mm Hg und 20° C.

Nach Gl. (25) kann man sich dann $U_{\max}$ für die gewählte Anordnung errechnen und eine Eichkurve abhängig vom Achsenabstand $d$ aufzeichnen, wie sie z. B. Abb. 24 angibt[3]. Ähnlich wie bei Kugeln (S. 23) kann man nach Peek in Annäherung für $\mathfrak{E}_0$ setzen

$$\mathfrak{E}_0 = 31{,}0\,\delta \left(1 + \frac{0{,}428}{\sqrt{\delta D}}\right) \frac{\text{kV}}{\text{cm}}. \tag{26}$$

Zur Berücksichtigung der Dichteänderung rechnet man bequemer wieder $U_{\max}$ aus $\mathfrak{E}_0$ mit $\delta = 1$ aus und multipliziert diesen Wert für andere Luftdichten mit dem Korrektionsfaktor $k$:

$$k = \delta \frac{\left(1 + \frac{0{,}428}{\sqrt{\delta D}}\right)}{1 + \frac{0{,}428}{\sqrt{D}}}. \tag{27}$$

[1] Petersen, W.: Hochspannungstechnik. Stuttgart 1911.

[2] Schumann, W. O.: Arch. Elektrot. **11**, 1 (1922).

[3] Weitere Messungen, insbesondere Untersuchung von Polaritätseffekten siehe E. Uhlmann: Arch. Elektrot. **23**, 323 (1930).

Für weniger genaue Messungen und kleine Dichteänderungen kann $k = \delta$ gesetzt werden.

**Koronavoltmeter.** Eine andere Anwendung mit koaxialen Zylindern ist das schon 1904 von Ryan vorgeschlagene Koronavoltmeter von J. B. Whitehead[1] und Mitarbeitern. Hier wird nicht die Anfangspannung als Funkenspannung, sondern als Glimmlicht (Korona) benutzt, so daß keine Belastung und Rückwirkung durch Funkenentladung eintreten kann. In einem weiten, abgeschlossenen Zylinder, in dem Luftdruck und Temperatur beliebig geregelt werden können, befinden sich koaxial dünne, auswechselbare Drähte, an denen in der Regel die zu messende Spannung liegt, während der Außenzylinder geerdet ist. Der Eintritt des Glimmlichtes (der Korona) wird durch Messen der Ionenemission im besonders (als Metallgitter) ausgebildeten Außenzylinder,

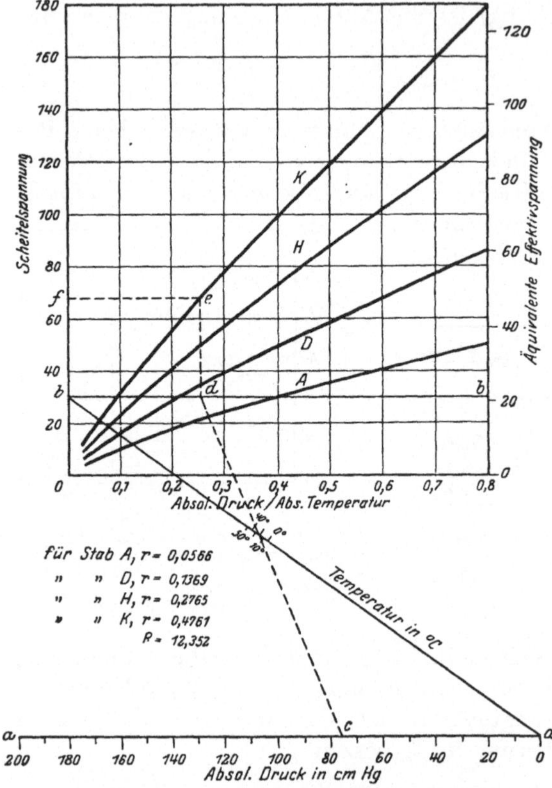


Abb. 25. Anfangsspannung (Koronaspannung) verschiedener Drähte in einem koaxialen Zylinder ($R = 12{,}352$ cm) bei verschiedenen Drucken und Temperaturen (nach Brooks und Defandorf).

---

[1] Ryan, H. J.: Trans. Am. Inst. El. Engs. **23**, 101 (1904). Whitehead, J. B.: Trans. Am. Inst. El. Engs. **29**, 1159 (1910); **30**, 1857 (1911); **31**, 1093 (1912); **34**, 1035 (1915). Whitehead, J. B. u. T. T. Fitch: Trans. Am. Inst. El. Engs. **32**, 1337 (1913). Whitehead, J. B. u. W. S. Gorton: Trans. Am. Inst. El. Engs. **33**, 951 (1914). Whitehead, J. B. u. M. W. Pullen: Trans. Am. Inst. El. Engs. **35**, 809 (1916). Whitehead, J. B. u. W. S. Brown: Trans. Am. Inst. El. Engs. **36**, 169 (1917). Whitehead, J. B.: J. Frankl. Inst. **183**, 433 (1917). Whitehead, J. B. u. T. Isshiki: Trans. Am. Inst. El. Engs. **39**, 1057 (1920). Whitehead, J. B. u. F. W. Lee: Trans. Am. Inst. El. Engs. **40**, 1201 (1924). Lee, F. W. u. B. Kurrelmeyer: J. Am. Inst. El. Engs. **44**, 16 (1925). Whitehead, S.: Dielectric Phenomena. London 1927. Peek, F. W.: Trans. Am. Inst. El. Engs. **30**, 1889 (1911); **31**, 1051 (1912); **32**, 1767 (1913); Dielectric Phenomena in High Volt. Eng.,

durch akustische Messung des Glimmgeräusches oder durch optische Beobachtung des Glimmlichteinsatzes festgestellt. Die Korona- (Anfang-) Spannung ist eine Funktion des Durchmessers des Koronastabes und der Gasdichte, evtl. auch der Polarität, der Frequenz und der Feuchtigkeit. Zur Messung bleiben die Elektroden fest, der Druck wird bis zur Koronaentladung vermindert und aus dem Druck und der Temperatur auf die zu messende Koronaspannung nach Eichtabellen oder Näherungsformeln geschlossen.

Nach neueren Versuchen von Brooks und Defandorf bei Wechselspannung von 60 Hz in einem Druckbereich von 0 ... 200 cm Hg und einem Temperaturbereich von 15 ... 45° bei Innenstäben von 1,2 bis 11 mm Durchmesser gilt mit großer Genauigkeit für die Durchbruch- (Korona-) Feldstärke

$$\mathfrak{E}_0 = A\delta + B\sqrt{\frac{\delta}{r}} - C\frac{1}{r}. \tag{28}$$

Konstante $A = 27{,}95$ $r$ = Radius des Innenstabes in cm,
$B = 11{,}18$ $\delta$ = Luftdichte, bezogen auf 760 mm Hg und 25° C,
$C = 0{,}365$ $\mathfrak{E}_0$ = Durchbruchfeldstärke in V/cm.

Die Anfangspannung ergibt sich dann aus $U = \mathfrak{E}_0 r \ln \frac{R}{r}$. Abb. 25 gibt die Anfangspannung für verschiedene Drähte wieder, gleichzeitig ein Nomogramm, um Druck und Temperatur ohne Rechnung berücksichtigen zu können. Aufeinanderfolgende Ablesungen stimmen auf 0,05% überein. Nur die Stabbeschaffenheit vermindert die Genauigkeit bis auf etwa $\pm 1\%$. Zunahme der Luftfeuchtigkeit vermindert die Glimmspannung bei staubigem oder schmutzigem, erhöht sie dagegen bei sorgfältig gereinigtem Innenstab. Für den Meßbereich 20 bis 140 kV genügen praktisch zwei Stäbe.

Nach früheren Versuchen von Whitehead ergab sich

$$\mathfrak{E}_0 = 29{,}87\,\delta + 9{,}918\sqrt{\frac{\delta}{r}} \quad \text{für} \quad \frac{1}{\sqrt{\delta r}} < 2{,}3, \tag{29}$$

$$\mathfrak{E}_0 = 33{,}03\,\delta + 8{,}541\sqrt{\frac{\delta}{r}} \quad \text{für} \quad \frac{1}{\sqrt{\delta r}} > 2{,}3, \tag{30}$$

$\delta$ bezogen auf 760 mm Hg und 25° C, gültig für Drucke von 25 ... 139 cm Hg, $r$ von 0,05 ... 0,63 cm und etwa 60 Hz. Der Einfluß der Frequenz zwischen 20 und 90 Hz ist sehr gering, maximal 2,4%, bei 20 Hz ist $\mathfrak{E}_0$ etwa 0,8% höher als bei 60 Hz. Nach J. B. Whitehead und W. S. Gor-

New York 1920; 1929. Farwell, S. P.: Trans. Am. Inst. El. Engs. **33**, 1631 (1914). Willis, C. H.: J. Am. Inst. El. Engs. **46**, 272 (1927). Hayden, I. L. R. u. W. N. Eddy: J. Am. Inst. El. Engs. **41**, 397 (1922). Loeb, L. B.: J. Frankl. Inst. **205**, 305 (1928). Brooks, H. B. u. F. W. Defandorf: Bur. Stand. J. Res. **1**, 589 (1928) (Res. Pap. Nr 21). Takeshi Nishi u. Yoshitane Ishiguro: Scient. Pap. Inst. Phys. Chem. Res. Tokyo **13**, 106 (1930).

ton ändert sich $\mathfrak{E}_0$ selbst bei 2000 Hz nur etwa 3 bis 4%. Die Unterschiede zwischen berechneten und gemessenen Werten sind kleiner als 1%[1].

Für Gleichspannung muß man auch die Polarität beachten. Die positive Entladefeldstärke ist kleiner als die negative und diese wieder annähernd gleich der bei Wechselspannung; nach J. B. Whitehead und W. S. Brown ist

$$\text{Draht positiv:} \qquad \mathfrak{E}_0 = 33{,}7\,\delta + 8{,}13\sqrt{\frac{\delta}{r}}, \tag{31}$$

$$\text{Draht negativ:} \qquad \mathfrak{E}_0 = 31{,}0\,\delta + 9{,}54\sqrt{\frac{\delta}{r}}, \tag{32}$$

$$\text{Wechselspannung 60 Hz:} \qquad \mathfrak{E}_0 = 33{,}7\,\delta + 8{,}90\sqrt{\frac{\delta}{r}}, \tag{33}$$

$\delta$ bezogen auf 760 mm Hg und 25° C; gemessen für $r = 0{,}04 \ldots 0{,}12$ cm bei normalem Druck und normaler Temperatur. Die positive Korona setzt in Form eines gleichmäßigen, nach außen scharf begrenzten Glimmens viel regelmäßiger ein als die in Form einzelner Glimmpunkte erscheinende negative Korona, die auch stark von der Beschaffenheit der Drahtoberfläche abhängt. Bei noch kleineren Drähten werden bei etwa $r = 0{,}01$ cm die positive und negative Koronafeldstärke gleich und bei $r < 0{,}01$ cm ist die positive Feldstärke größer als die negative (s. Tabelle 8 nach V. Schaefers[2], gemessen in dauerndem Luftstrom).

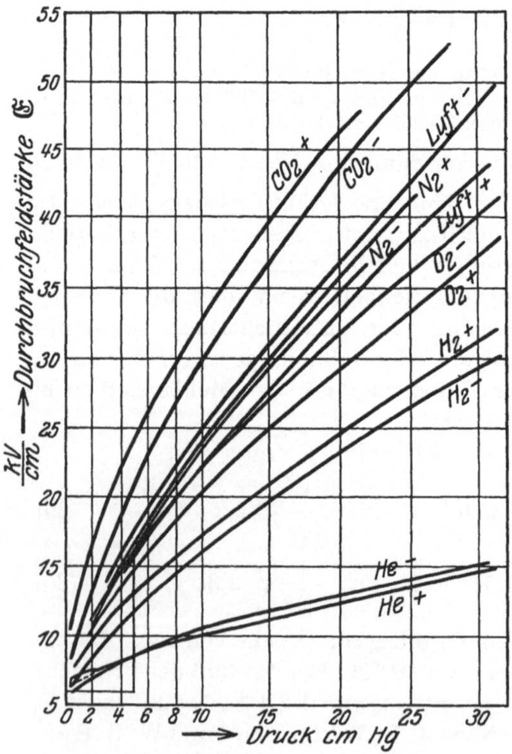


Abb. 26. Koronafeldstärke in verschiedenen Gasen abhängig vom Druck (nach Lee und Kurrelmeyer).

Tabelle 8.

| $r_{cm}$ | $U_+$ $kV_{max}$ | $U_-$ $kV_{max}$ |
|---|---|---|
| 0,00030 | (2,304) | (1,870) |
| 0,00038 | 2,279 | 1,802 |
| 0,00127 | 3,074 | 2,782 |
| 0,00176 | 3,500 | 3,180 |
| 0,00385 | 4,520 | 4,341 |
| 0,0099 | 6,663 | 6,663 |
| 0,0151 | 8,087 | 8,138 |
| 0,0521 | 14,35 | 14,555 |

[1] Vgl. Tabelle 10, S. 523 J. B. Whitehead u. T. Isshiki: J. Am. Inst. El. Engs. **39**, 441 (1920).

[2] Schaefers, V.: Physik. Z. **14**, 981 (1913); **15**, 405 (1914).

Abb. 26 zeigt nach Lee und Kurrelmeyer[1] die Koronafeldstärke in verschiedenen Gasen (He, $H_2$, $O_2$, $CO_2$ und Luft). Als Stab diente ein Stahldraht mit elektrolytisch niedergeschlagener Vergoldung von $r = 0{,}03315$ cm. Bei $H_2$, $N_2$ und $CO_2$ ist im ganzen Druckbereich die negative Koronafeldstärke kleiner als die positive. Bei He, $O_2$ und Luft schneiden sich die Kurven in der oben angegebenen Weise.

Eine Schaltung für Messung des Ionenemissionseinsatzes mit Galvanometer zeigt Abb. 27. *F* ist der konzentrische Koronastab, *C* und *D* sind zwei voneinander isolierte Metallrohre, das innere als Gitter ausgebildet und geerdet; das Ganze ist in einem Druckgefäß eingeschlossen. Das äußere Metallrohr ist mit dem Galvanometer (oder Elektroskop) verbunden, das mit *R*, umpolbarer Batterie und Erde dann einen geschlossenen Stromkreis bildet, wenn der Raum zwischen den Zylindern durch Elektronenstoß leitend gemacht wird. Für Wechselspannungen kann ein mit dieser synchron laufender Kommutator in den Galvanometerkreis geschaltet werden. Statt des Galvanometers kann auch eine Glühkathodenröhrenverstärkerschaltung benutzt werden (Abb. 28).

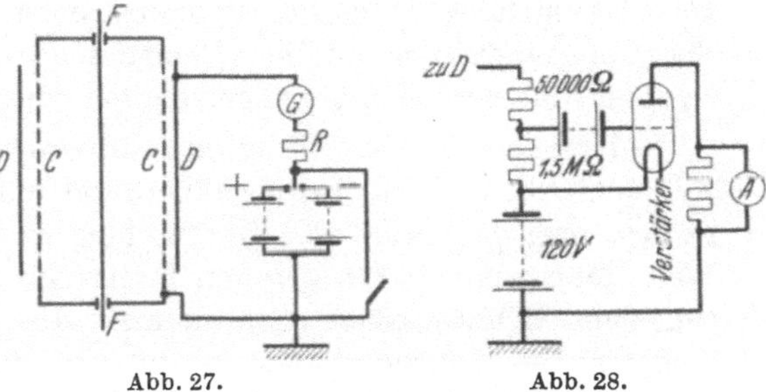


Abb. 27. Abb. 28.

Abb. 27 und 28. Koronavoltmeter. Schaltung mit Galvanometer oder Verstärkerröhre.

Künstliche Ionisierung hat auf die Koronafeldstärke im allgemeinen keinen Einfluß. Nur wenn die schwache, natürliche Ionisation z. B. durch eine Bleihülle ferngehalten wird, kann nach Compton und Foulke[2] die Feldstärke höhere Werte erreichen.

Vorteile des Koronavoltmeters sind: Freisein von Feldstörungen, keine Veränderung der unter Hochspannung liegenden Teile (statt Elektroden- und damit Kapazitätsänderung Druckänderung), kein Durchschlag, also auch keine Vorschaltwiderstände nötig, Frequenzunabhängigkeit, geerdetes Gehäuse; erreichbare Genauigkeit $\pm$ 0,5% Nachteile: Größere Kompliziertheit (Druckgefäß, Stabauswechselung).

**Zylinderfunkenstrecke nach Schwaiger.** Von den Anordnungen sich nicht umhüllender Zylinder ist für Meßzwecke die Anordnung zweier gleich großer Zylinder nebeneinander oder gekreuzt wichtig. Diese von Schwaiger[3] angegebene Funkenstrecke hat vor anderen Funkenstrecken außer Ebenen große Vorzüge. Der S. 9 erwähnte

[1] Lee, F. W. u. B. Kurrelmeyer: J. Am. Inst. El. Engs. **44**, 16 (1925).
[2] Compton, K. T. u. T. E. Foulke: Gen. El. Rev. **26**, 756 (1923).
[3] Werner, E.: Arch. Elektrot. **22**, 1 (1929).

Ausnutzungsfaktor ist nach den Ebenen für diese Anordnung am günstigsten, dagegen ist die Anordnung zweier gleicher Kugeln mit am schlechtesten, wenn als beste Anordnung die bezeichnet wird, bei der bei gegebener Schlagweite $s$ die Durchschlagspannung ein Maximum wird. Allerdings ist dabei gleiche Durchbruchfeldstärke vorausgesetzt für alle Anordnungen; würde mit kleinerem $\eta$ (schlechtere Anordnung) $\mathfrak{E}_0$ in gleichem Maße größer, so wäre die Anordnung nicht schlechter geworden. Dies ist aber bei der Zylinderfunkenstrecke gegenüber der Kugelfunkenstrecke nicht der Fall. Außerdem kommt noch hinzu, daß man von einer Meßfunkenstrecke mit sich nicht umhüllenden Elektroden möglichst große Störungsfreiheit von äußeren Körpern verlangt. Ein Maß hierfür bietet die Änderung der Anfangspannung bei Erdung eines Poles der Funkenstrecke gegenüber symmetrischer Spannungsverteilung an den Elektroden. Auch hier verhält sich die Zylinderfunkenstrecke günstiger als die Kugelfunkenstrecke.

Schwaiger schlägt für größere Spannungen unter 90° gekreuzte Zylinder vor, die den Vorteil haben, daß man die Enden nicht umzuwölben braucht, damit der Durchschlag in der Mitte der Zylinder erfolgt. Man schließt die geraden Kreiszylinder nur durch Kugelkalotten zum Schutz gegen Strahlungen ab. Der Durchschlag erfolgt stets an der Kreuzungsstelle, wenn man die Länge der Zylinder ungefähr gleich fünfmal der größten Schlagweite macht. Um ein Maß zu haben, wie weit man mit der Schlagweite gehen kann, wurde die sog. Störungsziffer eingeführt. Ist $\eta_s$ der Ausnutzungsfaktor für symmetrische und $\eta_u$ für unsymmetrische (ein Pol geerdet) Schaltung, so wird die Störungsziffer definiert als

$$z = \frac{\eta_s - \eta_u}{\eta_s}. \tag{34}$$

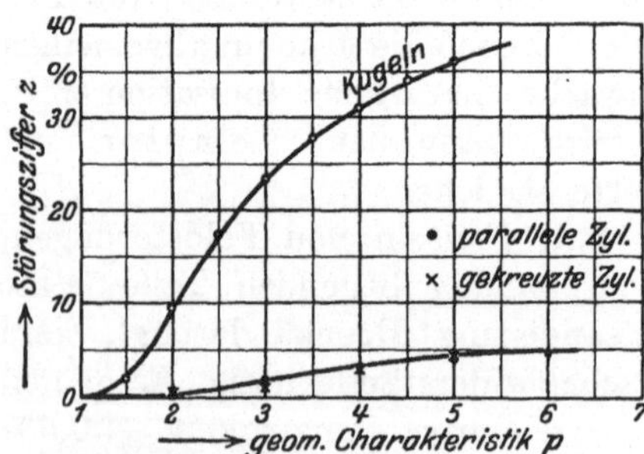


Abb. 29. Störungsziffer $z$ bei Kugeln und parallelen oder gekreuzten Zylindern abhängig von der geometrischen Charakteristik $p$.

$z$ hängt nur von der geometrischen Charakteristik ab (s. S. 9). An Abb. 29 erkennt man die Überlegenheit der Zylinderfunkenstrecke. Bei einer Schlagweite $s = 5\,R$ ist die Störung erst 5%, bei gleichen Kugeln 40%. Man kann also bei der Zylinderfunkenstrecke bei gleichem Durchmesser einen viel größeren Meßbereich als bei Kugeln zulassen; z. B. kann man mit Kugeln $D = 100$ cm und $s = 50$ cm bis etwa 1150 $\text{kV}_{\text{max}}$, bei Zylindern $D = 40$ cm und $s = 60$ cm bis 1200 $\text{kV}_{\text{max}}$ messen, wobei die Störungsziffern 10% und 3% betragen.

Durch das Kreuzen der Zylinder um 90° wird die Anordnung zwar der Feldberechnung nicht mehr zugänglich, die Anfangspannung ändert sich aber höchstens um $\pm$ 1,4% gegenüber der parallelen Anordnung bei symmetrischer Spannungsverteilung; bei einem geerdeten Pol ist die Änderung etwas größer (bis $\pm$ 2%). Immerhin kann demnach das Feld

Abb. 30. Gekreuzte Zylinderfunkenstrecke (nach Schwaiger).

in der Entladungsbahn bei gekreuzten Zylindern annähernd gleich dem Feld bei parallelen Zylindern angesehen werden.

Außer Messungen von E. Werner liegen Messungen von H. Löber[1] und A. Pen-Tung Sah[2] vor (Werner $D = 0{,}3$; 0,5; 0,8; 1,0; 2; 3; 6 cm parallel, $D = 15$; 20; 30 cm gekreuzt, Löber $D = 3$; 3,5; 4; 4,5;

[1] Löber, H.: Arch. Elektrot. **14**, 511 (1923).
[2] Pen-Tung Sah, A.: J. Am. Inst. El. Engs. **46**, 1073 (1927).

5; 6; 7; 7,82; 9; 10; 12 mm parallel, Pen-Tung Sah $D = 12{,}7$; 25 cm gekreuzt). Die Unterschiede zwischen den Messungen von Werner und Pen-Tung Sah sind recht groß. In Zahlentafel 4 am Schluß des Buches wurden die wahrscheinlichsten Werte ähnlich wie beim Kugelfeld ermittelt und extrapoliert bis $D = 50$ cm. Ein Diagramm ($U_{\max}$ abhängig von $\frac{s}{D}$ mit Parameter $\delta D$) kann genau wie bei der Kugelfunkenstrecke zur genauen Berücksichtigung des Dichteeinflusses angelegt werden (s. S. 22).

Bei der praktischen Ausführung der Zylinder wird am besten der mittlere Teil der Zylinder, wo der Durchschlag erfolgt, aus einem ganzen Gußstück gedreht, an das Blechzylinder angesetzt werden, die nicht mehr so genau ausgeführt zu werden brauchen. Abb. 30 zeigt eine solche gekreuzte Zylinderfunkenstrecke. Für die Ausführung der Messungen gelten sinngemäß die gleichen Gesichtspunkte wie bei der Kugelfunkenstrecke (s. S. 27).

### Spitzen (Kanten).

**Feldbestimmung.** Spitzen sind im allgemeinen keine geometrisch scharf definierten Gebilde und damit der Feldberechnung nicht unmittelbar zugänglich; nur näherungsweise oder experimentell (mechanische Kraftwirkung auf Spitzen, Flüssigkeitsspitzen, Kapillarkräfte) läßt sich die Anfangsfeldstärke bestimmen. Für halbkugelig abgerundete, positiv geladene, freistehende Spitzen ist nach Young[1]

$$\mathfrak{E}_0\, r^{0{,}45} = 25{,}5\,, \tag{35}$$

wobei $\mathfrak{E}_0$ in $\frac{\text{kV}}{\text{cm}}$ das Feld in der Mitte der Spitze, $r$ den Radius in cm bedeutet; bis $15 \cdot 10^{-6}$ Amp ist $\mathfrak{E}_0$ unabhängig vom Strom. Für halbkugelig abgerundete Drähte gegen eine Platte gilt nach Edmunds[2]

$$\mathfrak{E}_0 \sqrt{r} = 18 \tag{36}$$

bei normalem Druck ($r$ Drahtradius in cm). Für Flüssigkeitsspitzen erhält Zeleny[3]

$$\mathfrak{E}_0\, r = 0{,}287\, p\, r + 1{,}68 \sqrt{p\, r}\,. \tag{37}$$

$r$ und $p$ in cm; $\mathfrak{E}_0$ in $\frac{\text{kV}}{\text{cm}}$. Damit ist die Bedingung des Townsendschen Ähnlichkeitsgesetzes erfüllt. Über die Feldbestimmung bei scharfen Kanten siehe W. Wittwer[4] und W. Schilling[5].

**Entladungsart.** Nur bei sehr kleinen Spannungen und Schlagweiten ist die Anfangspannung zugleich Funkenspannung. Sonst fällt die

---

[1] Young, F. B.: Phil. Mag. (6) **13**, 542 (1907).
[2] Edmunds, P. I.: Phil. Mag. (6) **28**, 234 (1914).
[3] Zeleny, J.: Phys. Rev. **16**, 112 (1920).
[4] Wittwer, W.: Arch. Elektrot. **18**, 81 (1927).
[5] Schilling, W.: Arch. Elektrot. **22**, 317 (1929).

Funkenspannung immer mit einer der späteren Entladungsformen zusammen. Die Anfangspannung ist sehr von der Schärfe der Spitzen abhängig, die nach einem Durchschlag sich leicht verändert. Die Spitzenentladungsstrecke eignet sich daher, soweit Townsendentladung in Betracht kommt, als Spannungsmesser nicht, erst bei späterer Entladungsform (Funkenspannung als Büschelgrenzspannung) in beschränktem Maße (s. S. 159). Wohl ist aber versucht worden, den Spitzenstrom des Glimmlichts in seiner Abhängigkeit von der Spannung zu Meßzwecken zu benutzen.

**Meßspannungen.** Die Anfangspannung halbkugelig abgerundeter Drähte bei 1,5 cm Abstand gegen eine geerdete Platte gibt die Tabelle 9. Bei den Werten von Zeleny[1] wurden 1,5 cm lange Messingspitzen, nur bei $D = 0{,}039$ und 0,0244 mm Pt-Spitzen in dauernd strömender, trockener atmosphärischer Luft benutzt. Die anderen Werte stammen von Townsend und Edmunds. Die positive Entladung beginnt regelmäßig und stetig bei scharfem Stromanstieg, die negative Entladung mit einigen kleinen Stößen. Das Verhältnis $\frac{U+}{U-}$ ist bei sehr kleinen Radien und etwa Atmosphärendruck zunächst größer als 1, fällt bei etwa $r = 0{,}25$ mm auf 1 und wird dann bei größeren Radien kleiner als 1. Einer Verkleinerung des Radius ist aber bei konstantem Radius eine Verkleinerung des Druckes äquivalent, so daß sich auch hier die Townsendschen Ähnlichkeitsbeziehungen zeigen. Die Schlagweite spielt hierbei keine große Rolle; $U$ ist nur von $pr$ abhängig.

Tabelle 9.

| Abstand Spitze—Platte $s = 1{,}5$ cm | | | | |
|---|---|---|---|---|
| Drahtradius in mm | Druck mm Hg | $U+$ Volt | $U-$ Volt | $\frac{U+}{U-}$ |
| $r = 0{,}0122$[1] | 740 | 1610 | 1133 | 1,42 |
| $r = 0{,}0195$[1] | 740 | 1990 | 1470 | 1,35 |
| $r = 0{,}0455$[1] | 740 | 2480 | 2010 | 1,23 |
| $r = 0{,}087$[1] | 740 | 3050 | 2823 | 1,08 |
| $r = 0{,}122$[1] | 740 | 3405 | 3160 | 1,07 |
| $r = 0{,}25$[1] | 740 | 4050 | 4740 | 0,98 |
| $r = 0{,}25$[2] | 763 | 4780 | 4800 | 0,99 |
| | 548 | 4200 | 4320 | 0,97 |
| | 352 | 2960 | 3010 | 0,98 |
| | 106 | 1640 | 1490 | 1,10 |
| | 31 | 1050 | 760 | 1,38 |
| | 11 | 850 | 610 | 1,39 |
| $r = 0{,}50$[3] | 763 | 6400 | 6800 | 0,94 |
| | 213 | 2950 | 3130 | 0,94 |
| | 81 | 1700 | 1700 | 1,00 |
| $r = 0{,}75$[3] | 555 | 6200 | 7000 | 0,89 |
| | 397 | 5080 | 5500 | 0,92 |
| | 220 | 3450 | 3800 | 0,91 |
| | 103 | 2200 | 2450 | 0,90 |
| | 35 | 1320 | 1280 | 1,03 |
| | 13 | 975 | 825 | 1,18 |

Die Abhängigkeit der Anfangspannung von der Schlagweite zeigt

[1] Zeleny, J.: Phys. Rev. **25**, 305 (1907).
[2] Townsend, J. S.: Handb. Radiologie **1**, 397.
[3] Townsend, J. S. u. P. I. Edmunds: Phil. Mag. (6) **27**, 789 (1914).

Tabelle 10 bei Spitze gegen geerdete Platte nach Precht[1] und Stark und Friedrichs[2]. $\frac{U+}{U-}$ ist von der Schlagweite nicht abhängig, sondern nur vom Druck und von der Form und Vorbehandlung der Spitze.

Tabelle 10.

| $s$ cm | $U+$ Volt | $U-$ Volt | $\frac{U+}{U-}$ | |
|---|---|---|---|---|
| 0,4 | 3,50 | 3,16 | 1,11 | Mittel 1,16[2] |
| 0,6 | 3,96 | 3,45 | 1,15 | |
| 0,8 | 4,33 | 3,75 | 1,16 | |
| 1,0 | 4,60 | 4,00 | 1,15 | |
| 1,5 | 5,15 | 4,40 | 1,17 | |
| 2,0 | 5,60 | 4,80 | 1,17 | |
| 3 | 6,40 | 5,40 | 1,18 | |
| 4 | 6,90 | 6,00 | 1,15 | |
| 5 | 7,40 | 6,40 | 1,16 | |
| 5 | 3,60 | 2,80 | 1,29 | Mittel 1,28[1] |
| 10 | 4,00 | 3,10 | 1,29 | |
| 15 | 4,20 | 3,30 | 1,27 | |
| 20 | 4,40 | 3,50 | 1,26 | |
| 25 | 4,50 | 3,60 | 1,25 | |
| 325 | 5,00 | 3,80 | 1,31 | |

Die Anfangspannung ist auch von der Bestrahlung abhängig. Man kann nach Warburg und Gorton[3] empfindliche und unempfindliche Spitzen unterscheiden. Bei empfindlichen Spitzen zeigt sich ohne Bestrahlung, daß die Spannung, bei der die Entladung wieder verlischt, nicht mit der Anfangspannung zusammenfällt, sondern tiefer liegt (sog. Minimumspannung). Durch Bestrahlung können beide Spannungen aber zum Zusammenfallen gebracht werden (Ausnahmen in $N_2$ und bei sehr tiefen Temperaturen). Bei unempfindlichen Spitzen fallen beide Spannungen auch ohne Bestrahlung schon zusammen. Empfindliche Spitzen stellt man durch Glühen in feuchten Gasen (z. B. Luft oder Sauerstoff) oder durch längere Entladung in $H_2$ oder $O_2$ her.

**Charakteristik des Spitzenstromes.** Nach Warburg[4] besteht für den Spitzenstrom die Beziehung

$$i = c\,U\,(U - U_m). \tag{38}$$

$U_m$ ist die Anfangspannung (Minimumspannung); $c$ ist ein von der Beschaffenheit der Spitze, des Gases und der Schlagweite abhängiger Faktor. Im allgemeinen ist nur für positive Spitzenentladung diese Proportionalität der Stromstärke mit $U\,(U - U_m)$ zutreffend, für negative Spitzenströme gelten kompliziertere Gleichungen[5], außerdem verhalten sich negative Spitzen immer unregelmäßiger als positive. Für negative Spitzenentladung (Spitze—Platte, $s = 6$ mm, Spitze ein zu einer Schlinge gebogener Platindraht von 0,1 mm Durchmesser) gilt

[1] Precht, J.: Wiedemanns Ann. **49**, 150 (1893).

[2] Stark, J. u. W. Friedrichs: Wiss. Veröff. a. d. Siemens-Konzern **2**, 211 (1923).

[3] Warburg, E. u. F. R. Gorton: Ann. Physik **18**, 128 (1905).

[4] Warburg, E.: Wiedemanns Ann. **67**, 69 (1899).

[5] Literatur über diese Gleichungen bei E. Warburg: Handb. Physik **14**, 154.

nach neueren Untersuchungen von Stark und Friedrichs[1]

$$i = k\,U^2\,(U - U_m). \tag{39}$$

Abb. 31 zeigt den positiven und negativen Spitzenstrom. Unterhalb 1 $\mu$A ist der Lichtpunkt des Spitzenstromes schwer sichtbar.

Die Charakteristik des Spitzenstromes wurde von C. Müller[2] zur Messung der Spannung zu benutzen versucht, aber wegen der leichten Veränderung der Spitze und der Inkonstanz des Stromes eignet sich das Verfahren schlecht.

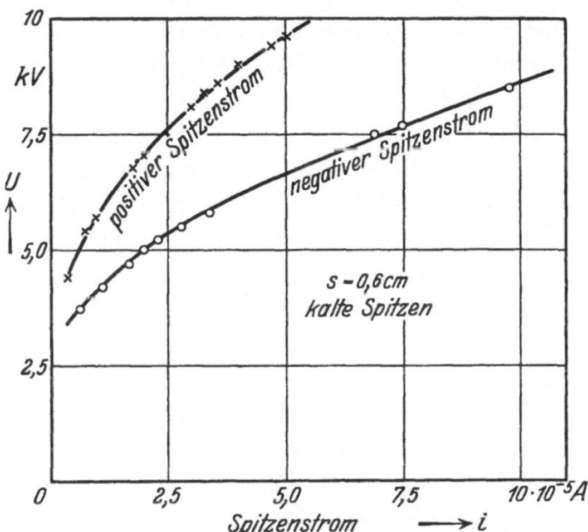


Abb. 31. Positiver und negativer Spitzenstrom gegen Platte (nach Stark und Friedrichs).

Der Spitzenstrom in chemisch trägen Gasen (Edelgase, Stickstoff) kann nach Pirani[3] zur Messung des Reinheitsgrades dieser Gase benutzt werden, da er außerordentlich empfindlich gegen kleine Verunreinigungen mit elektronegativen Gasen (Sauerstoff, Wasserdampf) ist. Der wegen langsam verlaufender chemischer Reaktionen zeitlich charakteristisch veränderliche Strom durchläuft ein mit wachsender Beimengung sinkendes Minimum, während der steilere Anstieg zeitlich immer später beginnt. Beide Erscheinungen können zur Messung benutzt werden (bis zu $5 \cdot 10^{-5}$ % Beimengung nachweisbar).

*Vielelektrodenanordnungen.*

Zu diesen Anordnungen gehören Entladungsstrecken mit drei und mehr Elektroden. Hierbei muß man unterscheiden, ob die Elektroden bestimmte Potentiale aufgedrückt bekommen oder ob sie durch Influenz eine bei konstanter Ladung gegen alle Elektroden bestimmte Spannungsverteilung annehmen.

Zu ersterer Anordnung gehört z. B. auch die Kugelfunkenstrecke mit geerdetem zylindrischen Schutzkäfig, wo drei aufgezwungene Po-

---

[1] Stark, J. u. W. Friedrichs: Wiss. Veröff. a. d. Siemens-Konzern **2**, 211 (1923). Siehe auch J. D. Morgan: Phil. Mag. (7) **4**, 91 (1927) u. C. E. Wynn-Williams: Phil. Mag. (7) **1**, 353 (1926).

[2] Müller, C.: Ann. Physik **28**, 585 (1909).

[3] Pirani, M., mit E. Lax: Wiss. Veröff. a. d. Siemens-Konzern **1**, 167 (1920). Warburg, E.: Ann. Physik **2**, 295 (1900).

tentiale $+\frac{U}{2}$, $-\frac{U}{2}$ und $O$ vorhanden sind. Hierher gehören also alle Beeinflussungen von Meßentladungsstrecken mit zwei Elektroden durch äußere, in endlicher Entfernung befindliche Leiter von bestimmten Potentialen. Strenggenommen ist jede sich nicht umhüllende Zweielektrodenanordnung eine Dreielektrodenanordnung, doch soll die unendlich weit gedachte oder so wirkende (Erd-) Hülle hier nicht als dritte Elektrode gelten, sondern nur die endlich wirkende. Dazugerechnet werden aber auch unterteilte Elektroden, die nicht mehr als zusammenhängende Einzelelektroden wirken, obwohl sie dasselbe Potential besitzen (Vielfachelektroden).

Zu der zweiten Anordnung gehören z. B. hintereinandergeschaltete Funkenstrecken, aber auch Feldstörungen von Zweielektrodenanordnungen durch isolierte Leiter oder Isolatoren. Die Elektroden können also, wie in letzterem Falle, auch fiktiv sein; die Trennschicht zwischen zwei Isoliermaterialien bildet, wenn keine Entladungen in der Trennschicht auftreten, annähernd eine Äquipotentialfläche, in die man sich für die Berechnung dünne Metallschichten eingebettet denken kann, die durch Influenz bestimmte Potentiale annehmen können. Erzwungene Potentiale sind hier natürlich nicht möglich.

Bei der erzwungenen Potentialverteilung aller Elektroden ist nur homogenes Dielektrikum möglich. Bei der influenzierten Potentialverteilung einzelner Elektroden ist entweder homogenes Dielektrikum und mehr als zwei leitende Elektroden oder inhomogenes Dielektrikum und zwei oder mehr leitende Elektroden möglich.

Erzwungene Potentialverteilung bei Vielelektrodenanordnungen.

**Einfluß geerdeter oder unter Spannung stehender Leiter auf eine Zweielektrodenanordnung.** Bei ebenen Elektroden mit richtiger Randausbildung (s. S. 13) haben äußere Felder keinen Einfluß auf die Anfangspannung; bei einem schlechten Profil ($\psi = 150^0$) sank nach Rengier[1] beim Nähern einer 2000 cm$^2$ großen geerdeten Aluminiumscheibe auf 5 $s$ vom Rand der Ebenen ab gerechnet die Anfangspannung um 5%. Bei der Kugelfunkenstrecke kann die Beeinflussung sehr groß werden. Abb. 32 zeigt nach Toepler[2] den Einfluß metallischer, die ganze Kugelstrecke ($D = 5$ cm) einhüllender geerdeter Zylinder verschiedener Durchmesser. Bei kleinen Schlagweiten wird die Anfangspannung größer, bei größeren Schlagweiten kleiner als die Anfangspannung frei im Raume befindlicher Kugeln. Bei symmetrischer Spannungsverteilung an den Elektroden liegt der Schnittpunkt der Kurven etwa bei $\frac{s}{D} = 1$. Bei einem geerdeten Pol werden die Einflüsse noch größer, der Schnittpunkt liegt

[1] Rengier, H.: Arch. Elektrot. **16**, 76 (1926).
[2] Toepler, M.: Z. techn. Phys. **3**, 327 (1922).

bei viel kleinerem $\frac{s}{D}$. Klemm[1] fand mit Käfigen von 60 cm Durchmesser bis $\frac{s}{D} \approx 0{,}65$ bei Kugeln von 1,268 bis 6,35 cm Durchmesser bei symmetrischer wie unsymmetrischer Anordnung keinen Einfluß. Wie unendlich weit entfernte Leiter wirken solche erst bei mindestens

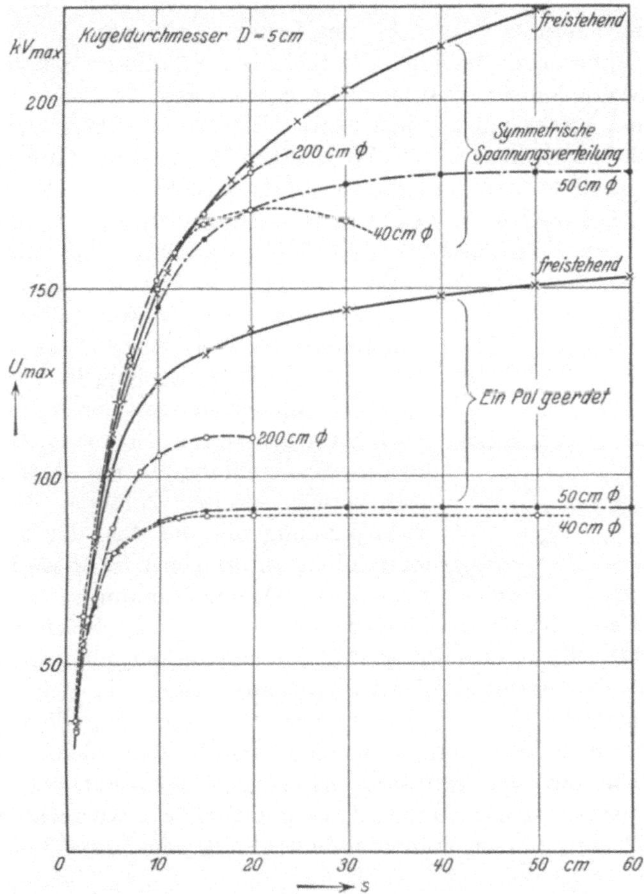


Abb. 32. Einfluß geerdeter Zylinderkäfige von 200, 50 und 40 cm Durchmesser auf eine koaxiale Kugelfunkenstrecke $D = 5$ cm (nach Toepler). 760 mm Hg, 20° C.

2,5 mal Kugeldurchmesser-Abstand bei symmetrischer Spannungsverteilung, 5 mal Kugeldurchmesser bei einem geerdeten Pol für $\frac{s}{D} < 2$; für sehr genaue Messungen sind die Abstände noch zu verdoppeln. Bei Zylindern nebeneinander ist man von äußerer Störung viel freier als bei Kugeln, wie die Störungsziffer (S. 38) zeigt. Dagegen

[1] Klemm, A.: Arch. Elektrot. **12**, 553 (1923).

hängt man bei Spitzen von Störungen stärker ab, solange man sich nicht im Gebiete der späteren Entladungsformen (Büschelgrenzspannung) befindet[1].

Sind die Leiter nicht geerdet, sondern stehen auf bestimmten, von *O* verschiedenen Potentialen, so können die Störungen je nach dem Verhältnis des Potentials zu dem der Elektroden größer oder kleiner als bei geerdetem Leiter sein. Tritt an dem Leiter Glimmlicht auf, so kann die erhöhte Ionisation besondere Verhältnisse schaffen[2]. Sie vermag (z. B. als Hilfsfunke) den Hauptfunken einzuleiten[3].

**Unterteilte (Mehrfach-) Elektroden.** Eingehende Messungen an Mehrfachelektroden liegen von W. Sahland[4] vor. Er untersuchte kammartig-parallele und kammartig-senkrechte Zylinder- und Kugelanordnungen in Luft, wobei bis zu 35 Drähte und 17 Kugeln aneinander benutzt wurden. Die Elektroden waren gleichartig oder die eine Elektrode eine geerdete Platte. Es sind nur zwei Potentiale vorhanden, die Elektroden aber so unterteilt, daß sie wie selbständige Elektroden mit gleichen Potentialen wirken. Mit zunehmender Kugelzahl nähert sich die Anfangspannung der Anordnung Zylinder gegen Ebene. Bei symmetrischer Spannungsverteilung ist im allgemeinen die vergleichsweise Zunahme der Anfangspannung mit der Zahl der Elektroden geringer als bei einem geerdeten Pol. Einbringen eines festen Dielektrikums bringt eine starke Streuung der Anfangspannungen mit sich.

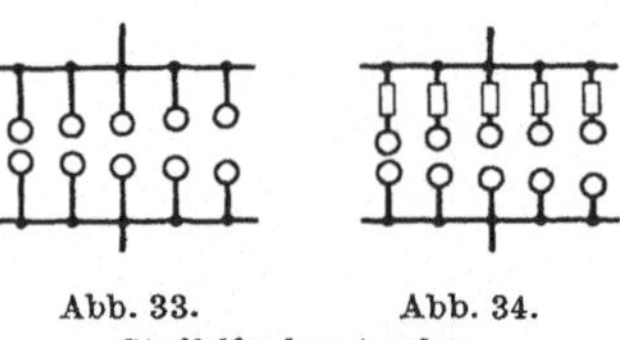

Abb. 33. Abb. 34.
Staffelfunkenstrecken.

Eine andere Vielelektrodenanordnung ist die sog. Staffelfunkenstrecke[5] (Abb. 33), wo eine Reihe von Funkenstrecken mit verschieden eingestellten Schlagweiten parallel geschaltet sind, die sich einzeln gegenseitig nicht beeinflussen. Hierdurch lassen sich einmalig oder unregelmäßig auftretende Spannungen messen. Damit aber nicht nur die Funkenstrecke mit der kleinsten Schlagweite anspricht (nach dem zuerst übergesprungenen Funken tritt praktisch ein Kurzschluß zwischen *a* und *b* ein), müssen Widerstände (Abb. 34) oder Kapazitäten vor-

[1] Vgl. z. B. über Einfluß von Hilfsspitzen A. P. Chattock u. A. M. Tyndall: Phil. Mag. (6) **20**, 277 (1910). B. Thieme: ETZ. **34**, 838 (1913).

[2] Vgl. M. Toepler: ETZ **51**, 777 (1930) und [1].

[3] Z. B. bei W. Schilling u. J. Lenz: ETZ **51**, 1138 (1930). Sie bringen in die Symmetrieebene des Kugelfeldes ein Plattenpaar aus zwei dünnen Blechen, deren Kanten auf 1 mm genähert sind. In der Mitte des Spaltes verringert eine kleine Austreibung den Spalt auf einige Zehntel Millimeter. An dieser Stelle wird der Hilfsfunke gezündet, der den Hauptfunken auslöst. Siehe auch W. Krug: El. u. Maschinenb. **49**, 233 (1931).

[4] Sahland, W.: Arch. Elektrot. **19**, 145 (1927).

[5] Heyne, H.: Arch. Elektrot. **24**, 469 (1930).

geschaltet werden. Der letztere Fall gehört zur influenzierten Potentialverteilung (s. S. 48).

Die Schutz- und Löschfunkenstrecken mit unterteilten Elektroden gehören nicht mehr zu den Meßentladungsstrecken.

**Dreielektrodenstrecken mit Steuerelektroden.** Benutzt man eine dritte Elektrode direkt als Steuerorgan einer Entladung zwischen zwei Elektroden, so zeigt sich nach Franck[1], daß die wirksamste Steuerung die ist, das möglichst inhomogene Feld in ein möglichst homogenes und umgekehrt zu verwandeln, weil dadurch die Anfangspannungen am meisten verändert werden, wie Abb. 35 in Abhängigkeit von der Schlagweite zwischen zwei Platten und Spitze—Platte zeigt. Das kann annähernd verwirklicht werden durch die in Abb. 36 angegebene Anordnung.

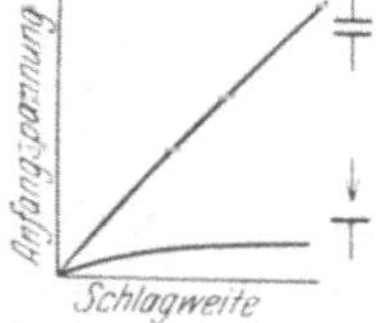

Abb. 35. Anfangspannung zwischen Platten und Spitze — Platte abhängig von der Schlagweite.

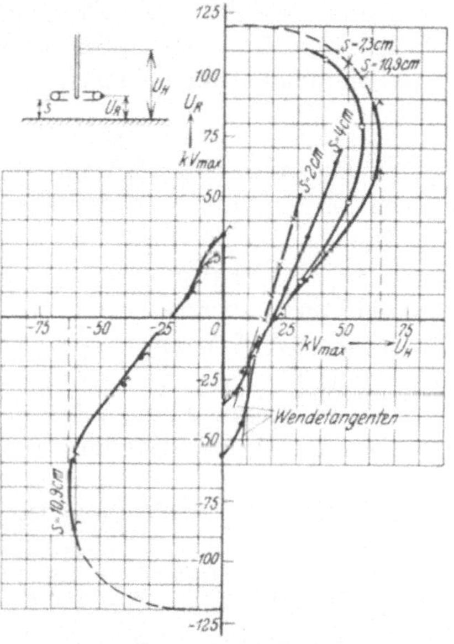

Abb. 36. Anfangspannungen einer Drei-Elektrodenstrecke mit verschiedenen Potentialen.

Eine Spitze ist so von einem konzentrischen Kreisring umgeben, daß die Spitze in der unteren Ringebene liegt. Parallel zur Ringebene ist eine ausgedehnte geerdete Platte angebracht. Es wurde die Anfangspannung der Spitze ($U_H$) bei verschiedenen Ringpotentialen ($U_R$) untersucht. Abb. 36 gibt die Meßwerte bei einem halbkugelig abgerundeten Messingdraht von 0,5 cm Durchmesser als Spitze, einem Kreisringdurchmesser $d = 14$ cm und einem Wulstdurchmesser $w = 1$ cm bei Wechselspannung von 50 Hz. Bei einem Ringpotential von etwa 60 $kV_{max}$ ergibt sich eine prozentuale Anfangspannungserhöhung der Spitze auf über 200%. Aus der Anfangspannung der Spitze kann so auf das Steuerpotential geschlossen werden, ohne daß eine Entladung von der Steuerelektrode ausgeht. Das ist z. B. für Hochfrequenzmessungen wichtig, wo man keine Widerstände zur Ent-

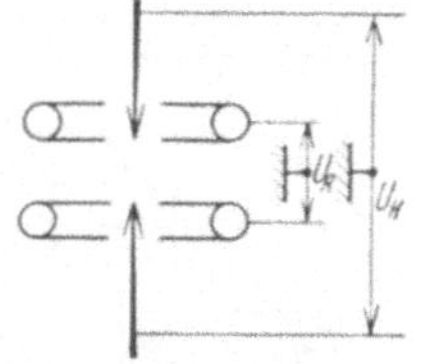

Abb. 37. Vier-Elektrodenanordnung.

---

[1] Franck, S.: Z. techn. Phys. 11, 349 (1930).

ladungsbegrenzung vorschalten darf. Statt der Ebene kann auch eine zweite Spitze mit Ring gedacht werden, so daß die in Abb. 37 angegebene Vierelektrodenanordnung entsteht.

### Influenzierte Potentialverteilung bei Vielelektrodenanordnungen.

Man kann die Potentiale beliebiger Leiter in beliebig verteilten Dielektriken bestimmen, wenn man die Kapazitäten der Leiter gegeneinander kennt. Nach Maxwell ergibt sich

$$q_i = \alpha_{i1} U_1 + \alpha_{i2} U_2 + \cdots \alpha_{in} U_n. \tag{40}$$

$q_i$ ist die Ladung des Leiters $i$, $U_1 \ldots U_n$ die Spannungen der Leiter gegen Erde, $\alpha$ die Kapazitätskoeffizienten.

Kennt man die Spannungsverteilung, dann kann man die Anordnung wie Vielelektrodenanordnungen mit erzwungenen Potentialen behandeln, muß aber beachten, daß sich die Potentialverteilung mit jeder Änderung der Kapazität (geometrische Verschiebungen der Leiter oder Änderung des Dielektrikums) auch ändert.

**Anfangspannung hintereinandergeschalteter Funkenstrecken.** Influenzierte Spannungsverteilung liegt z. B. vor bei zwei hintereinandergeschalteten Funkenstrecken. Es seien z. B. zwei Kugelpaare nach Abb. 38 hintereinandergeschaltet. Sind nur die Kapazitäten $C_{12}$ und $C_{23}$ vorhanden, so verhalten sich

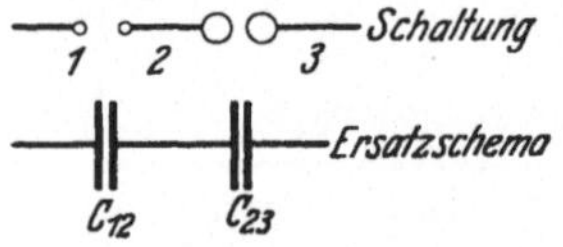

Abb. 38. Hintereinandergeschaltete Funkenstrecken mit gegenseitiger Kapazität.

$$\frac{U_{12}}{U_{23}} = \frac{C_{23}}{C_{12}}. \tag{41}$$

Es wird die Funkenstrecke zuerst ansprechen, bei der die Spannung die Anfangspannung der betreffenden Anordnung zuerst erreicht. Meist liegen die Verhältnisse komplizierter, weil nicht nur gegenseitige Kapazität, sondern auch gegen Erde nach

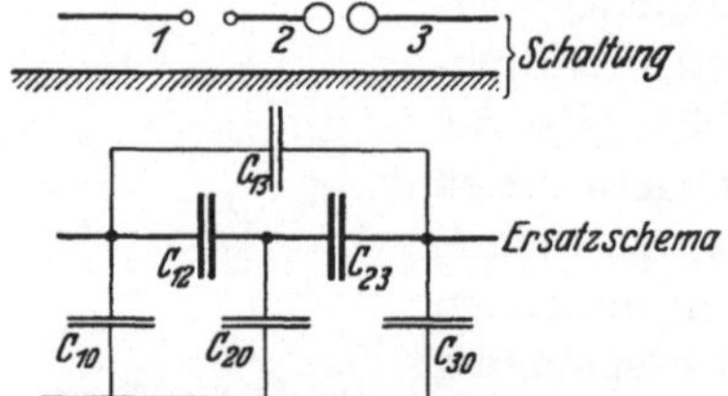


Abb. 39. Hintereinandergeschaltete Funkenstrecken mit gegenseitiger und Erdkapazität.

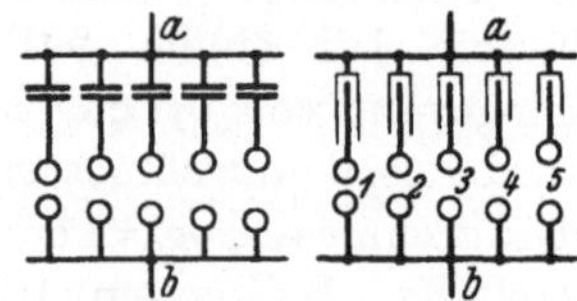


Abb. 40. Staffelfunkenstrecke mit vorgeschalteten Kondensatoren (Zylinderkondensatoren).

Abb. 39 vorhanden ist. Ist eine äußere Elektrode geerdet, dann wird

$$\frac{U_{23}}{U_{12}} = \frac{C_{20} + C_{12}}{C_{23}}. \tag{42}$$

Sind die beiden äußeren Elektroden gegen Erde isoliert und haben sie symmetrische Spannungsverteilung gegen Erde, so ist

$$\frac{U_{23}}{U_{12}} = \frac{C_{21} + \frac{1}{2} C_{20}}{C_{23} + \frac{1}{2} C_{20}}. \tag{43}$$

Messungen hierüber siehe H. Heyne[1]. Er benutzt solche influenzierte Spannungsverteilung für Staffelfunkenstrecken nach Abb. 40 (s. S. 46). Als zweckmäßig wegen geringerer Erdkapazität erweisen sich Zylinder-

Abb. 41. Praktische Ausführung einer Doppel-Staffelfunkenstrecke (nach Heyne).

kondensatoren. Eine praktische Ausführung als Doppelstaffel zeigt Abb. 41. Für die eine Seite der Staffel wurden folgende Verhältnisse gewählt:

Tabelle 11.

| Funkenstrecke Nr. | Ansprechspannung $U_{12}$ $kV_{max}$ | Schlagweite $s$ mm | Funkenstreckenkapazität $C_{12}$ cm | Vorschaltkondensator $C_{23}$ errechnet cm | Vorschaltkondensator $C_{23}$ gewählt cm | $\frac{C_{12}}{C_{23}}$ gewählt |
|---|---|---|---|---|---|---|
| 1 | 1,1 | 0,1 | 0,40 | 10 | 21 | 0,019 |
| 2 | 1,7 | 0,22 | 0,33 | 8,3 | 8,6 | 0,038 |
| 3 | 3,0 | 0,50 | 0,24 | 6,0 | 5,2 | 0,046 |
| 4 | 5,2 | 1,05 | 0,20 | 5,0 | 4,5 | 0,045 |
| 5 | 9,0 | 2,15 | 0,18 | 4,5 | 4,5 | 0,040 |
| 6 | 15,5 | 4,7 | 0,15 | 3,8 | — | — |

Für höhere Spannungen kann eine nochmalige Kapazitätsteilung eintreten. Die Staffelfunkenstrecke dient vor allem zur Bestimmung

[1] Heyne, H.: Arch. Elektrot. **24**, 469 (1930).

von Gewitterüberspannungen. Es sprechen nacheinander um so mehr Funkenstrecken an, je höher die Spannung ist (zum Beobachten und Registrieren der ansprechenden Funkenspannungen kann z. B. eine Glimmlampenschaltung verwendet werden).

Messungen an zwei hintereinandergeschalteten Kugelfunkenstrecken beschreibt auch Nordmeyer[1], wobei er eigentümliche Einflüsse der Bestrahlung feststellt. Es scheint aber bei Bestrahlung die beobachtete Funkenspannung nicht mit der Anfangsspannung zusammenzufallen.

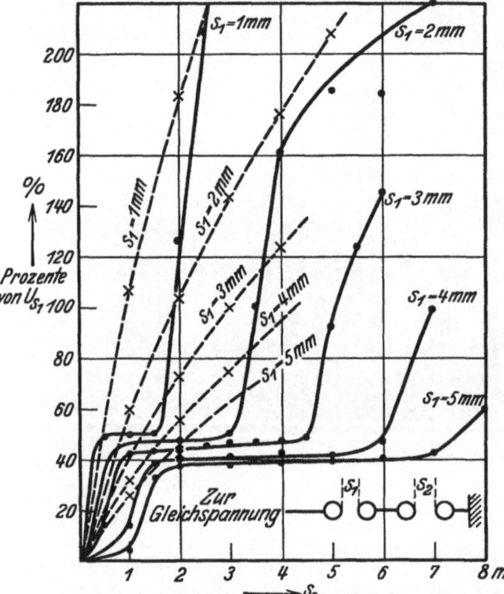


Abb. 42. Prozentuale Funkenspannungserhöhung gegenüber dem Wert bei kurzgeschlossenem $s_2$ (eine Funkenstrecke $s_1$) bei Hinzufügen einer in Serie geschalteten zweiten Funkenstrecke $s_2$ (nach Nordmeyer).
Ausgezogene Kurven: ohne Bestrahlung, gestrichelte Kurven: mit Bestrahlung. Kugeldurchmesser 1,5 cm. 760 mm Hg. Temperatur nicht angegeben. Drahtlänge zwischen den mittleren beiden Kugeln 3 cm.

Die Schaltung gibt Abb. 42 an, vier gleiche Kugeln von 1,5 cm Durchmesser sind hintereinander geschaltet; ferner zeigt Abb. 42 bei unbestrahlter Funkenstrecke das Anwachsen des Funkenpotentials von $s_1 + s_2$ in Prozent der Einzelfunkenspannung von $s_1$. Man sieht, daß durch Hinzuschalten von $s_2$ das Funkenpotential von $s_1$ von einem bestimmten Wert von $s_2$ ab konstant um etwa 45% erhöht wird, d. h. die Kapazität $C_{23}$ hat von da ab auf das Verhältnis $\frac{U_{23}}{U_{12}}$ keinen Einfluß mehr [s. Gl. (42) S. 48]. Immer wird aber zunächst $s_2$ mit durchschlagen, da ja beim Durchschlagen von $s_1$ plötzlich an $s_2$ die volle Spannung liegt, die größer ist, als zum Durchschlagen von $s_2$ allein nötig ist. Sobald aber $s_2$ so groß wird, daß das Funkenpotential von $s_2$ allein größer sein würde als das Funkenpotential $s_1 + s_2$, schlägt zunächst nur $s_1$ bei derselben konstanten Spannung wie vorher und erst bei weiterer Steigerung der Spannung auch $s_2$ mit durch. An dem Knick des horizontalen Stückes zeigen sich dabei starke Verzögerungserscheinungen, weil ja plötzlich an $s_2$ die volle statische Zündspannung angelegt und nicht bestrahlt wird. Die Höhe des horizontalen Stückes

[1] Nordmeyer, P.: Physik. Z. 9, 835 (1908). Siehe auch A. Heydweiller: Ann. Physik (4) 25, 57 (1908). W. Eickhoff: Physik. Z. 8, 497 (1907).

hängt natürlich stark von der Kapazität der Funkenstrecken ab; je kleiner die Kapazität, um so höher liegt es. Bei bestrahlter Funkenstrecke dagegen und langsamer Spannungssteigerung treten Vorentladungen auf, die einen Spannungsausgleich bewirken, so daß die Funkenspannung der Serienfunkenstrecke nahezu gleich ist der Summe der Einzelfunkenspannungen:

$$U_{s1} + U_{s2} = U_s. \tag{44}$$

Diese Vorschaltfunken verwendet Toepler[1], um stoßartige oder oszillatorische Spannungen zu bekommen, die das Glimmen in eine Streifenentladung verwandeln. Solche Vorschaltfunken können aber unter Umständen durch oszillatorische Entladung starke Überspannungen herbeiführen und die Anfangspannung so scheinbar stark herabsetzen (s. S. 66). Sie können in der Zuführungsleitung leicht auftreten[2].

**Beeinflussungen von Meßentladungsstrecken durch Isolatoren oder isolierte Leiter.** Die Zuleitungen zu den Meßentladungsstrecken sollen frei von Isoliermaterialien sein, da man sonst Ladungen auf der Isolationsoberfläche bekommen kann; ebenso dürfen die Elektroden selbst keine dielektrische Schicht besitzen. Nach Baille und Paschen[3] beeinflußt eine zylindrische Schutzhülle aus Glas die Anfangspannung von Kugelelektroden noch mehr als eine Hülle aus Metall. Bei Anwesenheit von Dielektriken im Elektrodenfeld zeigt sich eine größere Streuung der Anfangspannungen (s. Sahland[4]) und ein größerer Einfluß der Luftfeuchtigkeit (s. Schwaiger[5]).

### β) Dynamische Townsendentladungen (Wechsel-, Hochfrequenz-, Stoßspannungen).

Als statisch war der Zustand bezeichnet worden, bis zu dem die zeitliche Änderung von Spannung und Strom keinen Einfluß auf die Charakteristik der Entladung hat. Bei der dynamischen Townsendentladung ergibt sich aus den zahlreichen, aber zum Teil sehr voneinander abweichenden experimentellen Untersuchungen, daß bis zu einer Zeitdauer von etwa $10^{-6}$ sec, innerhalb der die Spannungsfront an den Elektroden aufgebaut wird, der statische Zündspannungswert nicht sehr wesentlich geändert wird. Erst bei noch kleineren Zeiten steigt die Anfangspannung sehr rasch stark an und kann ein Vielfaches des statischen Wertes erreichen.

---

[1] Toepler, M.: Ann. Physik (4) **2**, 597 (1900); (4) **7**, 477 (1902).

[2] Über parallelgeschaltete Funkenstrecken siehe S. 68.

[3] Paschen, F.: Wiedemanns Ann. **37**, 69 (1889). Baille, J. B.: Ann. Chim. Phys. (5) **25**, 486 (1882).

[4] Sahland, W.: Arch. Elektrot. **19**, 145 (1927).

[5] Schwaiger, A.: ETZ **43**, 875 (1922).

Im einzelnen muß man aber immer unterscheiden zwischen periodischer Hochfrequenz, wo das Feld dauernd unter Richtungsänderung auf- und wieder abgebaut wird, und einmaliger Stoßspannung in einer Spannungsrichtung. Neuere Untersuchungen zeigen übereinstimmend, daß bei Hochfrequenz zunächst (schon von etwa $10^3$ bis $10^4$ Hz ab bei kleinen Schlagweiten) eine Abnahme der Anfangspannung eintritt, wenn auch längst nicht so stark wie die Zunahme bei Stoßspannung bei sehr kleinen Zeiten; bei sehr hohen Frequenzen tritt wieder eine Zunahme der Anfangspannung ein. Bei Stoßspannung beobachtet man nur eine Zunahme der Anfangspannung, die in geringem Maße auch schon bei $10^{-3}$ sec einsetzen kann, merklich größere Werte aber erst bei Zeiten von $10^{-6}$ sec ab erreicht.

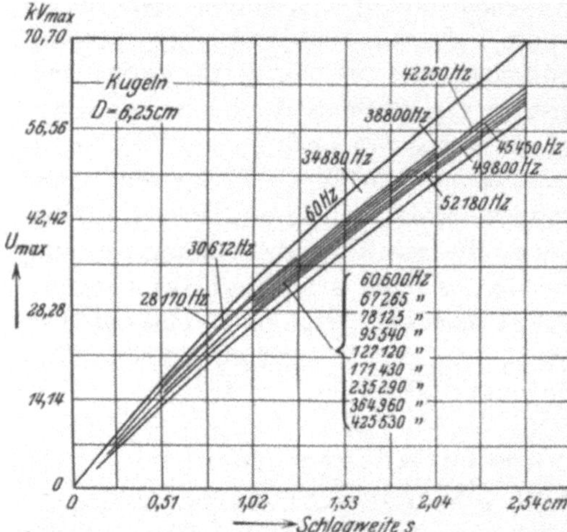

Abb. 43. Funkenspannung bei Kugeln $D = 6{,}25$ cm, abhängig von der Frequenz und der Schlagweite, mit Bestrahlung (nach Reukema).

Die Abnahme bei Hochfrequenz läßt sich auf Anhäufen von Raumladungen der Ionen, die während einer Halbperiode nicht mehr an die Elektroden gelangen und so im Wechselfeld hin- und herpendeln (Reukema[1], Gutton[2], Kirchner[3]), die Zunahme bei Stoßspannung auf die Ionenträgheit und geringere Ionisierungswahrscheinlichkeit (Rogowski[4]) zurückführen.

**Anfangspannung bei Hochfrequenz.** Von neueren Messungen sind in den Abb. 43 bis 45 die von Reukema[1], Lassen[5] und Kampschulte[6] dargestellt. Reukema untersucht Kugeln $D = 6{,}25$ cm, beide isoliert, bei 60 und 60000 bis 425000 Hz, $s$ bis 25 mm; Lassen Kugeln $D = 1{,}1$ und 2,5 cm, eine geerdet, und Platten (3 cm Durchmesser) bei 50 und $1{,}1 \cdot 10^5$ bis $2{,}45 \cdot 10^6$ Hz, bis $s = 50$ mm; Kampschulte Platten (15 cm Durchmesser) und Kugeln $D = 15$, 10, 5, 2,5 und 1 cm, eine geerdet, bei 50, $73{,}2 \cdot 10^3$ und $107{,}5 \cdot 10^3$ Hz bis $s = 35$ mm. Die Messungen, die bei Reukema mit

[1] Reukema, L. E.: J. Am. Inst. El. Engs. **46**, 1314 (1927).
[2] Gutton, C.: Compt. Rend. **186**, 303 (1928) und frühere Arbeiten.
[3] Kirchner, F.: Ann. Physik **77**, 287 (1925).
[4] Rogowski, W.: Arch. Elektrot. **16**, 496 (1926); Naturwiss. **18**, 246 (1930).
[5] Lassen, H.: Physik. Z. **31**, 868 (1930); Arch. Elektrot. **25**, 322 (1931).
[6] Kampschulte, J.: Arch. Elektrot. **24**, 525 (1930).

einem 2 kW-Poulsen-Lichtbogengenerator, bei Lassen und Kampschulte mit einem Röhrengenerator als Hochfrequenzerzeuger ausgeführt wurden, zeigen deutlich die Abnahme der Anfangspannung mit steigender Frequenz, die maximal etwa 30% beträgt. Bei kleinen Schlagweiten tritt keine Abnahme ein, erst von einer bestimmten „kritischen" Schlagweite ab (Lassen). Auch Versuche von Goebeler[1] bestätigen dies. Bei konstanter Schlagweite nimmt die Anfangspannung von einer bestimmten „kritischen" Frequenz an ab, bleibt aber bei höheren Frequenzen wieder konstant (bei Kampschulte zwischen 70000 und 111000 Hz kein Unterschied der Anfangspannungen, ähnlich bei Reukema und Lassen; abhängig von der Schlagweite).

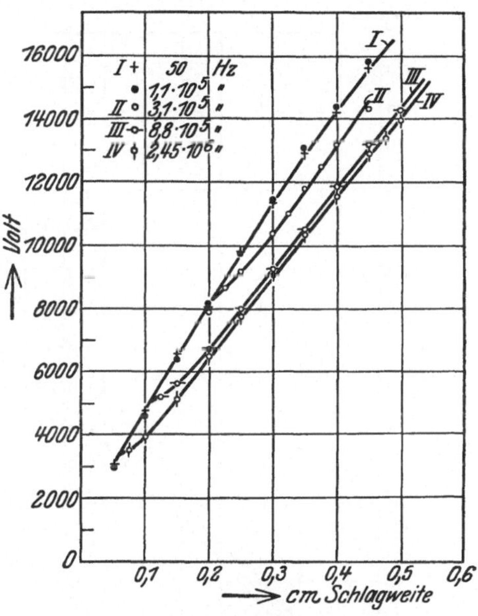

Abb. 44. Funkenspannung gleicher Kugeln ($D = 1{,}1$ cm), eine geerdet, bei Hochfrequenz und 50 Hz bezogen auf 760 mm Hg und 20° C (nach Lassen).

Es gibt also ein unteres und ein oberes Frequenzgebiet konstanter Funkenspannung und dazwischen das relativ kleine Gebiet abnehmender Funkenspannung, das bei wachsender Schlagweite zu kleineren Frequenzen hin sich verschiebt. Die kritische Frequenz $f_k$ hängt mit der kritischen Schlagweite $s_k$ nach Lassen nach folgender Gleichung zusammen:

$$s_k f_k^b = a \tag{45}$$

Für Kugelelektroden wird $b = \frac{2}{3}$ und $a = 955$ ($s_k$ in cm, $f_k$ in Hz). Die Breite des Gebietes abnehmender Funkenspannung scheint für alle Schlagweiten etwa gleich $5 f_k$ zu sein; dann ist das obere Frequenzgebiet der konstanten Funkenspannung erreicht, die nach Lassen im Mittel bei Kugeln etwa 20%, bei Platten 14,5% tiefer liegt als im unteren Frequenzgebiet oder bei Gleichspannung.

Diese Erscheinungen können dadurch erklärt werden, daß der von den positiven Ionen in einer Halbperiode zurückgelegte Weg in der Feldrichtung bei der „kritischen" Schlagweite im Mittel gerade dieser selbst entspricht. Bei wachsender Frequenz kann also ein Teil der positiven Ionen zwischen den Elektroden hin- und herpendeln, ohne zu ihnen zu gelangen und damit eine genügend hohe positive Raumladung

[1] Goebeler, E.: Arch. Elektrot. 14, 491 (1925).

erzeugen. Eine untere Grenze der Anfangspannung ist durch die noch mögliche negative Ionisierung gesetzt. Bestrahlung erniedrigt die Anfangspannung nur wenig und vermindert die Streuung.

Bei sehr hohen Frequenzen ($10^6$ bis $10^8$ Hz) fand Algermissen[1] ein Ansteigen der Anfangspannungen über die statischen Werte hinaus, ähnlich bei kleinen Schlagweiten Leontiewa[2]. Weitere Versuche bei Clark und bei Ryan[3], Lilienfeld[4], Dauviller[5], Peek[6], Hulburt[7], Whitehead und Gorton[8], Alexanderson[9], Whitehead und

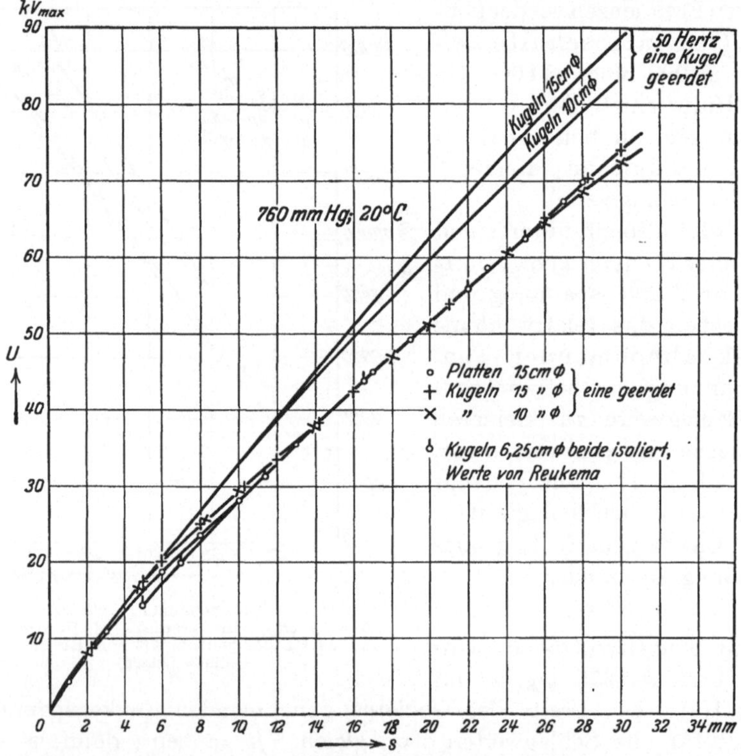


Abb. 45. Funkenspannungen zwischen Platten und Kugeln bei Hochfrequenz von $73{,}2 \cdot 10^3$ und $107{,}5 \cdot 10^3$ Hz (nach Kampschulte). Eine Elektrode geerdet. Zum Vergleich Funkenspannungen bei gleichen Kugeln und 50 Hz nach VDE-Werten.

[1] Algermissen, J.: Ann. Physik **19**, 1016 (1906).
[2] Leontiewa, A.: Physik. Z. **23**, 33 (1922).
[3] Clark, J. C. u. H. J. Ryan: Proc. Am. Inst. El. Engs. **33**, 937 (1914); ETZ **36**, 484 (1915).
[4] Lilienfeld, J. E.: Sächs. Akad. Ber. **71**, 145 (1919).
[5] Dauvillier, A.: Compt. Rend. **172**, 1033 (1921).
[6] Peek, F. W.: Proc. Am. Inst. El. Engs. **33**, 889 (1914); ETZ **37**, 11 (1916).
[7] Hulburt, E. O.: Phys. Rev. **20**, 127 (1922).
[8] Whitehead, S. u. W. S. Gorton: Proc. Am. Inst. El. Engs. **33**, 915 (1914).
[9] Alexanderson: Gen. El. Rev. **1914**, 427.

Isshiki[1] und Nishi und Ishiguro[2]. Whitehead und Isshiki untersuchen speziell für das Koronavoltmeter den Einfluß der Frequenz (s. S. 34). Bei 2000 Hz nimmt die Anfangspannung um 3 bis 4% gegenüber 60 Hz ab. Der Einfluß ist weiter bis etwa $10^6$ Hz gering[3]. Bei vielen Versuchen liegt die Gefahr einer Herabsetzung der Anfangspannung durch schwer faßbare Oberwellen vor.

Für Kugelelektroden gelten nach Messungen von A. Hund[4] für Frequenzen bis 25000 Hz die Werte der Tabelle 12, wenn man die Schlagweite so einstellt, daß der gezündete Funke wieder verschwindet (Wiederzündspannung, s. S. 93).

Bei höheren Frequenzen bekommt man kleinere Spannungen (bei 100 kHz etwa 10% niedriger). Bei genaueren Messungen muß man die Funkenstrecke bei den betreffenden Frequenzen eichen.

Tabelle 12.

| Schlagweite $s$ cm | $U_{max}$ Volt Kugeldurchmesser $D = 1$ cm | $D = 2$ cm |
|---|---|---|
| 0,02 | 1560 | 1530 |
| 0,04 | 2460 | 2430 |
| 0,06 | 3300 | 3240 |
| 0,08 | 4050 | 3990 |
| 0,10 | 4800 | 4800 |
| 0,20 | 8400 | 8400 |
| 0,30 | 11400 | 11400 |
| 0,40 | 14400 | 14400 |
| 0,50 | 17100 | 17100 |
| 0,60 | 19500 | 19800 |
| 0,70 | 21600 | 22500 |
| 1,00 | 23400 | 24900 |
| 1,10 | 24600 | 27300 |
| 1,20 | 25500 | 29100 |

**Anfangspannung bei Stoßspannung.** Verwendet man nicht periodische Wechselspannungen, sondern einmalige Stoßspannungen, so bekommt man, wie schon erwähnt, keine Erniedrigung der Anfangspannung gegenüber der statischen Spannung, sondern eine Erhöhung, die allerdings erst von Stoßzeiten von etwa $10^{-6}$ sec ab beträchtlicher wird. Die Oberflächenbeschaffenheit, Bestrahlung und Form der Elektroden spielt vor allem eine Rolle.

Abb. 46 zeigt neuere Versuche von H. Viehmann[5] an Plattenelektroden in Luft. Bereits bei Stoßdauern von $10^{-3}$ sec Dauer ist eine leichte Überspannung zu verzeichnen, die mit abnehmender Stoßdauer wächst; bei $10^{-8}$ sec Stoßdauer beträgt die Überspannung im Mittel etwa 40%. Bei Kugeln fand dagegen F. W. Peek[6] keine Überspannungen, solange die Schlagweiten $s \geqq 0{,}54\sqrt{R}$ ($R$ Kugelradius in cm) waren. Die kürzeste Dauer des Spannungsanstieges von Null bis zum Maximum be-

[1] Whitehead, S. u. T. Isshiki: J. Am. Inst. El. Engs. **39**, 441 (1920).

[2] Takeshi Nishi u. Joshitane Ishiguro: Bull. Inst. Phys. Chem. Res. 8, 817 (1929); Abstracts **2**, 95 (1929).

[3] Peek, F. W.: Proc. Am. Inst. El. Engs. **33**, 889 (1914); ETZ **37**, 11 (1916).

[4] Hund, A.: Hochfrequenzmeßtechnik, 2. Aufl. Berlin 1928.

[5] Rogowski, W.: Naturwiss. **18**, 246 (1930). H. Viehmann: Arch. Elektrot. **25**, 253 (1931).

[6] Peek, F. W.: Trans. Am. Inst. El. Engs. **34**, 1871 (1915); ETZ **37**, 246 (1916); **38**, 1140 (1919); J. Am. Inst. El. Engs. **17**, 629 (1923); J. Frankl. Inst. **1**, 1 (1924).

trug $1{,}2 \cdot 10^{-7}$ sec. Bei Kugeln $D = 25$ cm fand er selbst bei $s = 10$ cm noch keine Überspannung. Nur bei den kleinen Schlagweiten stieg die Überspannung bis zum etwa Dreifachen der statischen Spannung bei den steilsten Stößen. N. Campbell[1] und P. O. Pedersen[2] haben zuerst auf die große Bedeutung der Oberflächenbeschaffenheit und Bestrahlung hingewiesen. Die kleinste Verzögerung und damit die geringste Überspannung weisen sog. „aktive" Elektroden auf, d. h. Elektroden, die vollständig rein sind (vor allem von Fetthäuten) und feine, scharfe Kanten an der Oberfläche aufweisen. Man erreicht dies z. B. durch Abreiben mit reinem Karborundpapier. Pedersen fand bei Kugeln von 10 mm Durchmesser und $s = 7$ mm bei einem Spannungsstoß von $1{,}5 \cdot 10^{-7}$ sec Dauer eine etwa doppelte Überspannung. Burawoy[3] hat die bisherigen Messungen genauer diskutiert und auf mancherlei Fehlerquellen hingewiesen, die den angenommenen Verlauf des Spannungsstoßes verzerren können. Er konnte nachweisen, daß bei aktiven oder bestrahlten Kugelelektroden und Schlagweiten gleich oder kleiner Elektrodendurchmesser praktisch keine Verzögerung und damit keine Überspannung auftritt bis zu Zeiten des Spannungsanstieges von Null bis zum Maximum von $3{,}5 \cdot 10^{-9}$ sec. Die Messungen wurden mit Kugeln von 5, 10, 25 und 50 mm Durchmesser ausgeführt. Auch starke Feuchtigkeit sowohl der Luft wie auf den Kugeln hatte keinen Einfluß auf die Anfangstoßspannung. Das wichtige Ergebnis dieser Messungen zeigt also, daß die Kugelfunkenstrecke auch sehr kurzzeitige Spannungsstöße unter den nötigen Vorsichtsmaßregeln („aktive" Elektroden) auf Grund der statischen Eichspannungen richtig mißt. „Inaktive", also nicht bestrahlte oder nicht aufgerauhte Elektroden

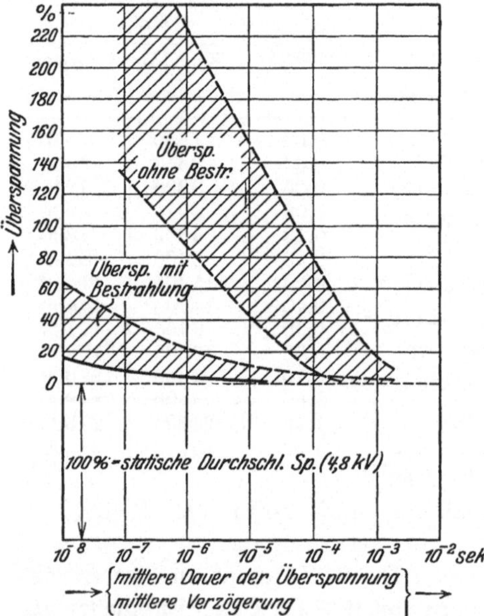


Abb. 46. Überspannung bei verschiedener Dauer linear ansteigender Spannungsstöße vom Erreichen der statischen Spannung ab gerechnet (nach Viehmann).

[1] Campbell, N.: Phil. Mag. (6) **38**, 214 (1919).
[2] Pedersen, P. O.: Ann. Physik (4) **71**, 338 (1924).
[3] Burawoy, O.: Arch. Elektrot. **16**, 186 (1926); siehe auch L. Binder: ETZ **46**, 137 (1925); **47**, 1511 (1926); J. A. Tiedemann: Phys. Rev. **36**, 376 (1930).

zeigen dagegen eine Überspannung. Bildet man das sog. „Stoßverhältnis“[1], d. h. das Verhältnis der Stoßfunkenspannung zur statischen Funkenspannung, abhängig von der Schlagweite, so ergibt sich Abb. 47 (bei $t = 5 \cdot 10^{-9}$ und $50 \cdot 10^{-9}$ sec Kugeln von 10 mm).

Die Polarität hat bei Stoßspannungen größeren Einfluß als bei Niederfrequenz oder Gleichspannung. Nach Messungen von McMillan und Starr[2] an gleichen Kugeln zeigt sich bei Erdung eines Poles schon von $\frac{s}{D} \approx 0{,}2$ ab ein Polaritätseinfluß. Und zwar ergeben sich zunächst niedrigere Anfangspannungen, wenn die nicht geerdete Kugel negativ ist. Bei $\frac{s}{D} \approx 1{,}40$ bis $1{,}60$ schneiden sich die beiden Kurven (Abb. 48), so daß bei noch größeren Schlagweiten umgekehrt negative Kugeln die niedrigsten Werte ergeben.

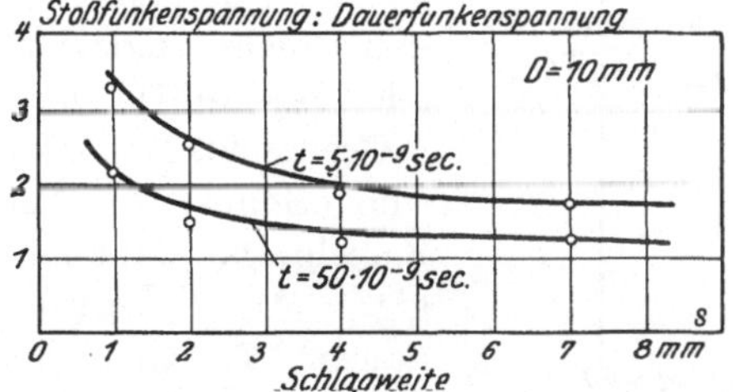


Abb. 47. Das Verhältnis der Stoßfunkenspannung zur Dauerfunkenspannung (statischen Funkenspannung) bei verschiedenen Schlagweiten und Zeiten des Spannungsanstieges (nach Burawoy).

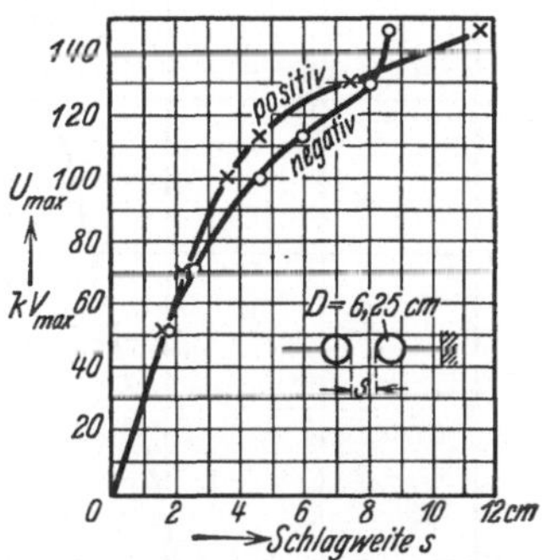


Abb. 48. Einfluß der Polarität der nichtgeerdeten Kugel auf die Anfangspannung bei Stoß, abhängig von der Schlagweite (nach McMillan und Starr).

Bei sehr steilen Stoßfronten und einer Verweildauer (s. S. 58) von etwa 5 $\mu$sec bis zum Absinken der Stoßspannung auf die Hälfte ihres Maximalwertes ergaben sich bei einem Kugeldurchmesser $D = 6{,}25$ cm Gleichheit bis 1,75 cm Schlagweite, von 1,75 bis 8,4 cm tiefere Werte für negative isolierte Kugel (Unterschied bei 5 cm maximal 11%) und bei $s > 8{,}4$ cm für positive Kugel sehr viel tiefere; bei $D = 25$ cm Gleichheit bis 5 cm, von 5 bis 40 cm für negative Kugel tiefere Werte (Unterschied bei 25 cm maximal 35%).

Anders liegen die Verhältnisse, sobald man nicht mehr Anfangspannungen, sondern spätere Entladungsformen für Stoß-Funkenspannungen bekommt, z. B. Kugeln bei größeren Schlagweiten und Spitzenelektroden. Hier werden die Stoßverhältnisse viel größer; sie werden in Kap. III (s. S. 163) behandelt; es ist ohne weiteres einzusehen, daß die weiter entwickelte Entladungsform längere Zeit zu ihrer Aus-

[1] In der amerikanischen Literatur „impulse ratio“ genannt.

[2] McMillan, F. O. u. E. C. Starr: J. Am. Inst. El. Engs. **49**, 859 (1930).

bildung benötigt als die Townsendentladung und deshalb auch größere Überspannungen erhalten werden. Diese verschiedenen Stoßentladungsformen hat vor allem Toepler[1] eingehender untersucht. Die Schlagweiten, von denen ab die Funkenspannungen von den statischen Spannungen abzuweichen beginnen und Vorentladungen vorausgehen, sind nach Toepler für Kugeln in Tabelle 13 angegeben (die Elektroden nicht aktiviert oder bestrahlt). Diese Grenzschlagweiten sind offenbar von der Kugelgröße unabhängig. Als „Verweildauer" $T_v$ ist dabei die Zeit verstanden, während der die Spannung höher ist als $\frac{7}{8}$ der Maximalspannung; sie soll ein Maß für die Breite des Impulses geben. Als Maß für die Steilheit des Impulses gilt die „Anstiegdauer" $T_a$, die die Zeit angibt, in der die Spannung von $\frac{1}{8}$ bis $\frac{7}{8}$ des Wertes der Maximalspannung ansteigt. Anstiegdauer und Verweildauer haben verschiedenartigen Einfluß auf die Entladungsform[2].

Tabelle 13.

| Verweildauer $T_v$ | $D = 5$ cm | $D = 10$ cm | $D = 15$ cm |
|---|---|---|---|
| $0{,}051 \cdot 10^{-6}$ sec | 5 cm | 4 cm | 3 cm |
| $0{,}130 \cdot 10^{-6}$ sec | 6 cm | 5 cm | 6 cm |
| $0{,}382 \cdot 10^{-6}$ sec | 10 cm | 10 cm | 10 cm |

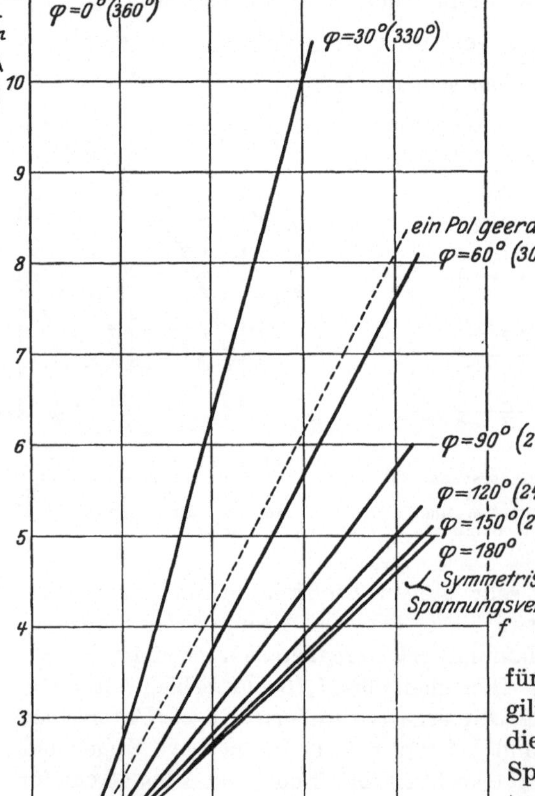


Abb. 49. Der Formfaktor $F_m$ für das Kugelfeld, abhängig vom Verhältnis Schlagweite zu Kugeldurchmesser für verschiedene Phasenverschiebungswinkel $\varphi$.

**Einfluß der Phasenverschiebungen der Spannungen.** Bei

[1] Toepler, M.: Arch. Elektrot. **17**, 389 (1926).

[2] Weiteres siehe J. J. Torok: J. Am. Inst. El. Engs. **47**, 177 (1928); ETZ **49**, 1087 (1928). Trans. Am. Inst. El. Engs. **49**, 276 (1930). Als Zeit der Ausbildung der vollen

nieder- oder hochfrequenten Wechsel- oder Stoßspannungen bekommt man ganz verschiedene Anfangspannungen und Feldstärken je nach den Phasenverschiebungen der Spannungen an den Elektroden, weshalb man darauf genau achten muß. Es sei der Fall angenommen, daß an den beiden Elektroden sinusförmige Spannungen mit gleich großen Amplituden gegen Erde ($U_{em}$) liegen, die beliebige Phasenverschiebungen ($\sphericalangle \varphi$) gegeneinander haben können. Die Spannungsamplitude **zwischen** den Elektroden berechnet sich einfach zu[1]

$$U_m = U_{em}\sqrt{2(1-\cos\varphi)}\,. \tag{46}$$

**Homogenes Feld. Sich umhüllende Anordnungen.** Im homogenen Feld bekommt man für die maximale Feldstärke

$$\mathfrak{E}_{0m} = \frac{U_m}{s} = \frac{U_{em}}{s}\sqrt{2(1-\cos\varphi)}\,. \tag{47}$$

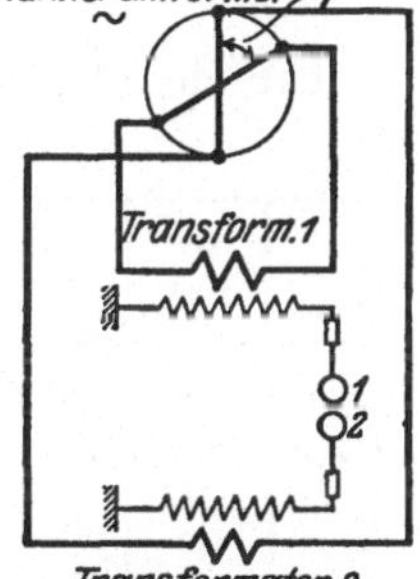

Abb. 50. Schaltung zur Erzeugung beliebiger Phasenverschiebungswinkel der Spannungen an Elektroden.

Tabelle 14 zeigt, daß $\mathfrak{E}_0$ bei beliebigen Phasenverschiebungswinkeln konstant bleibt, ebenso $U_m$, während $U_{em}$ sich aus obiger Gleichung ergibt. Ähnliches gilt für alle sich umhüllenden Anordnungen, wo das Feld nur von den Spannungen zwischen den Elektroden abhängt.

**Sich nicht umhüllende Anordnungen.** Anders dagegen bei sich nicht umhüllenden Anordnungen, bei denen das Feld nicht nur von den Spannungen zwischen den Elektroden, sondern auch von den Spannungen gegen Erde oder eine künstliche Hülle abhängt. Hier bleibt die Feldstärke nicht konstant, es gelten kompliziertere Gleichungen für sie[2]. Bei gleichen Kugeln gilt

$$\mathfrak{E}_{0m} = \frac{U_m}{s}F_m\,; \quad \text{Formfaktor}\,F_m = \sqrt{\frac{f_1^2 + (2f-f_1)^2 - 2f_1(2f-f_1)\cos\varphi}{2(1-\cos\varphi)}}\,. \tag{48}$$

$\mathfrak{E}_{0m}$ Amplitude der sinusförmigen maximalen Feldstärke an den Kugeln,
$U_m$ Amplitude der sinusförmigen Spannung zwischen den Kugeln,
$\varphi$ Phasenverschiebungswinkel der Spannungen an den Kugeln,
$F_m$ Amplitude des sinusförmigen Formfaktors für das Kugelfeld bei beliebigen Phasenverschiebungswinkeln der Spannungen und gleichen Spannungsamplituden gegen Erde; Funktion von $\frac{s}{D}$ und $\varphi$.

---

Entladung findet er bei 75 cm-Kugeln und $s = 40$ cm etwa $10^{-8}$ sec; durch äußerst kurze Spannungsstöße bekommt er Teilentladungen. O. Mayr: Arch. Elektrot. **19**, 108 (1927). W. Rogowski u. R. Tamm: Arch. Elektrot. **20**, 625 (1928). E. J. Wade u. G. S. Smith: Electr. World, August **1928**. J. Slepian u. J. J. Torok: Electr. J. März **1929**. J. T. Lusignan jr.: Trans. Am. Inst. El. Engs. **1929**. J. J. Torok u. F. D. Fielder: J. Am. Inst. El. Engs. **49**, 46 (1930). H. Rehbinder: Diss. Braunschweig **1930**.

[1] Siehe z. B. A. Fraenckel: Theorie der Wechselströme. Berlin 1931.

[2] Franck, S.: Arch. Elektrot. **24**, 70 (1930).

Abb. 49 gibt $F_m$ für verschiedene Winkel $\varphi$ an, Abb. 50 die Schaltung zur Erzeugung beliebiger Phasenverschiebungen an den Kugeln. Je mehr $\varphi$ von 180° verschieden und je größer $\frac{s}{D}$, desto größer ist $F_m$; außerdem zeigt Gl. (48), daß, sobald $\varphi \lesssim 180^0$ wird, vier Maximalfeldstärken auftreten, die sich zeitlich um so mehr verschieben, je größer $\frac{s}{D}$ und je mehr $\varphi$ von 180° verschieden ist. Man bekommt für $\varphi \lesssim 180^0$ gewissermaßen eine Frequenzverdoppelung. Die Bedingung für symmetrische Frequenzverdoppelung, d. h. für gleiche Zeitintervalle zwischen den einzelnen Maximalfeldstärken, ist

$$\varphi = \operatorname{arc\,cos} \frac{2 f f_1 - f_1^2}{2 f^2 + f_1^2 - f f_1}. \tag{49}$$

Tabelle 14 gibt Messungen an Kugeln $D = 1$ und 2 cm wieder.

Tabelle 14.

| $\varphi =$ | 0° 360° | 30° 330° | 60° 300° | 90° 270° | 120° 240° | 150° 210° | 180° | Gleichspannung symm. | Gleichspannung Erde |
|---|---|---|---|---|---|---|---|---|---|
| 1. Homogenes Feld; Schlagweite $s = 1{,}0$ cm; $b = 760$ mm Hg, $t = 20^0$ C. | | | | | | | | | |
| $U_{em}$ | ∞ | > 50 | 32,00 | 22,75 | 18,50 | 16,35 | 15,65 | 15,65 | 31,30 |
| $U_m$ | 0 | > 26 | 32,00 | 32,10 | 32,10 | 31,60 | 31,30 | 31,30 | 31,30 |
| $\mathfrak{E}_{0m}$ | ∞ | — | 32,00 | 32,10 | 32,10 | 31,60 | 31,30 | 31,30 | 31,30 |
| 2. Homogenes Feld; Schlagweite $s = 0{,}20$ cm. | | | | | | | | | |
| $U_{em}$ | ∞ | 15,00 | 7,90 | 5,50 | 4,45 | 3,90 | 3,75 | 3,91 | 7,82 |
| $U_m$ | 0 | 7,80 | 7,90 | 7,76 | 7,70 | 7,53 | 7,50 | 7,82 | 7,82 |
| $\mathfrak{E}_{0m}$ | ∞ | 39,00 | 39,50 | 38,80 | 38,50 | 37,70 | 37,50 | 39,1 | 39,1 |
| 3. Gleiche Kugeln $D = 2$ cm; $s = 1$ cm; $s/D = 0{,}5$. | | | | | | | | | |
| $U_{em}$ | ∞ | > 52 | 33,8 | 23,1 | 18,2 | 16,1 | 15,5 | 15,60 | 31,20 |
| $U_m$ | 0 | > 26,9 | 33,8 | 32,7 | 31,6 | 31,15 | 31,0 | 31,20 | 31,20 |
| $\mathfrak{E}_{0m}$ | ∞ | — | 45,5 | 44,7 | 43,0 | 42,3 | 42,1 | 47,32 | 42,41 |
| 4. Gleiche Kugeln $D = 1$ cm; $s = 1$ cm; $s/D = 1{,}0$. | | | | | | | | | |
| $U_{em}$ | ∞ | 47,7 | 28,6 | 20,9 | 17,1 | 15,0 | 14,15 | 14,25 | 26,50 |
| $U_m$ | 0 | 24,7 | 28,6 | 29,6 | 29,65 | 29,0 | 28,3 | 28,50 | 26,50 |
| $\mathfrak{E}_{0m}$ | ∞ | 68,1 | 60,75 | 55,0 | 53,4 | 51,5 | 50,2 | 50,52 | 61,87 |

Bei $\varphi = 60^0$ (300°) liegen die Durchbruchfeldstärken in der Nähe derjenigen von Gleichspannung mit einem geerdeten Pol, wie es sich auch aus Abb. 49, S. 58 ergibt.

Über die Einflüsse von vorgeschalteten Widerständen, Kapazitäten usw. bei Wechselspannung siehe S. 68.

### γ) Beeinflussungen der Townsendentladungen (Anfangspannungen) durch Einflüsse innerhalb der Entladungsstrecke.

#### Verzögerung (Bestrahlung).

Man versteht unter Verzögerung die Erscheinung, daß die Zündung einer (statischen) Townsendentladung bei der statischen Zündspannung nicht sofort erfolgt, sondern zeitlich verzögert ist (bis zur Größenordnung von Minuten), so daß kurzzeitig die Spannung über die statische Zündspannung erhöht werden muß, damit Zündung eintritt. Mit zunehmender Überspannung nimmt die Verzögerungszeit ab. Diese Verzögerungszeit hat nichts zu tun mit der Zeitdauer, die zur Entladungsausbildung selbst nötig und bei der dynamischen Townsendentladung besprochen ist (s. S. 55), sondern ist die Zeit, die nach Spannungsanlegung nötig ist, bis die Anzahl und zufällige Anordnung der Elektronen zur Stoßlawine fähig ist. Daraus erklärt sich auch, daß der Zündverzug bei scheinbar gleichen physikalischen Bedingungen unregelmäßig ist: er ist statistischen Gesetzmäßigkeiten unterworfen. Man bekommt eine Verteilung der Verzögerungszeiten um einen Mittelwert (Zuber[1] und Braunbek[2]). Die Verteilungskurve kann man darstellen durch ein Exponentialgesetz

$$n(t) = k\,e^{-kt}. \tag{50}$$

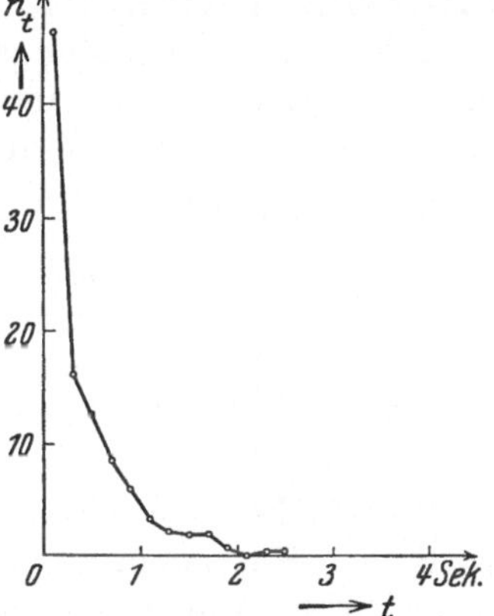

Abb. 51. Verteilungskurve der Verzögerungszeiten (nach Zuber).

In Abb. 51 ist eine solche Verteilungskurve nach Zuber bei einem Versuch über 449 Zündungen angegeben, indem die prozentuale Anzahl $n(t)$ der Verzögerungszeiten bestimmt wird, die in das Intervall $t$ bis $t + dt$ fallen. $k$ hängt von den Versuchsbedingungen ab (Ionisation, Art und Druck des Gases, Elektrodenbeschaffenheit usw.). Wie schon Warburg[3] gezeigt hat, kann der Zündverzug durch genügende Fremdionisation wenigstens bis zu Zeiten von $10^{-7}$ bis $10^{-8}$ sec, in denen die Zündspannung angelegt wird, praktisch aufgehoben werden (Oberflächen- oder Volumionisation durch Quecksilberdampflampe, Bogenlampe, glimmenden Draht oder Spitze, Röntgenstrahlen und Radium). Besonders wirksam ist die Quecksilberdampflampe, wie folgende Tabelle nach Rogowski und Tamm[4] zeigt:

Tabelle 15.

| Bestrahlung | Abstand der Ionisationsquelle in cm | Durchbruchzeit $\times 10^{-7}$ sec |
|---|---|---|
| Radiumpräparat 8 mg | 8 | 10 |
| | 50 | 11 |
| | $\infty$ | 13 |
| Hg-Lampe | 10 | 4 |

[1] Zuber, W.: Ann. Physik **76**, 231 (1925); **81**, 205 (1927).
[2] Braunbek, W.: Z. Physik **36**, 582 (1926).
[3] Warburg, E.: Ann. Physik **59**, 1 (1896); **62**, 385 (1897).
[4] Rogowski, W. u. R. Tamm: Arch. Elektrot. **20**, 107 (1928).

Auch eine benachbarte Glimmlichtentladung hebt die Verzögerung auf[1]; vgl. auch die schon erwähnten Versuche von van Cauwenberghe und Marchal mit Radium im Elektrodenhohlraum (S. 30). Großen Einfluß auf die Verzögerung hat die Elektrodenoberfläche. Nach Pedersen[2] unterscheidet man „reine" oder „aktive" Elektroden (mit feinem, sauberem Karborundpapier aufgerauht) und „unreine" Elektroden, die mit einer Öl- oder Fettschicht bedeckt sind. Erstere wirken auch ohne Bestrahlung wie bestrahlte „unreine" Elektroden infolge der mikroskopisch feinen Spitzen, während die für positive Ionen und Elektronen undurchlässige dünne Ölschicht die Verzögerung stark erhöht (vgl. Beams[3]). Bei genügender Bestrahlung oder „Aktivierung" der Elektroden kann im allgemeinen mit einer Verzögerungszeit $< 10^{-8}$ sec gerechnet werden, sofern das Feld nicht zu inhomogen ist; nach Burawoy[4] ist bei Kugeln mit $\frac{s}{D} < 1$ sogar mit Zeiten bis $3{,}5 \cdot 10^{-9}$ sec zu rechnen.

Andere Verhältnisse liegen bei Spitzen vor, wenn Vorentladungen auftreten, wobei man keine eigentlichen Verzögerungen mehr hat; diese werden bei den Funkenentladungen behandelt („Stoßverhältnisse", s. S. 163).

Zu starke Bestrahlung kann die Anfangspannung herabsetzen (z. B. mit Kathodenstrahlen vgl. bei Herweg[5]).

Die Unterschiede zwischen den Anfangspannungen bei bestrahlter und unbestrahlter Funkenstrecke, in denen sich die Verzögerung ausdrückt, betragen z. B. bei ebenen Elektroden in Luft nach Rengier[5] im Mittel etwa 0,5% (nur bei Wechselspannung, bei Gleichspannung kein Unterschied), unabhängig von der Schlagweite. Nach Weicker[6] war bei Bestrahlung mit einer Bogenlampe in 40 cm Abstand von der Kugelfunkenstrecke ($D = 10$ cm) folgender Unterschied festzustellen (Tabelle 16).

Tabelle 16.

| *s* cm | % |
|---|---|
| 2 | 3,7 |
| 5 | 4,3 |
| 10 | 4,2 |
| 15 | 2,6 |
| 20 | 1,1 |

Der Einfluß ist also besonders bei kleinen Schlagweiten groß. Schließlich seien neuere Versuche von Masch[7] in Luft mit ganz langsam ge-

[1] Takeshi Nishi, Kanji Honda u. Katson Nakayama: Bull. Inst. Phys. Chem. Res. **8**, 679 (1929); Abstracts **2**, 82 (1929).

[2] Pedersen, P. O.: Ann. Physik **71**, 317 (1923).

[3] Beams, J. W.: J. Frankl. Inst. **206**, 809 (1928) und neuere Arbeiten in Phys. Rev. Street, J. C.: Phys. Rev. (2) **35**, 1437 (1930); siehe auch M. Iwatake: Techn. Rep. Tohoku Imp. Univ. Sendai **7**, 57; ETZ **49**, 625 (1928).

[4] Burawoy, O.: Arch. Elektrot. **16**, 186 (1926).

[5] Herweg, J.: Ann. Physik (4) **24**, 326 (1907).

[6] Weicker, W.: Diss. Dresden **1910**; ETZ **32**, 436 (1911).

[7] Masch, K.: Arch. Elektrot. **24**, 561 (1930); weitere Literatur bei W. O. Schumann: Durchbruchf. i. G.

steigerter Gleichspannung abhängig von der Entfernung der Ionisierungsquelle angegeben; die Unterschiede betragen 1 bis 3%.

Tabelle 17.

| Schlagweite cm | Elektrodenmaterial | Elektrodenform | Entfernung der Ionisierungsquelle (Quarzlampe) | | | | |
|---|---|---|---|---|---|---|---|
| | | | 280 mm | 396 mm | 560 mm | 868 mm | ∞ |
| 1 | Zn | Kugel | — | 0 | 0,66 | 1,15 | 1,98 |
| 1 | Al | Kugel | — | 0 | 0,66 | 1,64 | 2,0 |
| 1 | Cu | Kugel | — | 0 | 1,0 | 2,5 | 3,0 |
| 1 | Zn | Platte | — | 0 | 0,49 | 0,67 | 1,3 |
| 0,25 | Cu | Kugel | 0 | — | — | 0,45 | 0,91 |
| 0,25 | Zn | Platte | 0 | — | — | 0,87 | 1,2 |

### Polarität.

Im allgemeinen hat die Polarität auf die Anfangspannung bei relativ zur Schlagweite wenig gekrümmten Elektroden keinen Einfluß, bei relativ stark gekrümmten Elektroden (Spitzen und dünnen Drähten, s. S. 41 und 36, Kugeln bei großer Schlagweite, s. S. 25 und 57) und bei unsymmetrischer Feldverteilung kann er sehr groß werden. Scheinbare Polarität kann durch Feldstörungen (benachbarte Leiter oder Nichtleiter) hervorgerufen werden (siehe Vielelektrodenanordnungen).

### Elektrodenmaterial.

Der Einfluß des Elektrodenmaterials ist sehr gering und tritt erst in verdünnten Gasen deutlich in Erscheinung. Bei Atmosphärendruck scheint ein noch nicht genügend geklärter Einfluß bei großen Kugeln und größeren Schlagweiten und Spannungen vorhanden zu sein[1].

### Gasmischungen und Gasfeuchtigkeit.

Die Anfangspannungen von Gasgemischen lassen sich meist nicht ohne weiteres aus den Anfangspannungen der Grundgase bestimmen, doch gilt in vielen Fällen (z. B. in $N_2$- und $H_2$-Mischungen und solchen, die nicht chemisch reagieren, besonders oberhalb des kritischen Druckes)

$$U_M = \frac{U_a p_a + U_b p_b}{p_a + p_b}. \qquad (51)$$

$U_a$ Anfangspannung des Gases $a$ beim Druck $p_a + p_b$ des Gemisches,
$U_b$ Anfangspannung des Gases $b$ beim Druck $p_a + p_b$ des Gemisches,
$U_m$ Anfangspannung des Gemisches beim Druck $p_a + p_b$ des Gemisches.
($p_a$, $p_b$ Partialdrücke der Gase $a$ und $b$).

Die Feuchtigkeit (Wasserdampfgehalt) der Gase hat bei Atmosphärendruck im allgemeinen geringen Einfluß auf die Anfangspannung. Nach

[1] Siehe z. B. J. S. Carroll u. B. Cozzens: J. Am. Inst. El. Engs. **47**, 892 (1928). O. W. Richardson u. L. G. Grimmett: Proc. Roy. Soc. London **130**, 217 (1930). Takeshi Nishi u. Yoshitane Ishiguro: Scient. Pap. Inst. Phys. chem. Res. Tokyo **14**, 278 (1930).

Saegusa[1] ist die Anfangspannung bis 10% rel. Feuchtigkeit konstant, fällt dann wenig und ist bei über 30% rel. Feuchtigkeit wieder konstant. Nach Franck[2] erhöht sich die Anfangspannung mit zunehmender relativer Feuchtigkeit von 0 bis 80% um etwa 2%, von 80 bis 99% weiter um etwa 1,3%, unabhängig von Elektrodenform und Schlagweite (Abb. 52). Bei Schwankungen von 40 bis 60% beträgt die Spannungsänderung nur 0,5%. Bei sehr dünnen positiven Drähten beobachtet Farwell[3] einen Einfluß im selben Sinne (von 0 bis 68,5% rel. Feuchtigkeit Erhöhung der Anfangspannung um 2,5%). Nach Whitehead und Castellain[4] sinkt die Funkenspannung mit zunehmender Feuchtigkeit.

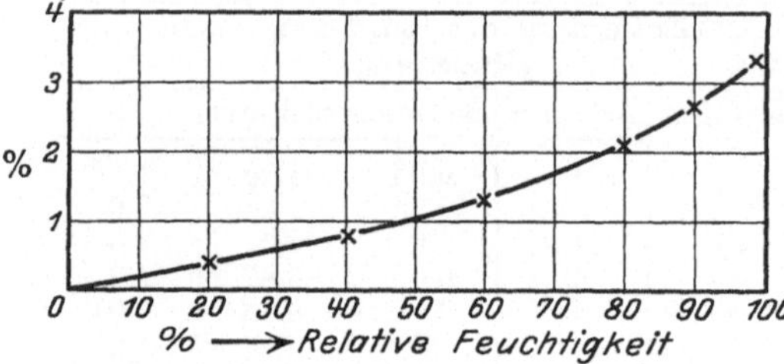


Abb. 52. Prozentuale Erhöhung der Anfangspannung mit zunehmender relativer Feuchtigkeit (nach Franck).

## Magnetfeld.

Der Einfluß eines Magnetfeldes auf die Anfangspannung ist bei Atmosphärendruck nicht sehr groß, größer bei kleineren Drucken (siehe Arbeiten von E. Meyer[5]). Nach Smurow[6] ergibt sich bei Atmosphärendruck bei einem Magnetfeld in Richtung des elektrischen Feldes (longitudinales Magnetfeld) eine Erniedrigung der Durchschlagspannung (bis etwa 2,5%), dagegen quer zur Richtung des elektrischen Feldes (transversales Magnetfeld) entweder eine Erniedrigung oder eine Erhöhung (bis zu viel größeren Werten). Elektroden waren Platten (12,5 mm Durchmesser) und Halbkugeln $D = 12{,}5$ mm. Es ergab sich 1. bei longitudinalem Magnetfeld:

Tabelle 18.

| Länge der Funkenstrecke mm | Magnetisierungs-stromstärke A | Prozentuale Durchschlag-spannungserniedrigung % |
|---|---|---|
| 1,80 | Wechselstrom 11 | 2,5 |
| 1,95 | Gleichstrom 16,4 | 2,5 |

Dabei war die Magnetisierungsfeldstärke bei Gleich- und Wechselstrom etwa gleich. 2. bei transversalem Magnetfeld, Abb. 53, Erhöhung

[1] Saegusa, H.: Sc. Rep. Tohoku Imp. Univ. **9**, 423 (1920).
[2] Franck, S.: Arch. Elektrot. **21**, 318 (1928).
[3] Farwell, S. P.: Proc. Am. Inst. El. Engs. **33**, 1693 (1914).
[4] Whitehead, S. u. A. P. Castellain: Electrician **106**, 241 (1931).
[5] Meyer, E.: Ann. Physik **67**, 1 (1922); **58**, 297 (1919); dort Literaturzusammenfassung.
[6] Smurow, A.: ETZ **51**, 1459 (1930).

oder Erniedrigung je nach Art der Magnetisierung, Elektrodenform und Länge der Funkenstrecke. Bei Wechselstrommagnetisierung und Platten ergeben sich höhere Kurven als bei Gleichstrommagnetisierung und Kugeln. Bei magnetischem Querfeld wird einmal die Ionisierungsspannung herabgesetzt (Vergrößerung der Zahl der Stöße, Erniedrigung der Funkenspannung), andererseits werden aber die Ionen und Elektronen von der kürzesten Bahn zwischen den Elektroden abgelenkt, was einer Verlängerung der Funkenstrecke gleichkommt (Erhöhung der Funkenspannung); bei gekrümmten Elektroden ist die Feldstärke nur in der Nähe der Elektroden groß, so daß die Einwirkung geringer als im homogenen Feld wird.

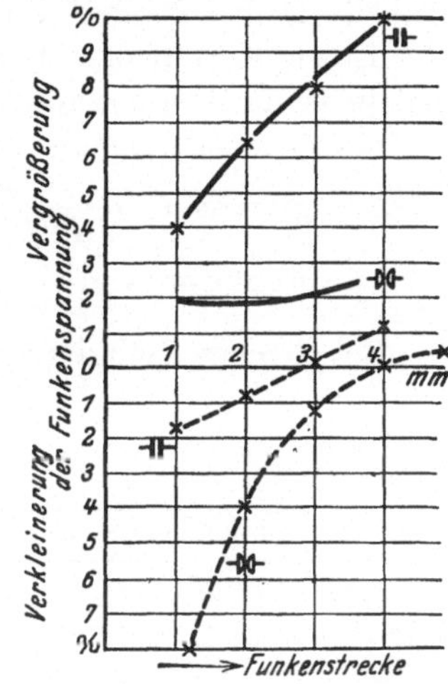


Abb. 53. Einfluß eines transversalen Magnetfeldes auf ebene und kugelige Funkenstrecken bei verschiedenen Schlagweiten (nach Smurow).

## Enge Kanäle.

Nach Versuchen von Gemant[1] steigt die Durchschlagspannung mit abnehmendem Raumquerschnitt. Nach Tanberg[2] kann man durch Verwendung ebener, poröser halbleitender Elektroden mit zwischengelegtem Seidenpapier aus der Zahl der gleichmäßig verteilten feinen Löcher auf den Stromhöchstwert eines angelegten Spannungsstoßes schließen. Die Entladungsdauer beeinflußt nur die Größe der Löcher.

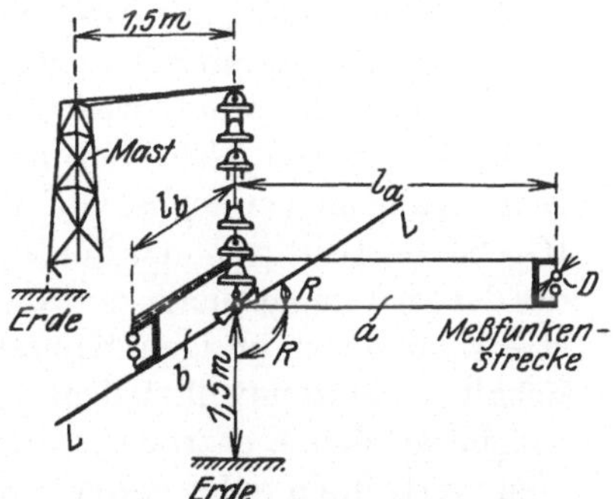


Abb. 54. Einfluß der Zuleitungen auf eine Kugelfunkenstrecke bei Messungen an Kettenisolatoren (Anordnung *a* senkrecht, Anordnung *b* in der Ebene der Leitung *L*—*L*).

## Eigenkapazität der Entladungsstrecke.

Die Eigenkapazität der Meßentladungsstrecke und der Zuleitungen kann Rückwirkungen auf die zu messende Spannung ergeben, z. B. bei Messung der Spannungsverteilung an Isolatoren[3]. Außer der gegenseitigen Kapazität können die Meßentladungsstrecken noch Kapazität gegen Erde und umgebende Körper haben.

---

[1] Gemant, A.: Z. techn. Phys. **10**, 328 (1929).

[2] Tanberg, R.: Electr. J. **27**, 52 (1930); ETZ **52**, 846 (1931).

[3] Z. B. R. Regerbis: Hermsdorf-Schomburg-Mitt. **1925**, H. 19, 21, 22. A. Fontvieille: Rev. gen. électr. **10**, 599 (1921); ETZ **43**, 222 (1922); Tekn. Tidskr. **1915**, 37 u. 56.

Die kleinste Eigenkapazität hat die Spitzenfunkenstrecke. Den Einfluß der Zuleitungen bei Messungen an Kettenisolatoren zeigt Abb. 54 und Tabelle 19 bei 60 und 200 m langen Meßzuleitungen senkrecht und in der Ebene Kettenachse-Leitung. Die Zuleitungen und Elektroden sind möglichst in Äquipotentialflächen unterzubringen.

Bei gleichen Kugeln und symmetrischer Spannungsverteilung wird näherungsweise $C = \frac{s}{36(f-1)} 10^{-11}$ Farad $\left(s \text{ in cm}, f \text{ die S. 17 erwähnte Funktion von } \frac{s}{D}\right)$.

Bei gleichen Zylindern nebeneinander wird $C = \frac{1}{4\,\mathfrak{Ar}\,\mathfrak{Cof}\,\frac{d}{D}}$ ($d$ Achsenabstand).

Tabelle 19.

| Funkenstrecke in Anordnung | senkrecht | | in der Ebene | |
|---|---|---|---|---|
| Abstand Glied-Meßfunkenstrecke $l_a$ bzw. $l_b$ . . cm | 60 | 200 | 60 | 200 |
| Gemessener Spannungsanteil in % der Kettenspann. | 27 | 31,7 | 30,3 | 35,6 |

### δ) Beeinflussungen der Townsendentladungen (Anfangspannungen) durch Einflüsse außerhalb der Entladungsstrecke.

#### Der Schaltkreis.

Für den Beginn der Townsendentladung (Anfangspannung) ist maßgebend eine bestimmte Potentialverteilung im Elektrodenfeld; bis zum Beginn der Entladung fließt nur ein verschwindend kleiner Strom (dunkler Vorstrom, Größenordnung $10^{-10}$ bis $10^{-7}$ A). Infolgedessen kommt es im allgemeinen nicht auf die Beschaffenheit des Schaltkreises an (Größe des Leitungs- und Vorschaltwiderstandes, des inneren Widerstandes der Spannungsquelle, der Kapazität und Induktivität der Entladungsstrecke und der übrigen Kreiselemente). Wohl können aber durch die Schaltelemente unwillkürliche Spannungsstöße oder Spannungsverzögerungen an den Elektroden auftreten, durch die die Entladungsstrecke zum verfrühten oder verspäteten Ansprechen gebracht wird, wobei die Ursachen lediglich außerhalb der Entladungsstrecke, nicht im Ionenmechanismus der Entladung selbst liegen. Spannungsstöße können in Kreisen mit Kapazitäten und Induktivitäten durch Schwingungserscheinungen auftreten, die sich bis zur Resonanz zwischen aufgezwungenen und Eigenschwingungen des Kreises steigern können. Spannungsverzögerungen können durch die Ladezeiten der Kapazitäten entstehen. Beide lassen sich durch geeignete Vorsichtsmaßregeln unschwer vermeiden.

**Spannungsstöße, Resonanz.** Es sei ein einfacher Wechselstromkreis mit dem Widerstand $R$, der Induktivität $L$ und der Kapazität $C$ in Reihe an die Wechselpsannung $E$ gelegt (Abb. 55). Die Eigenfrequenz dieses Stromkreises ist bekanntlich nach Thomson $f = \frac{1}{2\pi\sqrt{LC}}$, die Eigenkreisfrequenz $\nu = \frac{1}{\sqrt{LC}}$. Hat die eingeprägte Wechselspannung die Kreisfrequenz $\omega$, so wird die Spannungsamplitude an der Kapazität (z. B. der Entladungsstrecke)

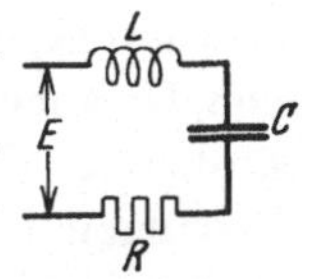

$$E_c = \frac{E}{\sqrt{(R\,\omega\,C)^2 + \left[\left(\frac{\omega}{\nu}\right)^2 - 1\right]^2}}. \tag{52}$$

Abb. 55. Einfacher Wechselstromkreis mit $R$, $L$ und $C$ in Reihe.

Wird $\omega = \nu$, d. h. tritt Resonanz zwischen eingeprägter und Eigenschwingung ein $\left(\omega L = \frac{1}{\omega C}\right)$, so wird

$$E_{c\,\mathrm{Res.}} = \frac{E}{R\nu C} = \frac{E}{R}\sqrt{\frac{L}{C}}. \tag{53}$$

Bei kleinem $R$ und $C$ kann also die Resonanzspannung am Kondensator sehr große Werte annehmen, die Breite des Resonanzbereiches ist aber gering (Abb. 56). Hat man z. B. einen niederfrequenten Transformator als Spannungsquelle, so liegen die aufgezwungenen und die Eigenschwingungen, die durch das gemeinsame Feld im Transformatoreisenkern miteinander gekuppelt sind, meist weit auseinander, sofern die Grundschwingung der aufgezwungenen Schwingung in Betracht kommt. Bei stark von der Sinusform abweichendem Wechselstrom können aber Glieder höherer Ordnung in die Nähe der Eigenfrequenz kommen, allerdings ist dafür ihre Amplitude um so kleiner.

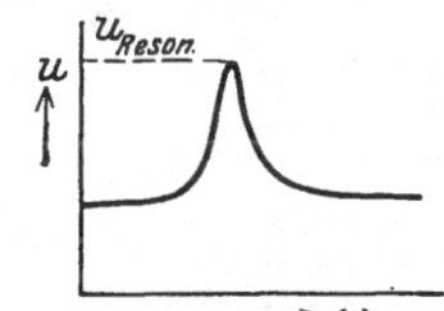

Abb. 56. Resonanzspannung am Kondensator (Funkenstrecke).

Bei genauer Kenntnis der Kreiskonstanten und der Form der eingeprägten Spannung kann man aus der Rechnung die Konstanten so abgleichen, daß auch bei höheren Harmonischen keine Resonanzfälle auftreten können. Im allgemeinen genügen schon genügend große Vorschaltwiderstände.

Solche Resonanzfälle beschreibt z. B. H. Grob[1]. Sie können auch durch Vorschaltfunkenstrecken, wie sie sich bei Zuleitungsunterbrechungen leicht einstellen, oder durch parallelgeschaltete Funkenstrecken entstehen (im Resonanzfall bewirkte nach Grob eine Schlagweitenänderung von $^1/_{100}$ mm eine Spannungsänderung um etwa 50%!).

Zur Vermeidung etwaiger Überspannungen ist es deshalb günstiger, bei konstant gehaltener, zu messender Spannung die Elektroden bis

[1] Grob, H.: ETZ **25**, 951 (1904). Weiteres bei G. Benischke: ETZ **26**, 7 (1905). W. Voege: ETZ **25**, 1033 (1904). Seibt: ETZ **25**, 276 (1904).

zum Einsetzen der Entladung zu nähern, weil dies meist stetiger erfolgen kann als die Spannungsregelung; über Geschwindigkeit und Art der Spannungsregelung s. S. 29.

**Anfangspannung parallelgeschalteter Funkenstecken.** Aus den gleichen Ursachen darf man im allgemeinen nicht zwei Funkenstrecken parallel schalten, weil dabei Überspannungen auftreten können, die die Messungen fälschen. Auch ist z. B. beim Nacheichen einer Funkenstrecke durch eine andere die Energie zu berücksichtigen, die zumDurchbruch für jede Elektrodenanordnung verschieden ist. Die eine Funkenstrecke kann deshalb früher ansprechen als die andere, obwohl die Anfangspannungen gleich sind. Besser ist es deshalb, die Durchschläge parallelgeschalteter Funkenstrecken durch jeweiliges Auseinanderziehen der einen hintereinander erfolgen zu lassen.

**Spannungsverzögerungen.** Spannungsverzögerungen können bei großen Widerständen und Kapazitäten erheblich werden. Zur Aufladung der Kapazität der Meßentladungsstrecke über einen Widerstand ist bekanntlich eine bestimmte Zeit erforderlich, die sich aus folgender Gleichung ergibt (Abb. 57):

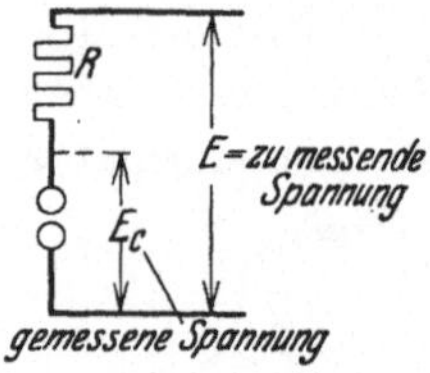

Abb. 57. Aufladung einer Funkenstrecke über einen Widerstand $R$.

$$E_C = E\left(1 - e^{-\frac{t}{RC}}\right) \tag{54}$$

($R$ in $\Omega$, $C$ in Farad, $t$ in sec, $E$ in Volt). Es ist also

$$\frac{E - E_C}{E} = e^{-\frac{t}{RC}}; \qquad t = -RC \ln \frac{E - E_C}{E}. \tag{55}$$

Wäre die Kapazität der Entladungsstrecke 1,4 $\mu$F, der Vorschaltwiderstand $10^6$ $\Omega$, so dauerte es nach Einschalten von $E$ 1 sec, bis 50% von $E$ an der Entladungsstrecke liegen, und erst nach 4,3 sec sind 95% des Endwertes erreicht. In Tabelle 22 ist $t$ für verschiedene Werte $RC = T$ errechnet für die zwei Fälle, daß die Spannung am Kondensator 10% und 1% ihres Endwertes erreicht hat, also $\frac{E - E_C}{E} = 0{,}1$ und 0,01. Der Wert $10^{-11}$ Farad entspricht in der Größenordnung der Kapazität einer Kugelfunkenstrecke; mit $R = 1$ M$\Omega$ ist die Zeit $t_{1\%}$ bereits $46 \cdot 10^{-6}$ sec, bei $10^9$ $\Omega$ 0,05 sec. Wird während dieser Zeit die Spannung weiter erhöht, so tritt bei einer scheinbar zu hohen Spannung die Entladung ein[1].

[1] Die Spannungsverzögerung beim Aufladen einer Kapazität (Funkenstrecke) über einen Widerstand wird bei dem Binderschen Mikrozeitschalter benutzt. Der Prüfkörper wird über eine Funkenstrecke an Spannung gelegt, eine zweite parallel und über einen Widerstand $R$ geschaltete Funkenstrecke (mit variabler Kapazität) schließt die Spannung kurz, so daß man durch Variation von $R$ und $C$ die Zeit der angelegten Spannung zwischen $10^{-6}$ und $10^{-3}$ sec regeln kann; siehe Diss. C. Fröhmer: Dresden 1930. L. Binder: ETZ 52, 899 (1931).

Hat man keine Gleichspannung $E$, sondern eine periodische Wechselspannung, dann kann die nur kurze Zeit vorhandene Ladespannung eine berechenbare Erniedrigung der an der Funkenstrecke liegenden Höchstspannung bewirken.

Das soll im folgenden quantitativ untersucht werden. Es verhält sich (Abb. 57)

$$\frac{E_C}{E} = \frac{\frac{1}{\omega C}}{\sqrt{R^2 + \left(\frac{1}{\omega C}\right)^2}} = \frac{1}{k}, \tag{56}$$

wenn $\omega$ die Kreisfrequenz der Wechselspannung ist. Daraus

$$k = \frac{E}{E_C} = \sqrt{(\omega C R)^2 + 1}; \qquad \boldsymbol{E_C k = E}. \tag{57}$$

Mit dem Korrekturfaktor $k$ muß man also die durch die Meßentladungsstrecke gemessene Spannung $E_C$ multiplizieren, um die zu messende Spannung $E$ zu bekommen. $k$ ist von $\omega CR$ abhängig und in Tabelle 20 angegeben; praktisch ist $k$ bei $\omega CR < 0{,}1$ gleich 1 und bei $\omega CR > 10$ gleich $\omega CR$.

Tabelle 20.

| $\omega C R_{\frac{\text{Farad}\cdot\Omega}{\text{sec}}}$ | $k$ | $\omega C R_{\frac{\text{Farad}\cdot\Omega}{\text{sec}}}$ | $k$ |
|---|---|---|---|
| $10^4$ | $10^4$ | 1 | 1,414 |
| $10^2$ | $10^2$ | 0,8 | 1,281 |
| 10 | 10,050 | 0,6 | 1,166 |
| 8 | 8,062 | 0,5 | 1,118 |
| 6 | 6,083 | 0,4 | 1,077 |
| 5 | 5,099 | 0,3 | 1,044 |
| 4 | 4,123 | 0,2 | 1,019 |
| 3 | 3,162 | 0,1 | 1,005 |
| 2 | 2,236 | 0,01 | 1,0 |

Messungen von Schmitz und Rienhoff[1] zeigen z. B. mit einer Kugelfunkenstrecke $D = 25$ cm und $R = 10{,}96$ M$\Omega$ bei Gleichspannung und 500 Perioden/sec Wechselspannung folgende Werte für $E$, um die Funkenstrecke zu durchschlagen, gemessen mit einem Starke-Schröderschen Hochspannungsvoltmeter:

Tabelle 21.

| $s$<br>mm | Gleichspannung<br>$kV_{max}$ | 500 Hz Wechselspannung<br>$kV_{max}$ | Wechselspannung mit $\frac{1}{k}$ multipliziert<br>$kV_{max}$ |
|---|---|---|---|
| 2 | 8,9 | 15,0 | 8,85 |
| 3 | 11,4 | 19,7 | 12,3 |
| 4 | 14,8 | 24,0 | 14,9 |
| 5 | 17,7 | 29,0 | 18,2 |

Man sieht, daß mit der Korrektion $k$ genügend genaue Werte erzielbar sind. Oft muß man, besonders in der Röntgentechnik, höhere

[1] Schmitz, W. u. O. Rienhoff: Strahlenther. **32**, 582 (1929); siehe auch H. Jacobi u. A. Liechti: Strahlenther. **29**, 503 (1928).

Tabelle 22.

| $T = RC$ $\Omega\cdot$ Farad | $R_\Omega$ bei $C = 10^{-11}$ Farad | $\frac{E - E_\sigma}{E} = 1\%$ | | $\frac{E - E_\sigma}{E} = 10\%$ | |
|---|---|---|---|---|---|
| | | $t$ sec | Wanderwellenlänge m | $t$ sec | Wanderwellenlänge m |
| 1 | $10^{11}$ | 4,6 | 1380000000 | 2,3 | 690000000 |
| 0,5 | $0,5\cdot 10^{11}$ | 2,3 | 690000000 | 1,15 | 345000000 |
| 0,1 | $10^{10}$ | 0,46 | 138000000 | 0,23 | 69000000 |
| 0,05 | $0,5\cdot 10^{10}$ | 0,23 | 69000000 | 0,115 | 34500000 |
| 0,01 | $10^{9}$ | 0,046 | 13800000 | 0,023 | 6900000 |
| 0,005 | $0,5\cdot 10^{9}$ | 0,023 | 6900000 | 0,0115 | 3450000 |
| 0,001 | $10^{8}$ | 0,0046 | 1380000 | 0,0023 | 690000 |
| $500\cdot 10^{-6}$ | $0,5\cdot 10^{8}$ | 0,0023 | 690000 | 0,00115 | 345000 |
| $100\cdot 10^{-6}$ | $10^{7}$ | $460\cdot 10^{-6}$ | 138000 | $230\cdot 10^{-6}$ | 69000 |
| $50\cdot 10^{-6}$ | $0,5\cdot 10^{7}$ | $230\cdot 10^{-6}$ | 69000 | $115\cdot 10^{-6}$ | 34500 |
| $10\cdot 10^{-6}$ | $10^{6}$ | $46\cdot 10^{-6}$ | 13800 | $23\cdot 10^{-6}$ | 6900 |
| $5\cdot 10^{-6}$ | $0,5\cdot 10^{6}$ | $23\cdot 10^{-6}$ | 6900 | $11,5\cdot 10^{-6}$ | 3450 |
| $1\cdot 10^{-6}$ | $10^{5}$ | $4,6\cdot 10^{-6}$ | 1380 | $2,3\cdot 10^{-6}$ | 690 |
| $0,5\cdot 10^{-6}$ | $0,5\cdot 10^{5}$ | $2,3\cdot 10^{-6}$ | 690 | $1,15\cdot 10^{-6}$ | 345 |
| $0,1\cdot 10^{-6}$ | $10^{4}$ | $0,46\cdot 10^{-6}$ | 138 | $0,23\cdot 10^{-6}$ | 69 |
| $0,05\cdot 10^{-6}$ | $0,5\cdot 10^{4}$ | $0,23\cdot 10^{-6}$ | 69 | $0,115\cdot 10^{-6}$ | 34,5 |
| $0,01\cdot 10^{-6}$ | $10^{3}$ | $0,046\cdot 10^{-6}$ | 13,8 | $0,023\cdot 10^{-6}$ | 6,9 |
| $0,005\cdot 10^{-6}$ | $0,5\cdot 10^{3}$ | $0,023\cdot 10^{-6}$ | 6,9 | $0,0115\cdot 10^{-6}$ | 3,45 |
| $0,001\cdot 10^{-6}$ | $10^{2}$ | $0,0046\cdot 10^{-6}$ | 1,38 | $0,0023\cdot 10^{-6}$ | 0,69 |
| $500\cdot 10^{-12}$ | $0,5\cdot 10^{2}$ | $0,0023\cdot 10^{-6}$ | 0,69 | $0,00115\cdot 10^{-6}$ | 0,345 |
| $100\cdot 10^{-12}$ | 10 | $460\cdot 10^{-12}$ | 0,138 | $230\cdot 10^{-12}$ | 0,069 |
| $50\cdot 10^{-12}$ | 5 | $230\cdot 10^{-12}$ | 0,069 | $115\cdot 10^{-12}$ | 0,0345 |
| $10\cdot 10^{-12}$ | 1 | $46\cdot 10^{-12}$ | 0,0138 | $23\cdot 10^{-12}$ | 0,0069 |
| $5\cdot 10^{-12}$ | 0,5 | $23\cdot 10^{-12}$ | 0,0069 | $11,5\cdot 10^{-12}$ | 0,00345 |
| $1\cdot 10^{-12}$ | 0,1 | $4,6\cdot 10^{-12}$ | 0,00138 | $2,3\cdot 10^{-12}$ | 0,00069 |

Widerstände als 1 $\Omega$/V (s. S. 28) vorschalten, man kann aber auf diese Weise die Fehler eliminieren.

**Messung der mittleren Betriebsspannung aus der Zahl der Funkenentladungen.** Mit der angegebenen Ladezeit hängt auch die Messung von mittleren Betriebsspannungen aus der Zahl der pro sec stattfindenden Funkenentladungen zusammen[1]. Hat z. B. die Spannungskurve (Gleichspannung) gelegentlich Spitzen, dann zeigt die Meßfunkenstrecke die Spitzenspannungen; die wirkliche Betriebsspannung liegt tiefer. Sind Widerstände vorgeschaltet, so braucht, wie wir sahen, die Aufladung Zeit, die bei großen Widerständen bequem meßbare Werte erreicht (z. B. bei $C = 10^{-11}$ Farad und $R = 5 \cdot 10^9\ \Omega$ etwa ¼ sec, bis 1% der Endspannung erreicht sind). Während der Funkenentladung ist der Kondensator praktisch kurzgeschlossen. Bei Gleichspannung kann also die Meßfunkenstrecke in dem Beispiel etwa viermal in der Sekunde aufgeladen werden. Die Betriebsspannung (ohne Spitzen) ist also die, bei der etwa viermal pro sec eine Funkenentladung auftritt. Die Zahl der Funkenentladungen für den einzelnen Fall hängt von $CR$ bzw. bei Wechselspannung von $\omega CR$ ab und ist aus Tabelle 20 u. 22 S. 69 u. 70 zu entnehmen. Bei der Messung der mittleren Betriebsspannung ist die Schlagweite so lange zu verkleinern, bis die Funkenzahl diesen Wert annimmt. Bei weiterer Verkleinerung von $s$ wird die Funkenzahl natürlich noch größer, weil die Anfangspannung weiter sinkt.

**Messung von Wellenspannungen (Pulsationen).** Hat man eine Wellenspannung (Gemisch von Gleich- und Wechselspannung, pulsierende Gleichspannung), so kann man die Größe der Spannungspulsationen, sofern ihre Form annähernd bekannt ist, durch eine Doppelmessung mit Meßentladungsstrecke (Höchstwert) und Effektivvoltmeter, z. B. Elektrometer, bestimmen. Nach Abb. 58 ist bei sinusförmiger Pulsation $U_{\max} - U_{\text{Gl.}} = u_{\max} =$ Amplitude der Pulsation. Es wird

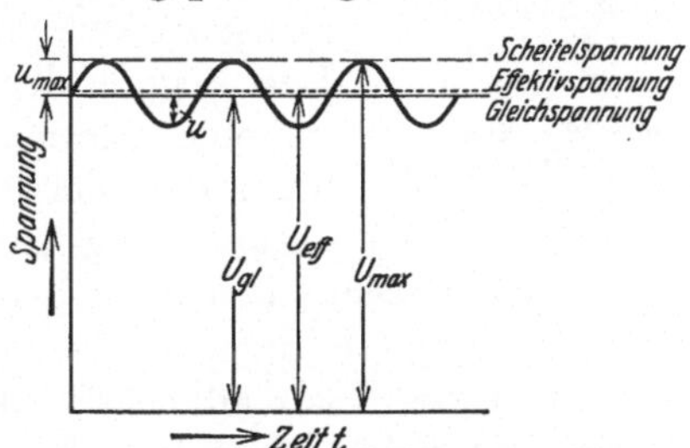

Abb. 58. Messung von Spannungspulsationen.

$$U_{\text{eff}} = \sqrt{\frac{1}{2\pi}\int_0^{2\pi} u^2_{\text{Wellensp.}}\, dt} = \sqrt{\frac{1}{2\pi}\int_0^{2\pi} (U_{\text{Gl.}} + u_{\max}\sin\omega t)^2\, dt}$$

$$= \sqrt{U^2_{\text{Gl.}} + \frac{u^2_{\max}}{2}}. \tag{58}$$

[1] Thaller, R.: Strahlenther. **26**, 408 (1927).

Ist $\frac{u_{max}^2}{2}$ klein gegen $U_{Gl.}^2$, dann kann man $U_{Gl.} \approx U_{eff}$ setzen. Die Amplitude der Pulsation beträgt dann

$$u_{max} = U_{max} - U_{eff}.$$

Beispiel: $U_{Gl.} = 100\,\text{kV}$; $u_{max} = 10\,\text{kV}$; $U_{max} = 110\,\text{kV}$; $U_{eff} = \sqrt{100^2 + \frac{10^2}{2}} = 100{,}25\,\text{kV}$; man findet also durch Messen von $U_{max}$ und $U_{eff}$ die Amplitude der Pulsation zu $u_{max} \approx U_{max} - U_{eff} = 110 - 100{,}25 = 9{,}75\,\text{kV}$, während der genaue Wert 10 kV ist; der Fehler beträgt also 2,5%. Bei stärkeren Pulsationen gilt diese Annäherung natürlich noch viel schlechter. Dann muß man $u_{max}$ nach folgender genauen Formel berechnen (bei sinusförmigen Pulsationen):

$$u_{max} = \frac{2}{3} U_{max} \pm \sqrt{\frac{2}{3}\left(U_{eff}^2 - \frac{U_{max}^2}{3}\right)}. \tag{59}$$

## 4. Inhomogenes Dielektrikum.

(Gleitentladungen, Klydonograph.)

**Übersicht.** Bei den Gleitentladungen wird die Entladung zwischen zwei Elektroden in einem Gas künstlich verlängert und gesteuert durch Einbringen eines festen Dielektrikums zwischen die Elektroden, so daß also kein direkter Elektrizitätstransport zwischen den Elektroden stattfinden kann. Der Beginn der Entladung an der einen Elektrode ist eine Townsendentladung im Gas, deshalb gehören die Gleitentladungen zu diesem Kapitel.

Abb. 59. Erzeugung von Gleitentladungen.

Die einfachste Anordnung zur Erzeugung von Gleitentladungen, wie sie im wesentlichen auch beim Klydonographen verwendet wird, ist die einer Spitze auf einem ebenen Dielektrikum, z. B. einer Glasplatte, deren Unterseite leitend belegt ist (Abb. 59). Bei Überschreiten einer bestimmten Feldstärke an der Spitze wird das Gas, im allgemeinen also die Luft, in der Umgebung der Spitze durch Stoß ionisiert. Auf der Oberfläche des Dielektrikums entstehen nun freie und wahre Ladungen; freie Ladungen infolge der Unstetigkeit der Dielektrizitätskonstanten, wahre Ladungen durch die Elektrode und die Ionisierung. Für die Ausbildung der Gleitentladung ist die verschiedenartige Bewegung der mit der Spitze gleichnamigen oder ungleichnamigen (positiven oder negativen) Elektrizitätsträger entscheidend. Die entstehenden mit der Spitze gleichnamigen Oberflächenladungen schwächen das Feld in der Nähe der Spitze ab, die größte Feldstärke besteht an der äußeren Berandung der sich ausbreitenden Oberflächenladungen. Die entstehenden, mit der Spitze ungleichnamigen Oberflächenladungen dienen zum Teil zur Kompensation der gleichnamigen Oberflächenladungen. Die Ausbreitungsgeschwindigkeit ist verhältnismäßig gering, weil die Oberflächenladungen durch die Feldkräfte auf das Dielektrikum gewissermaßen festgedrückt werden. Je größer nun der Außenring wird, desto kleiner wird (aus geometrischen Gründen) die Feldstärke, so daß die Entladung allmählich erlischt.

Wegen der verschieden großen Beweglichkeit der positiven und negativen Elektrizitätsträger im Gas ist ferner die Größe und Form der Gleitfiguren sehr verschieden, je nachdem die Spitze positiver oder negativer Pol ist; sie ist außerdem bedingt durch die Höhe und Geschwindigkeitsänderung der Spannung $\left(\frac{dU}{dt}\right)$ und die verfügbare Energie, da durch das Dielektrikum je nach dem Entladungszustande verschiedene Verschiebungsströme fließen.

**Polbüschel und Gleitbüschel.** Man unterscheidet bei den Gleitentladungen Polbüschel und Gleitbüschel. Für Meßzwecke kommen nur die Polbüschel (Klydonograph) in Betracht. Polbüschel entstehen bei nicht sehr hohen Spannungen (bei den üblichen Anordnungen bis etwa 20 $kV_{max}$) und bestehen aus Leuchtfäden von geringer Leitfähigkeit. Bei den Gleitbüscheln bei höheren Spannungen entstehen Ladungskanäle von großer Leitfähigkeit (Funkencharakter).

**Polbüschel (Klydonograph). Meßergebnisse.** Die Polbüschel nennt man auch nach ihrem Entdecker (1777) Lichtenbergsche[1] Figuren. Später sind sie von Toepler[2] eingehend untersucht worden. Technische Anwendung haben sie in dem von J. F. Peters[3] (1924) angegebenen sog. Klydonographen (Wellenschreiber) gefunden, weil man damit maximale Spannung, Polarität, teilweise auch Form (Steilheit) und Zeit von Wanderwellen aufzeichnen kann. Er besteht aus einer metallischen Spitze, die die Schichtseite einer photographischen Platte oder eines Filmes berührt, die auf einer Metallplatte, der zweiten Elektrode, aufliegen. Bei Spannungen zwischen etwa 2,5 und 18 $kV_{max}$ entstehen auf der photographischen Schicht die Lichtenbergschen Figuren, die nach Entwickeln der Platte sichtbar erhalten werden. Die positive Figur hat ein sternförmiges Aussehen mit einzelnen, sich verästelnden Strahlen, deren Enden scharf abgegrenzt sind; die negative besteht aus breitflächigen, verwaschenen Sektoren, deren Enden allmählich auslaufen. Die Zahl der Leuchtfäden und ihr Durchmesser ist vom Spannungsgefälle abhängig. Bei positiven Figuren sind um so mehr Sternstrahlen vorhanden, je größer $\frac{dU}{dt}$ ist; bei negativen Figuren liegen bei großem

[1] Lichtenberg, G. Ch.: Novi Commentarii Soc. Reg. Sc. Gottingensis **8**, 168 (1777); Comment. Gött. **1**, 65 (1778).

[2] Toepler, M.: Physik. Z. **8**, 743 (1807); Ann. Physik (4) **53**, 217 (1917); Physik. Z. **21**, 706 (1920); **22**, 78 (1921); Arch. Elektrot. **10**, 157 (1921).

[3] Peters, J. F.: El. World **83**, 769 (1924); ETZ **45**, 753 (1924).

$\frac{dU}{dt}$ die Leuchtfäden eng aneinander, durch dunkle, schmale Schlitze getrennt; bei kleinem $\frac{dU}{dt}$ erscheinen wenige breite Sektorenflächen oder nur eine geschlossene leuchtende Fläche.

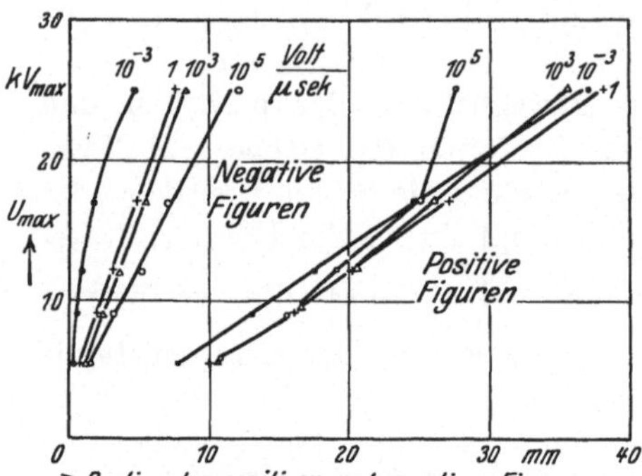


Abb. 60. Radius der Lichtenbergschen Figuren, abhängig von der Höchstspannung und der Geschwindigkeit des Spannungsanstieges (nach Mc Eachron). Glasplatten 0,32 cm dick.

Die positive Figur hat bei gleichen Spannungen immer einen größeren Ausbreitungsradius als die negative.

Abb. 60 gibt nach Messungen von Eachron[1] auf einer photographischen Platte von 3,8 mm Dicke den Radius der Figuren abhängig von der Höchstspannung und von der Geschwindigkeit des Spannungsanstieges wieder; von letzterer sind vor allem die negativen Figuren abhängig, die positiven Figuren nur bei höheren Spannungen und sehr steilen Anstiegen. Die Abweichungen der Figuren vom Mittelwert betrugen etwa 25%. Nach Müller-Hillebrand[2] ergeben sich ohne Berücksichtigung des Spannungsanstieges als Mittelwerte einer großen Zahl Eichkurven mit Wellenstirnen von 30 m bis 100 km Länge und für relative Luftfeuchtigkeiten von 35 bis 95% die Werte nach Tabelle 23.

Tabelle 23.

| Negative Figuren | | Positive Figuren | |
|---|---|---|---|
| Radius mm | Spannung $kV_{max}$ | Radius mm | Spannung $kV_{max}$ |
| 2 | 5,6 | 4 | 3,2 |
| 3 | 7,0 | 6 | 3,9 |
| 4 | 8,1 | 8 | 4,94 |
| 5 | 9,6 | 10 | 6,15 |
| 6 | 11,6 | 12 | 7,75 |
| 7 | 13,6 | 14 | 9,7 |
| 8 | 15,6 | 16 | 11,8 |
| 9 | 17,6 | 18 | 14,0 |
| 10 | 19,7 | 20 | 16,2 |
| | | 22 | 18,0 |
| | | 24 | 19,4 |
| | | 26 | 20,4 |

Die Fehlerabweichungen betragen dabei

$\pm$ 15 bis 25% bei negativer Figur,
$\pm$ 5 bis 25% bei positiver Figur

und sind vom Figurenradius abhängig.

Nach Toepler[3] ist der Radius der Figuren bei $\frac{dU}{dt} \geqq 200 \cdot 10^6 \frac{\text{kV}}{\text{sec}}$

$$\left.\begin{aligned} R_{\text{neg}} &= \frac{U_{\max}}{11{,}5} \text{ in cm} \\ R_{\text{pos}} &= \frac{U_{\max}}{5{,}9} \text{ in cm} \end{aligned}\right\} \text{Plattendicke (Glas) von 0,1 bis 1,7 cm.} \qquad (60)$$

[1] McEachron: J. Am. Inst. El. Engs. **45**, 934 (1926).

[2] Müller-Hillebrand, D.: Siemens-Z. **1927**, 547; Literaturzusammenstellung; VDE-Fachberichte **1927**, 121.

[3] Toepler, M.: Physik. Z. **21**, 706 (1920); Arch. Elektrot. **10**, 157 (1921).

Bei $\frac{dU}{dt} = 20 \cdot 10^6 \frac{\text{kV}}{\text{sec}}$ ist $R$ auf 60% dieser Werte gesunken. Die höchste Spannung, ehe Gleitbüschel einsetzen, und der größt-

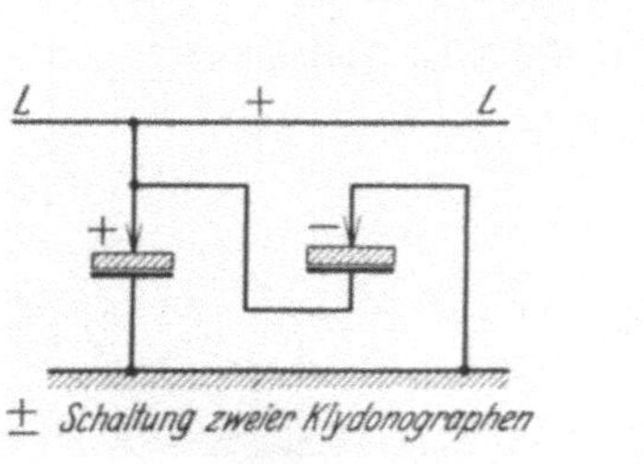


Abb. 61.

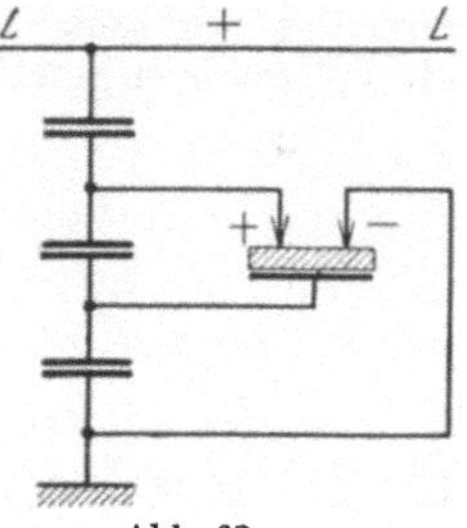


Abb. 62.

Abb. 61 und 62. Gleichzeitige Erzeugung von positiven und negativen Lichtenbergschen Figuren (±-Schaltung, Unterteilung durch Kondensatoren).

mögliche Polbüschelradius wird

$$\begin{aligned} U_{\max} &= 48{,}5\sqrt{a}; \quad & R_{\max} &= 4{,}2\sqrt{a} \quad \text{für negative Figur,} \\ U_{\max} &= 45\sqrt{a}; \quad & R_{\max} &= 8\sqrt{a} \quad \text{für positive Figur.} \end{aligned} \tag{61}$$

$a$ = Dicke des Dielektrikums in cm; $R_{\max}$ = größter Polbüschelradius in cm.

Eine größere Genauigkeit läßt sich mit dem Klydonographen dadurch erreichen, daß man bei jeder Überspannung sowohl eine positive wie eine negative Figur herstellt (±-Schaltung, Abb. 61, Unterteilung durch Kondensatoren, Abb. 62). Beachtet man nicht nur den Radius, sondern außerdem die Form der Figur, wodurch man auf die Form der Welle schließen kann, so kann man die mittlere Fehlerabweichung auf ±10 bis 15% herunterdrücken. Hier hat Müller-Hillebrand eingehende Messungen angestellt. Er unterscheidet folgende Formen (s. Abb. 63 und 64).

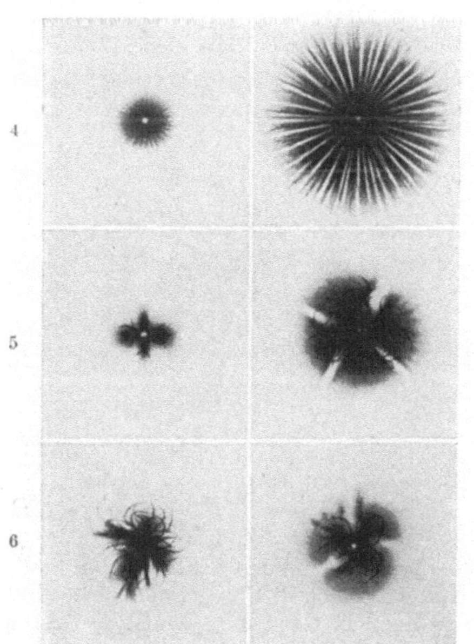


Abb. 63. Negative Figurenformen.

Negative Figur:

Form 1. Gleichmäßig runde Figur, große Anzahl gleichmäßiger schmaler Sektoren (etwa 30 bis 40), die bei kleineren Figuren nur am Rande ausgebildet sind, da in der Mitte ein Kern von etwa 5 mm Durchmesser bestehen bleibt.

Form 2. Die schmalen Sektoren schließen sich zusammen, zuweilen 10 bis 5 Sektoren; meist ganz gleichmäßig; wie ein Kreuz, vier Sektoren.

Form 3. Der vierte Sektor verschwindet; drei Sektoren, zuweilen auch nur zwei gleichmäßige Sektoren.

Form 4. Vollkommen geschlossene Kreisfläche. Fadenloser Erguß.

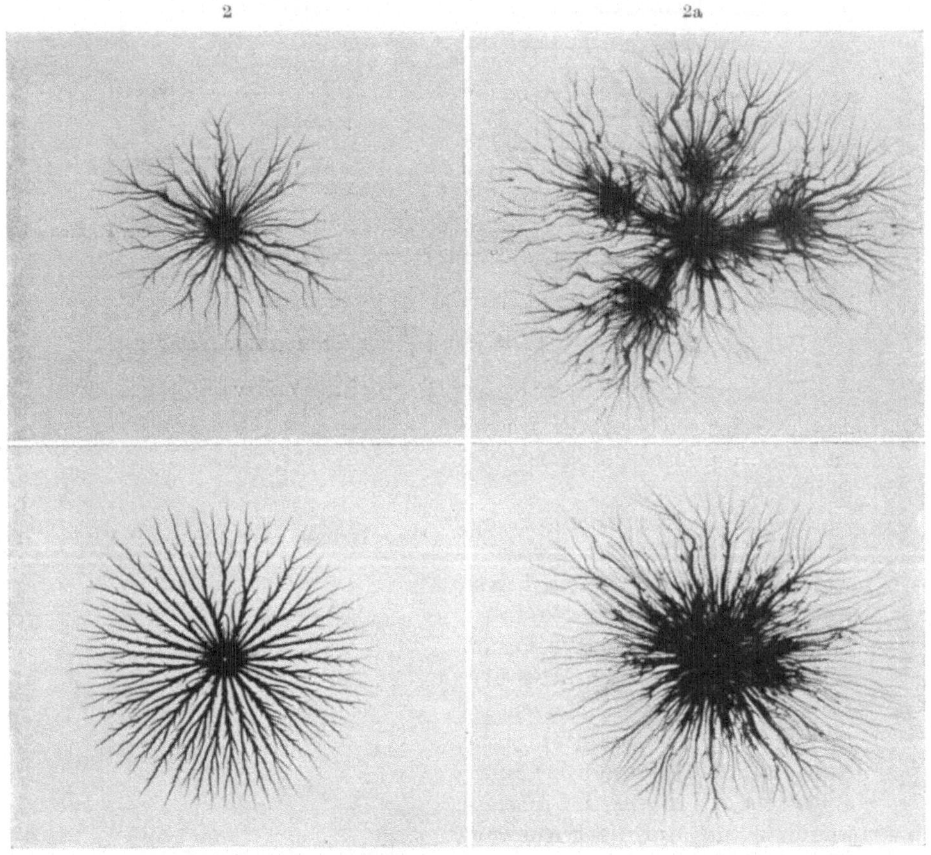


Abb. 64. Positive Figurenformen.

Form 5. Von den Sektoren sind zwei bis drei gleichmäßig ausgebildet, andere sind verkümmert. Unregelmäßige Gestalt.

Form 6. Ganz unregelmäßige Gestalt.

Positive Figur:

Form 1. Regelmäßige, strahlenartige Gestalt. Die einzelnen Strahlen verlaufen ziemlich geradlinig radial, kleine Nebenzweige der Strahlen geben diesen zuweilen ein schachtelhalmartiges Aussehen.

Form 2. Unregelmäßiger Aufbau der Strahlen, die dünner und glatter als bei Form 1 sind. Zuweilen scharfe Knicke. Einzelne Strahlen können sich überschneiden.

Form 1a. Im Innern der Figur eine mit zunehmender Spannung immer stärker werdende Schwärzung der Strahlenanfänge. Gleichmäßiger Erguß im Figurenkern.

Form 2a. Durchbruch des Ergusses an einer oder mehreren Stellen, deswegen unregelmäßige Gestalt.

Abb. 65 und 66 gibt in einem Koordinatennetz (Spannungsanstieg abhängig von dem Figurenradius) die Linien gleicher Spannung für die verschiedenen Formen der Figuren. Mit zunehmender Stirnlänge der Wanderwellen werden die negativen Figurenradien bei gleicher Spannung kleiner, bei den positiven Figuren erst kleiner, dann wieder größer; außerdem zeigt sich noch eine eigentümliche Einschnürung.

Weitere die Meßgenauigkeit mehr oder weniger beeinflussende Momente zeigt folgende Tabelle nach Müller-Hillebrand:

Tabelle 24. Einflüsse auf die Größe der Figuren.

| Art des Einflusses mit zunehmender | auf negative Figuren | auf positive Figuren |
|---|---|---|
| Länge der Wellenstirn | Verkleinerung | zuerst Verkleinerung, dann Vergrößerung |
| Luftdichte | Verkleinerung<br>(im praktischen Bereich | Verkleinerung<br>proportional der Luftdichte) |
| Luftfeuchtigkeit | Verkleinerung | Verminderung der Streuung |
| mit abnehmender Verweildauer der Spannung[1] | Unter $10^{-6}$ sec Verkleinerung | kein Einfluß |
| Dicke des Dielektrikums | Verkleinerung | zuerst Vergrößerung, dann Verkleinerung |

Schwach gedämpfte Hochfrequenzschwingungen haben ein in Abb. 67 angegebenes Aussehen. Fällt die Spannung nach dem Anstieg sehr rasch wieder ab $\left(\text{von etwa } 10^5 \text{ bis } 10^4 \frac{\text{kV}}{\text{sec}} \text{ ab}\right)$, so kann eine Rückentladung der Oberflächenladungen zur Spitze einsetzen (Rückschlagfigur). Die positive Rückschlagfigur hat etwa $\frac{2}{3}$ der Ausdehnung der negativen Grundfigur, die negative Rückschlagfigur etwa $\frac{1}{3}$ der Ausdehnung der positiven Grundfigur.

Die Anfangspannung, bei der eine Figur sich ausbilden kann, ist vom Spannungsanstieg abhängig und beträgt bei positiven Figuren

| | | | |
|---|---|---|---|
| bei 4 m Stirnlänge | etwa | 3,9 $kV_{max}$ | rel. Luftfeuchtigkeit 35 bis 90% |
| „ 300 m „ | „ | 3,5 $kV_{max}$ | |
| „ 30 km „ | „ | 2,7 $kV_{max}$ | |
| „ Wechselspannung | „ | 1,7 $kV_{max}$ | |

Bei negativen Figuren liegt sie etwas niedriger.

---

[1] Verweildauer = Zeit der Spannungsabsenkung von 100% auf 90%.

Die Ausbildungszeit der vollständigen Figur („Eigenzeit" des Klydonographen) beträgt nach Messungen von Pedersen[1] etwa 12 bis $15 \cdot 10^{-8}$ sec, nach Stoerk und Bungardean[2] etwa

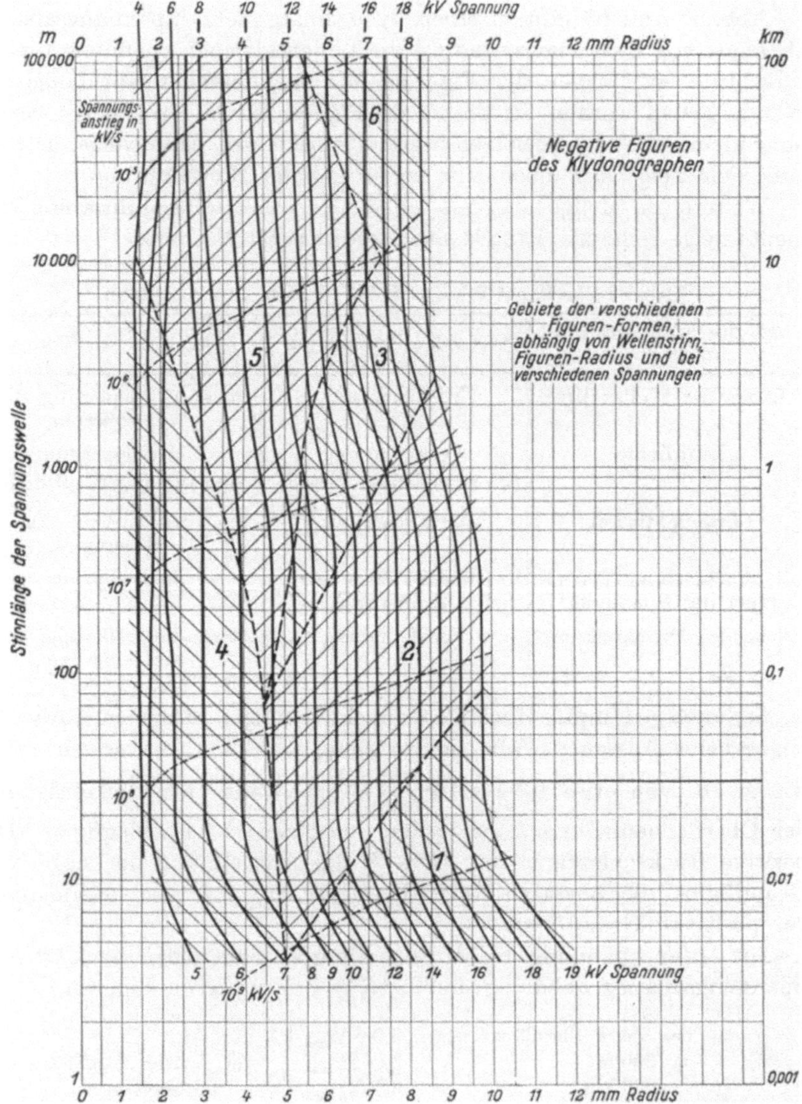


Abb. 65. Negative Figuren. Radius und Form der Figuren, Spannung und Stirnlänge der Wellen.

[1] Pedersen, P. O.: Ann. Physik **69**, 205 (1922).
[2] Stoerk, C. u. T. Bungardean: ETZ **51**, 676 (1930).

$40 \cdot 10^{-9}$ sec für die positive Figur (Streuung 28 bis $48 \cdot 10^{-9}$ sec),

$63 \cdot 10^{-9}$ sec für die negative Figur (Streuung 40 bis $98 \cdot 10^{-9}$ sec).

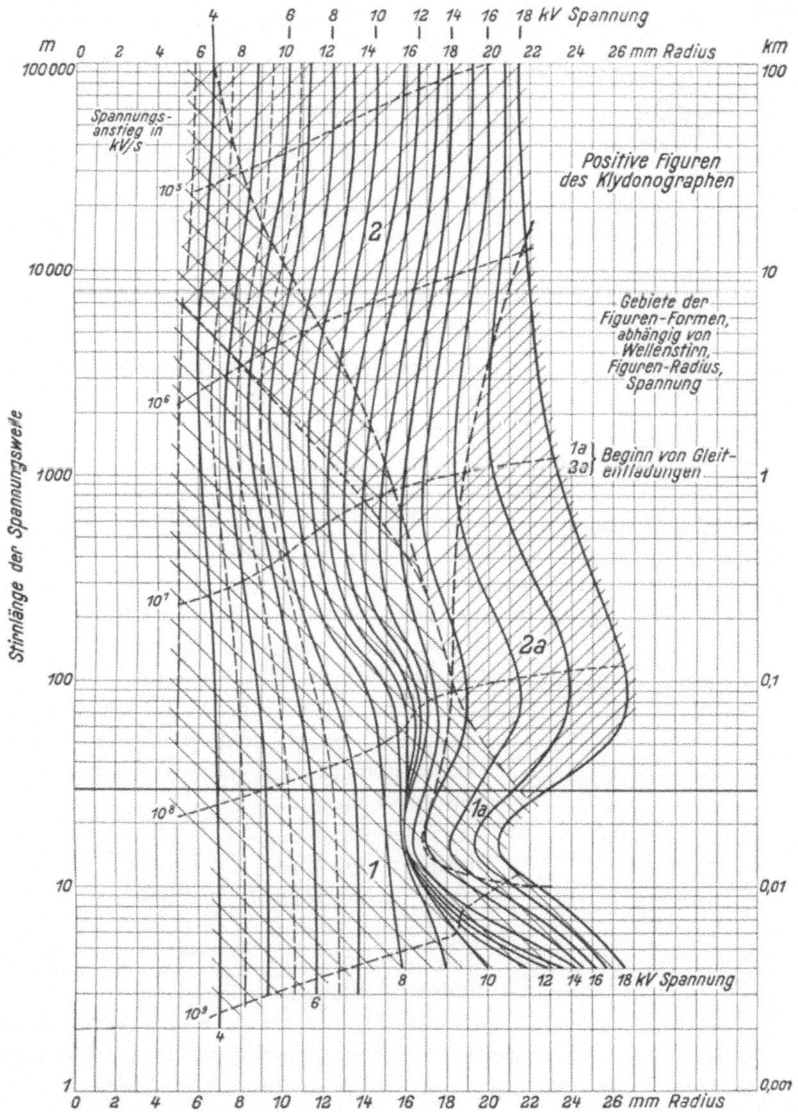


Abb. 66. Positive Figuren. Radius und Form der Figuren, Spannung und Stirnlänge der Wellen.

Eine interessante Methode zur Messung kleiner Zeitintervalle auf Grund der zeitlichen Ausbildung der Figuren hat Pedersen angewandt.

Während der Entwicklung der Figur ist der augenblickliche Radius der Figur eine Funktion der Zeit

$$r = F(t). \tag{62}$$

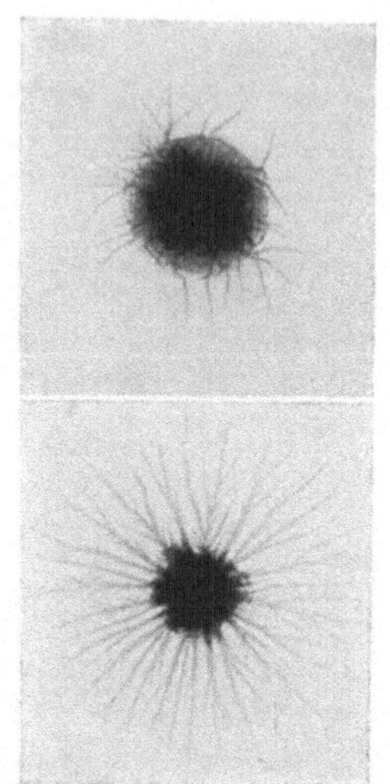

Abb. 67. Lichtenbergsche Figuren bei schwach gedämpfter Hochfrequenzschwingung.
a erste Halbwelle positiv,
b erste Halbwelle negativ.

Daraus ergibt sich für die Momentangeschwindigkeit

$$v = \frac{dF(t)}{dt} \tag{63}$$

und die Zeit

$$t = f(r). \tag{64}$$

Als Lösung ergab sich

$$r = R_1(1 - e^{-\alpha t}), \tag{65}$$

$$v = \alpha R_1 e^{-\alpha t} = v_0 e^{-\alpha t}, \tag{66}$$

$$t = \frac{1}{\alpha} \ln \frac{R_1}{R_1 - a}. \tag{67}$$

$R_1$ ist dabei der Grenzradius bei fertig ausgebildeter Figur, $\alpha$ ein Koeffizient, der bei Atmosphärendruck etwa

$0{,}26 \cdot 10^8\,\text{sec}^{-1}$ für positive Figur,

$0{,}205 \cdot 10^8\,\text{sec}^{-1}$ für negative Figur

beträgt. $a$ ist die Größe von $r$ bei der besonderen Anordnung Abb. 68. Zur Bestimmung von $r$ wird folgender Kunstgriff angewandt: Es werden auf einer gemeinsamen photographischen Schicht mit einer einzigen unteren Metallbelegung durch zwei als kleine, längliche Flächen ausgebildete Elektroden zwei Figuren nach Abb. 68 gebildet, wobei die eine eine kleine Zeitdifferenz später ihren Spannungsimpuls bekommt. Aus der Lage der immer geradlinigen Trennlinien der beiden Figuren kann man abmessen, wie groß der Radius der ersten Figur war, als die zweite Figur gerade begann ($a$ in Abb. 68). Dieser Zeitraum $t_0$ zur Ausbildung von $r$ kann nach obiger Gleichung berechnet werden. Man kann damit Zeiten bis zu $10^{-12}$ sec messen[1]. Eine Eichung zur genauen Bestimmung der Koeffizienten oder die direkte experimentelle Festlegung von $r$ und $t$ kann

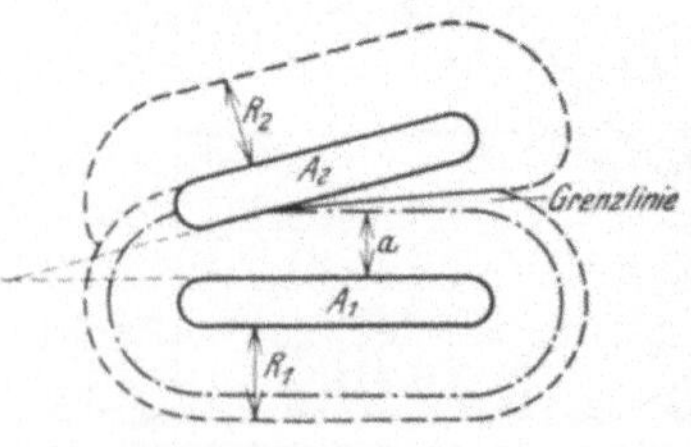


Abb. 68. Zeitmessung durch zwei Klydonogramme (nach Pedersen).

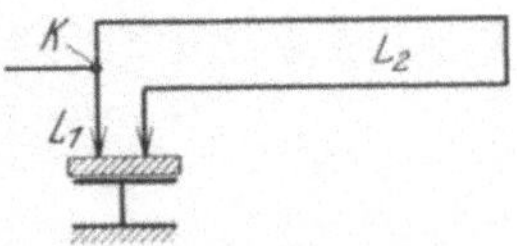


Abb. 69. Eichung des Zeit-Klydonographen (nach Pedersen).

[1] Siehe z. B. M. Iwatake: ETZ 49, 625 (1928); P. Heymans u. N. H. Frank: Physic. Rev. (2) 25, 865 (1925).

nach Abb. 69 erfolgen, indem man an den Knotenpunkt $K$ eine einzige Wanderwelle schickt, die in zwei Wellen auf $L_1$ und $L_2$ weiterläuft. Die Zeitunterschiede beim Eintreffen der Wellen in $A_1$ und $A_2$ kann man aus den Längen berechnen. Abb. 70 gibt den Zusammenhang zwischen $t$ und $a$ und $v$ und $a$ für positive Figur in Luft bei $p = 400$ mm Hg.

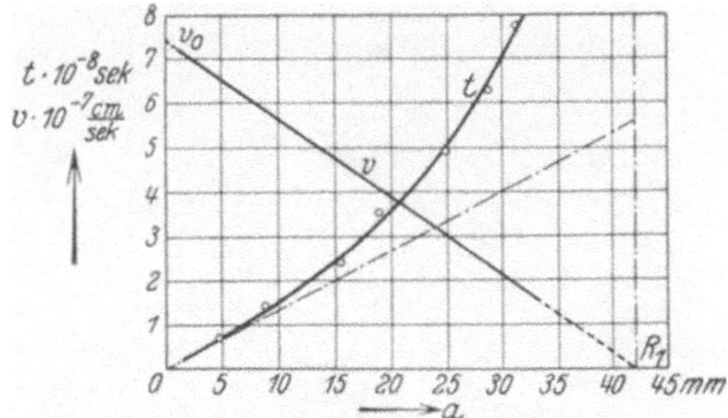


Abb. 70. Ausbreitungszeit $t$ und Ausbreitungsgeschwindigkeit $v$ positiver Figuren in Luft bei einem Druck von 400 mm Hg. Kurven berechnet nach der Formel (66) u. (67) mit $r = a$, $\alpha = 0{,}179 \cdot 10^8$ und $R_1 = 42$ mm.

**Anwendungen. Direkte Messungen.** Man kann die Lichtenbergschen Figuren zu direkten und indirekten Messungen benutzen. Bei der direkten Messung kann nach den besprochenen Gesichtspunkten aus der Größe und Form der Figuren auf Höchstspannung, Spannungsanstieg (Hochfrequenzschwingung), Polarität und Zeit geschlossen werden. Abb. 71 zeigt einen Klydonographen von Siemens[1] zur Aufzeichnung von Wanderwellen in einer Dreiphasenleitung. Da am Klydonographen nur der Meßbereich von etwa 2,5 bis 18 $kV_{max}$ möglich ist und die normale Betriebsspannung zur Erzielung eines möglichst großen Registrierbereiches (etwa bis achtfache der Betriebsspannung) gleich oder kleiner als 2,5 $kV_{max}$ am Klydonographen sein muß, ist meist Spannungsteilung durch Kondensatoren nötig. Der 2½ m lange Film wird wöchentlich oder vierwöchentlich (je nach gewitterreicher oder gewitterarmer Zeit mit schnellem oder langsamem Vorschub) herausgenommen und entwickelt. Abb. 72 zeigt ein Photogramm mit vier Registrierungen. Die Figuren können sich ohne gegenseitige Beeinflussung überdecken, wenn sie zeitlich nacheinander entstehen[2].

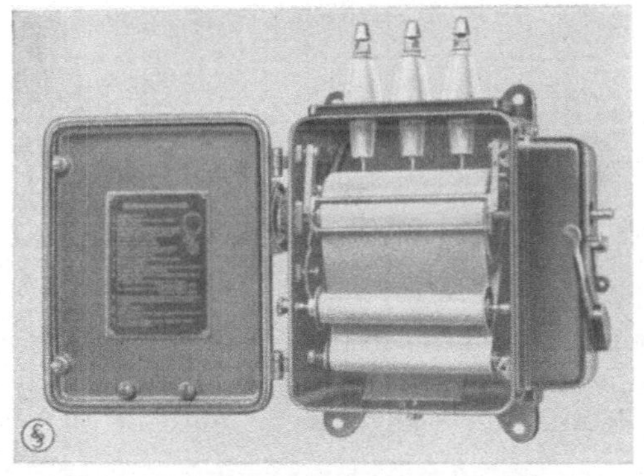

Abb. 71. Betriebsmäßiger Klydonograph für drei Leitungen (Siemens-Schuckert).

[1] Siemens-Jahrbuch **1930**, 168. Berlin 1930.

[2] Überspannungsmessungen in Hochspannungsnetzen siehe H. Neuhaus: Siemenszeitschrift **9**, 368 (1929); Arch. Elektrot. **25**, 333 (1931); dort weitere Literaturangaben.

**Indirekte Messungen.** Indirekt können auch Stromfiguren erzeugt werden, indem man den Klydonographen parallel zu einem hochohmigen Widerstand schaltet. Mißt man gleichzeitig die Spannung an

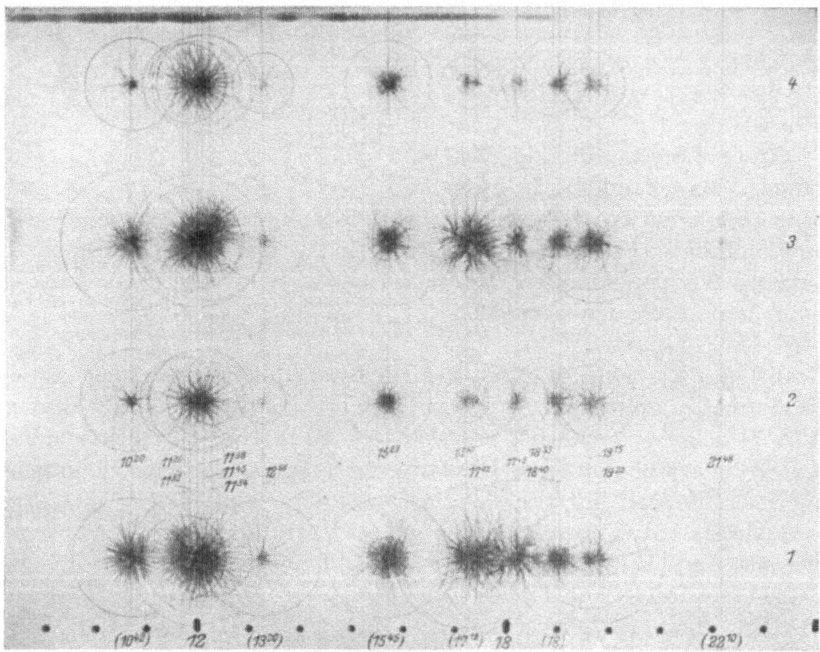


Abb. 72. Klydonogramm von Gewitterüberspannungen auf zwei Betriebstelephonleitungen. *1* und *3* vor der in beiden Leitungen eingebauten Schutzdrosselspule, *2* und *4* hinter der Drosselspule (Siemens-Schuckert).

einem induktionsfreien Widerstand und an einer konzentrierten Induktivität, so kann man die Frequenz bestimmen. J. F. Peters[1] gab die in Abb. 73 angegebene Methode an, wo in einer zweiten Leitung $L'$

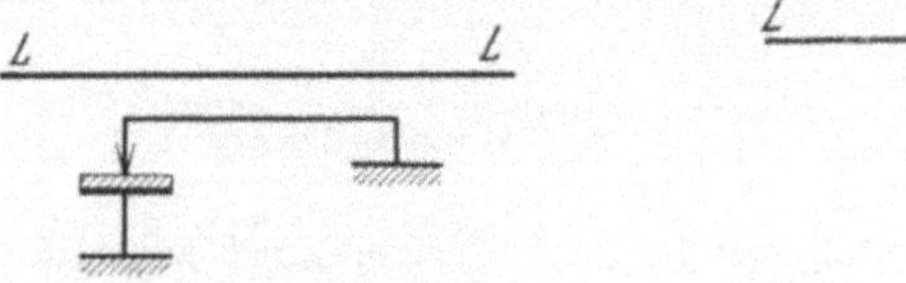


Abb. 73. Induzierte Wanderwelle am Klydonographen.

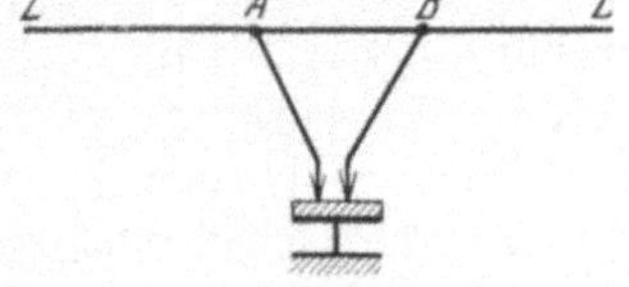


Abb. 74. Bestimmung der Länge von Wellenstirnen.

(Antenne) von der auf $L$ laufenden Wanderwelle eine zweite Welle induziert wird, deren Spannung durch $\frac{dJ}{dt}$ auf $L$ gegeben ist. Man kann so die Spannungshöhe, die maximale Steilheit der Welle, ihre Laufrichtung und Polarität feststellen. Eine andere Anordnung zur Bestimmung

[1] Peters, J. F.: El. World **83**, 769 (1924).

der Wellenstirn mit Hilfe der Zeitschaltung nach Pedersen verwendet H. Müller[1] (Abb. 74). Die zwei benachbarten Elektroden werden durch gleich lange Leitungen mit den Punkten $A$ und $B$ der Leitung $L$ verbunden (gleichschenkliges Dreieck). Durch verschiedene Aufnahmen bei veränderter Länge $AB$ kann man gerade die Länge $AB$ der Wellenstirn eingrenzen.

# II. Raumladungsbeschwerte Meßentladungsstrecken.

Bei den raumladungsbeschwerten Entladungen spielen außer den Oberflächenladungen der Elektroden noch Raumladungen eine bestimmende Rolle. Zu den raumladungsbeschwerten Entladungen gehören die Glimm-, Sprüh-, Bogen- und Funkenentladungen. Welche Endform der raumladungsbeschwerten Entladungen sich stabil einstellt, hängt von den Bedingungen der Entladungsstrecke und des äußeren Entladungskreises (Stromkreises) ab, der hier im Gegensatz zur Townsendentladung großen Einfluß hat. Die Bedingungen der Entladungsstrecke selbst werden im folgenden für die einzelnen Entladungsformen getrennt betrachtet. Für alle raumladungsbeschwerten Entladungen gemeinsam gelten die im folgenden zuerst behandelten Stabilitätsbedingungen, die den Einfluß des äußeren Stromkreises zeigen.

## a) Stabilitätsbedingungen.

Es sei eine Entladungsstrecke in Reihe mit einem Ohmschen Widerstand $R$ an eine EMK $E$ (Gleichspannung) mit verschwindend kleinem inneren Widerstand gelegt. Die Charakteristik der Entladungsstrecke habe den in Abb. 75 angegebenen Verlauf $(u = f(i))$. Fließt in diesem Kreise ein Strom $i$, so ist die an der Entladungsstrecke liegende Spannung nach dem Ohmschen Gesetz

$$u = E - iR. \qquad (68)$$

Andererseits bestimmt die Charakteristik der Entladungsstrecke die zweite Bedingung

$$u = f(i). \qquad (69)$$

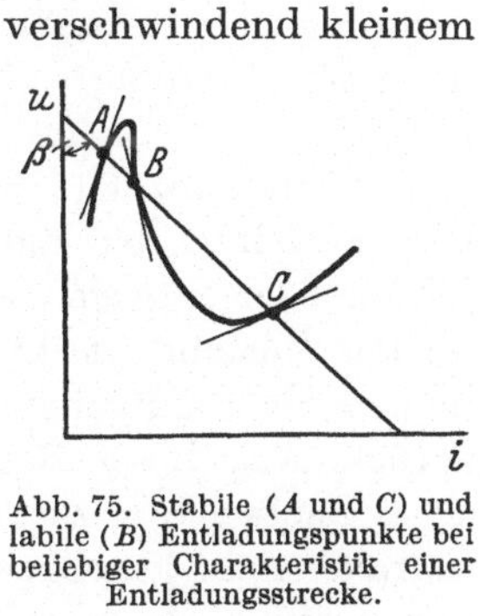

Abb. 75. Stabile ($A$ und $C$) und labile ($B$) Entladungspunkte bei beliebiger Charakteristik einer Entladungsstrecke.

[1] Müller, H.: Z. techn. Phys. **8**, 49 (1927). Weitere Literatur über Gleitentladungen dort; ferner im Handbuch der Experimentalphysik **13**/3, 282ff.; **10**, 418 und Handb. Physik **14**, 391ff. Anwendungen siehe ferner: C. E. Magnusson: J. Am. Inst. El. Engs. **47**, 828 (1928); ETZ **50**, 1860 (1929); Y. Toriyama u. U. Shinohara: Mem. Faculty Engg. Hokkaido Univ. **2**, 21, 35 (1929). J. F. Peters: J. Frankl. Inst. **209**, 533 (1930).

Die Lösung der beiden Gleichungen findet man graphisch aus den Schnittpunkten der beiden Kurven. Gl. (68) stellt eine Gerade, die sog. Widerstandsgerade dar; sie bildet mit der $i$-Achse den $\sphericalangle\,\beta$; es ist $\operatorname{tg}\beta = R$. Die drei Schnittpunkte $A$, $B$ und $C$ geben die drei möglichen Lösungen für $u$ und $i$. Davon sind aber nur $A$ und $C$ stabile Entladungsformen; $B$ dagegen ist ein labiler Entladungspunkt. Um dies zu zeigen, ist in Abb. 76 und 77 ein Teil der Charakteristik größer herausgezeichnet. Durch einen Zufall vergrößere sich der Entladungsstrom in der Röhre um einen kleinen Betrag (*1* in Abb. 76 und 77). Dadurch ändert sich die Entladungsspannung $u$ auch um einen kleinen Betrag, der sich aus der Charakteristik ergibt (*2*). Diese Spannungsänderung an der Entladungsstrecke hat am Widerstand $R$ eine zweite Stromänderung zur Folge, die sich aus der Widerstandsgeraden ergibt (*3*). Aus Abb. 76 und 77 sieht man deutlich: Ist diese zweite Strom-

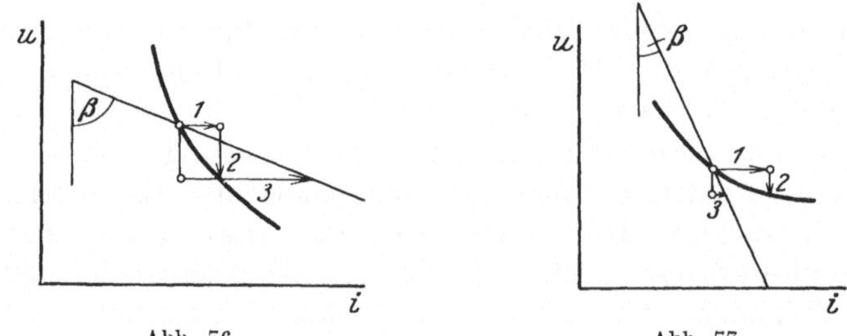


Abb. 76. Abb. 77.

Abb. 76 und 77. Labiler und stabiler Entladungspunkt einer fallenden Charakteristik.

änderung am Widerstand in der gleichen Richtung und größer wie die ursprüngliche Stromänderung, so haben wir einen **labilen** Zustand; denn der vergrößerte Strom am Widerstand hat wieder eine Vergrößerung des ursprünglichen Stromimpulses in der Entladung zur Folge und somit geht das Spiel unter rascher Vergrößerung des Stromes immer weiter. Ist die zweite Stromänderung am Widerstand aber kleiner oder entgegengesetzt wie die ursprüngliche erste (Abb. 77), so ist der Zustand **stabil**; der Strom wird vom Widerstand gewissermaßen nicht aufgenommen und pendelt in seine ursprüngliche Lage zurück. Aus dieser Betrachtung ergibt sich:

1. Bei **labilem Zustand** muß sowohl Entladungs- wie Widerstandscharakteristik gleichzeitig steigen oder fallen. Da der Widerstand $R$ nur positiv sein kann, hier also fallende Charakteristik zeigt (Entladungsspannung als Ordinate!), kann ein labiler Zustand **nur bei fallender Entladungscharakteristik** auftreten.

2. Aber auch bei fallender Entladungscharakteristik tritt **Labilität** nur auf, wenn die **Entladungscharakteristik steiler abfällt als die Widerstandslinie.**

Als **Bedingung für Stabilität** ergibt sich somit

$$R + \frac{du}{di} > 0. \tag{70}$$

Ist der Ausdruck $< 0$, so ist Labilität vorhanden. Man sieht, daß auch im fallenden Teil der Charakteristik unter geeigneten Bedingungen (Erhöhung der EMK $E$ und des Widerstandes) die Entladung stabil erhalten werden kann; ferner daß bei gegebener EMK $E$ die Entladung nicht bei beliebig hohem Vorschaltwiderstand bestehen kann, sondern jeder Charakteristik ein Grenzwiderstand zugeordnet ist, der sich graphisch ohne weiteres nach Abb. 78 aus der Tangente an die Charakteristik in den Punkten $A$, $B$ und $C$ zu $\operatorname{tg}\beta_A$, $\operatorname{tg}\beta_B$ und $\operatorname{tg}\beta_C$ ergibt. Einer Änderung des Widerstandes bei konstanter EMK $E$ entspricht eine Drehung der Widerstandsgeraden, einer Änderung der Spannung bei konstantem Widerstand eine Parallelverschiebung der Widerstandsgeraden (Abb. 79a und b).

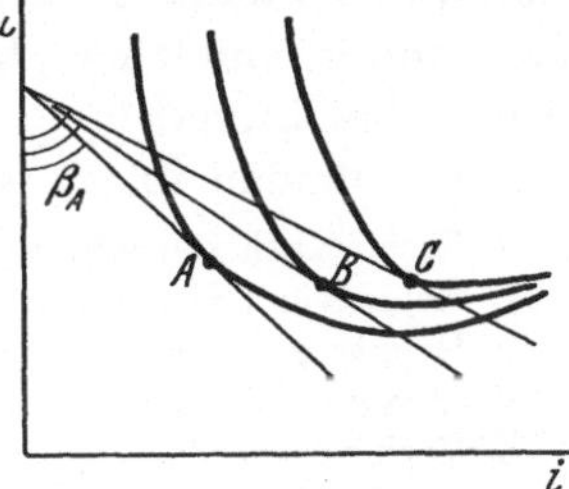


Abb. 78. Grenzwiderstände (tg β) für verschiedene Entladungscharakteristiken.

Meist hat man es aber mit Kreisen aus Ohmschen Widerständen, Kapazitäten und Induktivitäten (z. B. der Entladungsstrecke selbst)

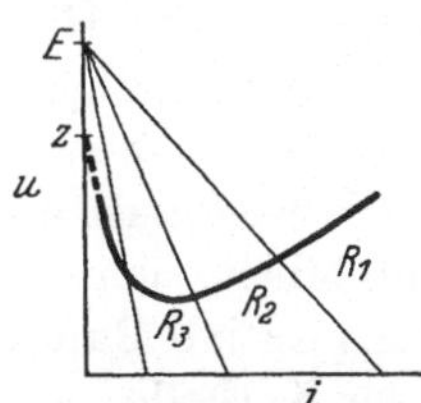


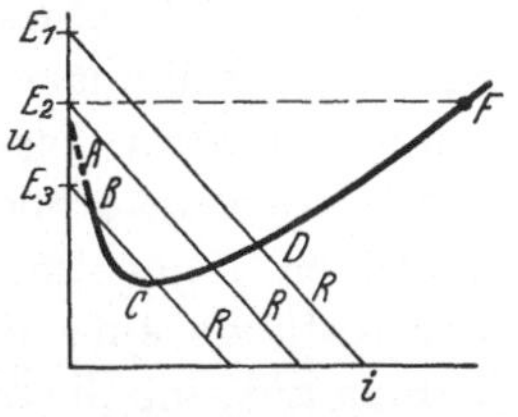


Abb. 79a und b. Änderung des Widerstandes oder der EMK bei konstanter EMK oder konstantem Widerstand.

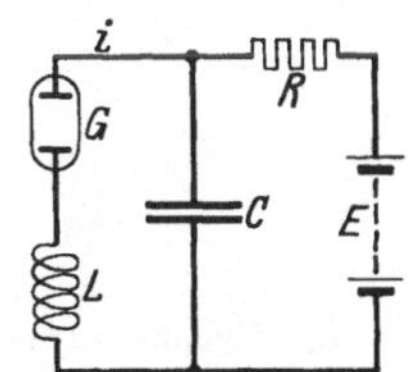


Abb. 80. Allgemeines Schaltungsschema einer Gasentladung.

zu tun. In Abb. 80 ist das allgemeine Schaltungsschema einer Gasentladung angegeben. Die obige Bedingung für Stabilität bleibt auch in solchen Kreisen bestehen; dazu kommt aber die Bedingung

$$\frac{\frac{du}{di}}{L} + \frac{1}{CR} > 0. \tag{71}$$

Bei weiterer Verfeinerung der Bedingungen muß man auch noch den Verschiebungsstrom berücksichtigen, der bei Änderung der Entladungsspannung entsteht[1].

[1] Die Stabilitätsbetrachtungen wurden von W. Kaufmann: Ann. Physik **2**, 158 (1905) zum ersten Mal aufgestellt. Weiteres siehe W. Dällenbach: Physik Z. **27**, 101 (1926). R. Seeliger: Physik der Gasentladungen. Leipzig 1927. R. Bär: Handb. Physik **14**. J. J. Sommer: Ann. Physik (5) **9**, 419 (1931).

# b) Die Glimmentladungen.

## 1. Überblick.

**Allgemeine Entladungserscheinungen.** Zu den Glimmentladungen rechnet man die raumladungsbeschwerten selbständigen Entladungen mit (im Gegensatz zur Bogenentladung) kalter Kathode. Prinzipiell kann die Glimmentladung bei jedem Druck erreicht werden, doch ist praktisch unter einfachen Bedingungen ihr Existenzbereich auf niedere Drucke beschränkt (s. Abb. 2, S. 4). In einer normalen Glimmentladung beobachtet man folgende charakteristische Teile (Abb. 81):

*1* Erste Kathodenschicht.
*2* Negativer (Hittorfscher oder Crookscher) Dunkelraum.
*3* Negatives Glimmlicht mit scharfem Glimmsaum gegen Kathode.
*4* (Zweiter) Faradayscher Dunkelraum.
*5* Positive Lichtsäule (ungeschichtet oder geschichtet).
*6* Anodisches Glimmlicht.

Für den Potentialverlauf ist charakteristisch zunächst ein starker Potentialabfall bis zum negativen Glimmlicht, geringerer im letzteren, noch geringerer im Faradayschen Dunkelraum, wieder etwas stärkerer in der positiven Lichtsäule und zuletzt an der Anode ein dem Potentialabfall an der Kathode ähnlicher viel schwächerer Abfall. Über diese Erscheinungen kann man sich ganz allgemein etwa folgendes Bild machen: Infolge der viel größeren Verweildauer der positiven Ionen im Feld bildet sich vor der Kathode eine starke positive Raumladung aus, die die aus der Kathode kommenden Elektronen stark beschleunigt und zur Stoßionisation befähigt (Leuchterscheinung, Glimmsaum). Infolge der starken Ionisation sinkt die Feldstärke im negativen Glimmlicht, die von der Kathode kommenden Elektronen werden allmählich absorbiert, so daß schließlich keine Stoßionisation und Neubildung von Ionen mehr stattfindet (keine Leuchterscheinung, Faradayscher Dunkelraum). Die Feldstärke steigt nun normal wieder an, schließlich erreichen bei Beginn der positiven Lichtsäule die Elektronen wieder Ionisierungsenergie (Lichterscheinung). Im einzelnen sind die Erscheinungen stark von den Versuchsbedingungen, vor allem von Gasart und Gasdruck, Größe und Beschaffenheit der Kathodenoberfläche, Elektrodenabstand usw. abhängig, so daß sich eine große Fülle von Einzelbeobachtungen ergibt. Es können Teile der beschriebenen Entladungsformen fehlen oder sich stark verändern, z. B. kann die positive Säule und der Faradaysche Dunkelraum (bei tiefem Gasdruck und kleinem Anoden-

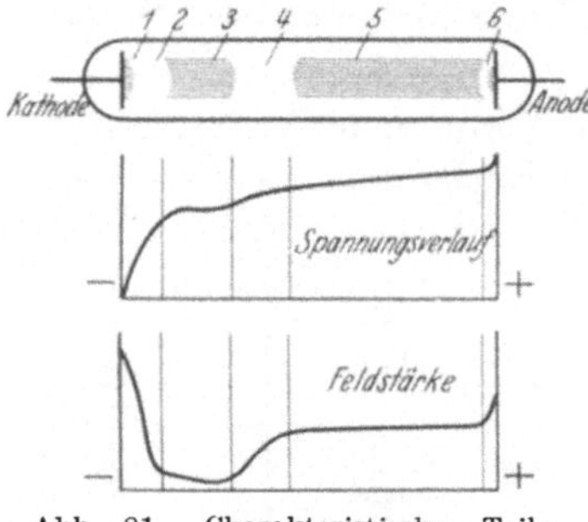

Abb. 81. Charakteristische Teile, Spannungs- und Feldstärkenverlauf einer Glimmentladung.

abstand) zum Verschwinden gebracht werden, oder die positive Säule kann alle anderen Teile an Ausdehnung beliebig übertreffen. Nur der negative (Hittorfsche) Dunkelraum und ein Teil des negativen Glimmlichtes muß immer vorhanden sein. Hier sind nur einige Hauptpunkte und die für die Anwendungen als Meßentladungsstrecke wichtigen Einzelheiten angegeben.

**Farbe der einzelnen Entladungsteile.** Die Farbe der einzelnen leuchtenden Entladungsteile hängt in erster Linie von der chemischen Beschaffenheit des Gases (besonders auch von etwaigen Verunreinigungen), aber auch von der Stromdichte, der Art der Entladung (Gleichstrom, hochfrequente Ströme) und der Gasdichte ab. Im kathodischen Teil ist die Farbe meist „blauer", d. h. die Strahlung kurzwelliger als im anodischen Teil[1]. Bei den für Meßzwecke viel verwendeten sog. Glimmlampen für Netzspannungen wird als Leuchterscheinung meist nur das negative Glimmlicht benutzt, während die positive Säule zu einer unscheinbaren Leuchterscheinung auf der Anode zusammengeschrumpft ist.

**Entladungserscheinungen an der Kathode.** Direkt auf der Kathode liegt die erste Kathodenschicht auf, dann folgt der Hittorfsche Dunkelraum, dem sich ein auffallend (besonders bei elektronegativen Gasen, z. B. Sauerstoff) scharfer Glimmsaum mit dem negativen Glimmlicht anschließt. Die Dicke der drei Schichten hängt von Gasdruck und Gasart ab, ihre Ausdehnung dagegen von der Stromstärke. Besonders wichtig sind diese Gesetze über die Ausdehnung wegen ihrer praktischen Anwendung im Glimmlichtoszillographen. Solange die Kathode noch nicht ganz bedeckt ist, ist die Ausdehnung des negativen Glimmlichtes proportional der Stromstärke (Hehlsches Gesetz)[2]; d. h. das negative Glimmlicht stellt sich auf konstante Stromdichte ein. Letztere ist bei scheibenförmigen Kathoden etwa dem Quadrat des Druckes, bei drahtförmigen Kathoden (Durchmesser klein gegen Dunkelraumlänge) etwa dem Druck proportional. Im letzteren Fall ist bei konstant gehaltenem Strom die bedeckte Fläche dem Druck umgekehrt proportional. Die Größenordnung der Stromdichte ist bei 1 mm Druck an ebenen Kathoden etwa $10^{-1}$ bis $10^{-2}\,\frac{\text{mA}}{\text{cm}^2}$ und natürlich von Gasart oder Kathodenmaterial abhängig (bei Sauerstoff etwa fünfmal größer als bei Wasserstoff, von Pt nach Ni, Stahl, Zn, Al wenig zunehmend). Ganz streng gilt das Hehlsche Gesetz meist nicht, mit besserer Annäherung gilt nach v. Muralt[3]

$$f = c\,i + k\sqrt{i}\,. \tag{72}$$

[1] Vgl. R. Seeliger: Handb. Radiologie **3**. G. Gehlhoff: Handb. Elektr. u. d. Magn. **3**; Zusammenstellung der Farben in verschiedenen Gasen.

[2] Hehl, N.: Diss. Erlangen **1901**; Phys. Z. **3**, 547 (1902).

[3] Muralt, A. v.: Ann. Physik **85**, 1117 (1928).

Abb. 82 zeigt die Abweichungen vom Hehlschen Gesetz in Luft bei Aluminiumelektroden nach v. Muralt. Die Flächenhelligkeit des negativen Glimmlichtes ist proportional der Stromdichte.

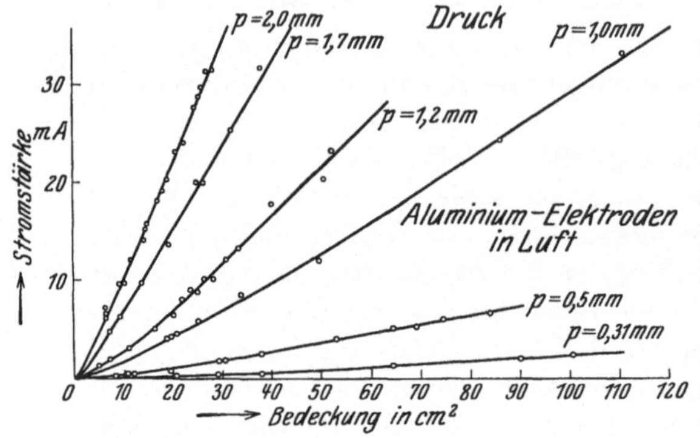


Abb. 82. Abhängigkeit von Stromstärke und Kathodenbedeckung in Luft bei Aluminiumelektroden (nach v. Muralt). Abweichungen vom Hehlschen Gesetz.

**Normaler Kathodenfall.** Der normale Kathodenfall, d. h. der Potentialabfall vor der Kathode, genauer zwischen Kathode und Glimmsaumgrenze, solange die Kathodenoberfläche noch nicht vollständig bedeckt ist, ist ziemlich unabhängig von Stromstärke und Druck und in der Hauptsache von der Natur des Gases und des Kathodenmaterials abhängig. Je elektropositiver das Gas und das Kathodenmaterial ist, um so kleiner ist der Kathodenfall, am kleinsten bei den Edelgasen mit Alkalimetallelektroden (Größenordnung 60 bis 90 Volt). Der Kathodenfall ist auch unabhängig von der Form der Kathode, wenn die Ausbreitung des negativen Glimmlichtes nicht gehindert ist. Tabelle 25 gibt die zuverlässigsten Werte des normalen Kathodenfalles (bis Glimm-

Tabelle 25[1].

| Kathodenmetall | | Luft | $O_2$ | $N_2$ | $H_2$ | He | Ne | Ar | Na | $CO_2$ | Hg |
|---|---|---|---|---|---|---|---|---|---|---|---|
| Alkalimetalle | Natrium | | | 178 | 185 | 80 | 75 | | | | |
| | Kalium | | | 170 | 94 | 59 | 68 | 64 | | | |
| Erdalkalien | Kalzium | | | | | | 86 | | | | |
| | Strontium | | | 157 (Kalzium, Strontium, Barium) | | 86 (Kalzium, Strontium, Barium) | | 93 (Kalzium, Strontium, Barium) | | | |
| | Barium | | | | | | | | | | |
| | Magnesium | 224 | 310 | 188 | 153 | 125 | 94 | 119 | | | |
| Kupfer | | 252 | | 208 | 214 | 177 | | | | 460 | |
| Silber | | 279 | | 233 (Silber, Gold) | 216 | 162 | | 131 (Kupfer, Silber, Gold) | | | |
| Gold | | 285 | | | 247 | | | | | | |
| Zink | | 277 | 354 | 216 | 184 | 143 | | 119 (Zink, Kadmium) | | 410 | |
| Kadmium | | 266 | | 213 | 200 | | | | | | |
| Quecksilber | | | | 226 | 270 | 142,5 | | | | | 340 |
| Aluminium | | 229 | 311 | 179 | 171 | 141 | 120 | 100 | | | |
| Zinn | | 262 | | 216 | 226 | | | 123,5 | | | |
| Blei | | 207 | | 210 | 223 | | | 124 | | | |
| Antimon | | 269 | | 225 | 252 | | | 135 (Antimon, Wismut) | | | |
| Wismut | | 272 | | 210 | 240 | 137 | | | | | |
| Eisen | | 269 | 343 | 215 | 198 | 153 | | | 115 | | 389 |
| Nickel | | 226 | | 197 | 211 | | | 131 (Eisen, Nickel, Platin) | | | |
| Platin | | 277 | 364 | 216 | 276 | 160 | 152 | | | 475 | 340 |

[1] Literaturnachweis für die Tabelle siehe G. Mierdel: Handb. Experimentalphysik **13**/3

saum gerechnet) an. Im einzelnen ist der Kathodenfall von Reinheit und Trocknung der Gase und der Kathodenoberfläche, von chemischen Umsetzungen zwischen Gas und Kathode usw. sehr abhängig. Bei Gasgemischen gilt oft eine einfache lineare Mischungsregel, wenn die beiden Gase in der Entladung nicht miteinander reagieren:

$$V_n = A x + B(1 - x). \tag{73}$$

$V_n$ Kathodenfall des Gemisches, $A$ Kathodenfall im ersten Gas, $x$ dessen relativer Anteil am Gemisch, $B$ Kathodenfall im zweiten Gas.

Der Kathodenfall kann durch äußere Mittel stark herabgesetzt und sogar Null werden, nicht durch Druckänderung oder Verringerung der Stromstärke, sondern durch Bestrahlung mit ultraviolettem Licht (geringer Einfluß), thermische Elektronenemission der Metallelektroden, Beschießung der Kathode mit Elektronen- oder Ionenstrahlen aus einer Hilfsentladung usw.

**Anormaler Kathodenfall.** Anormal wird der Kathodenfall, wenn die Stromdichte über die Bedeckung der Kathodenoberfläche hinaus weiter zunimmt (Erhöhung der Stromstärke oder Verkleinerung der Kathodenoberfläche). Er steigt mit zunehmender Stromstärke bei konstantem Druck bzw. mit abnehmendem Druck bei konstanter Stromstärke. Nach J. Stark[1] gilt

$$V_a - V_n = \frac{k}{p}(j_a - j_n)^{\frac{1}{2}}. \tag{74}$$

Nach Aston[2]

$$V_a = E + \frac{F\sqrt{j_a}}{p}. \tag{75}$$

$V$ Kathodenfall, $j$ Stromdichte, $p$ Druck, $n$ normal, $a$ anormal, $k$, $E$ und $F$ von Gas und Kathodenmaterial abhängige Konstante.

Nach der Stromstärke des anormalen Kathodenfalles aufgelöst, ergibt sich, wenn $j_n = kp$ und $f$ als Kathodenoberfläche gesetzt wird,

$$i_a = k p f + \frac{p^2 f}{k^2}(V_a - V_n)^2 \quad \text{(Stark)}, \tag{76}$$

$$i_a = \text{konst}\, p^2 \quad \text{(Aston)}. \tag{77}$$

Güntherschulze[3] findet in H, N, O, Ne, He und Ar unter sorgfältiger Ausmerzung des Temperatureffektes

$$i_a = C V_a^4. \tag{78}$$

Die Beziehungen zwischen Druck und Stromdichte benutzte Wellauer[4] zur direkten Messung kleiner Drucke (s. S. 150). Nach ihm

[1] Stark, J.: Physik. Z. **3**, 88 (1902); Ann. Physik **12**, 1 (1903).
[2] Aston, F. W.: Proc. Roy. Soc. London **79**, 91 (1907); **87**, 437 (1912).
[3] Güntherschulze, A.: Z. Physik **20**, 1 (1923).
[4] Wellauer, M.: Arch. Elektrot. **24**, 4 (1930).

besteht für die gewählte spezielle Anordnung die Beziehung

$$i_a = \frac{K}{R}(\ln p - \ln p_0)\,. \tag{79}$$

$p_0$ Druck, bei dem Glimmentladung einsetzt, $R$ Vorschaltwiderstand, $K$ Röhrenkonstante.

**Entladungserscheinungen an der Anode.** An der Anode bildet sich das anodische Glimmlicht, meist ein kleines, halbkugeliges Lichtgebilde aus, dessen Farbe etwa die der positiven Lichtsäule mit etwas größerer Intensität ist. Bei kleinen Drucken kommt ein anodischer Dunkelraum und eine erste Anodenschicht dazu. Für die Ausbreitung des anodischen Glimmlichtes gilt auch das Hehlsche Gesetz.

**Normaler Anodenfall.** Der normale Anodenfall (Potentialabfall zwischen Anode, solange sie vom Glimmlicht nicht ganz bedeckt ist, und dem Rand des anodischen Glimmlichtes) ist ähnlich dem Kathodenfall vorwiegend von Gasart und Anodenmaterial abhängig, aber bedeutend geringer als dieser (meist etwa zwischen 20 bis 40 V); er ist unabhängig von der Stromstärke und wenig abhängig vom Druck. Das Anodenmaterial hat aber den umgekehrten Einfluß wie beim Kathodenfall, wie Tabelle 26[1] zeigt.

Tabelle 26.

| Gas | Druck mm | Pt | Ag | Au | Cu | Fe | Ni | Bi | Sb | Sn | Pb | Cd | Zn | Al |
|---|---|---|---|---|---|---|---|---|---|---|---|---|---|---|
| $H_2$ | 1,73 | 18,0 | 18,4 | 20,1 | 18,9 | 22,1 | — | 19,9 | 20,6 | 20,8 | — | 20,7 | 20,4 | — |
| | 1,71 | 18,4 | 18,8 | 19,5 | 19,7 | 18,5 | 19,9 | — | — | — | 20,3 | — | 20,2 | 20,1 |
| | 1,70 | 17,3 | 17,7 | 20,7 | 20,0 | — | 19,3 | 18,0 | — | 20,0 | — | 19,9 | 19,1 | 19,7 |
| $N_2$ | 1,39 | 18,8 | 19,1 | 21,1 | 19,7 | 19,7 | 20,3 | — | — | — | 20,6 | 19,7 | 19,6 | 22,2 |
| | 1,37 | 18,5 | 18,6 | 19,9 | 19,0 | 19,4 | 19,4 | — | — | — | 20,0 | 19,1 | 18,5 | 21,9 |
| $O_2$ | 1,20 | 22,2 | — | 24,3 | 23,2 | 23,8 | 23,5 | — | 23,5 | 24,2 | — | 24,2 | — | 23,9 |

**Anormaler Anodenfall.** Auch der anormale Anodenfall tritt bei Stromsteigerung nach mit Glimmlicht vollbedeckter Anode, bei Verunreinigungen der Anode oder durch Einführen der Anode bis in den negativen Dunkelraum ein. Er kann bis über 1000 V steigen.

**Positive Lichtsäule.** Die Existenz und Ausdehnung der positiven Lichtsäule hängt im Gegensatz zu den Entladungserscheinungen an der Kathode und Anode, die hauptsächlich druckabhängig sind, im wesentlichen von den Dimensionen der Entladungsstrecke ab. Das zeigt folgender Versuch: Ändert man in einer Glimmentladungsstrecke lediglich die Elektrodenentfernung, so erscheinen erste Kathodenschicht, negatives Glimmlicht und der Anfang der positiven Säule starr mit der Kathode verbunden und behalten ihre Abstände bei; nur die positive

---

[1] Skinner, C. A.: Phil. Mag. 8, 387 (1904).

Säule ändert ihre Länge gleich der Verschiebung der Elektroden. Schließlich kann bei genügend kleinem Elektrodenabstand die positive Lichtsäule überhaupt verschwinden (3. Fall in Abb. 83); dieser Fall kann auch in gewissen (kleinen) Druckgebieten auftreten. Die positive Lichtsäule kann ungeschichtet oder geschichtet sein. Die Bedingungen hierfür sind bestimmte Druck- und Stromdichtegrenzen, ferner Charakter und Reinheit des Gases; in ganz reinen Gasen mit Ausnahme von Wasserstoff tritt keine Schichtung ein, so daß Verunreinigungen zur Schichtbildung erforderlich sind. Bei ungeschichteter Säule ist die Feldstärke in der Entladungsrichtung meist konstant, nur in Gasgemischen oder Gasverbindungen steigt sie infolge elektrischer Diffusion zum anodischen Ende zu an; sie ist von Gas, Druck, Stromdichte, Bahnquerschnitt, Temperatur usw. stark abhängig. Mit zunehmender Stromstärke fällt, mit zunehmendem Druck steigt sie.

Abb. 83. Alleinige Änderung der Länge der positiven Säule bei Verschiebung der Elektroden unter sonst gleichbleibenden Bedingungen.

**Charakteristik der Glimmentladung.** Bei der Normalcharakteristik der Glimmentladung nimmt vom Zündpunkt ab (Abb. 84, Punkt $A$) mit steigender Stromstärke die Spannung zunächst ab, erreicht ein Minimum ($C$) und steigt dann wieder langsam an. Dieser Verlauf ist nach dem Vorhergehenden verständlich: Kathoden- und Anodenfall sind zunächst konstant (normal); der Spannungsabfall in der positiven Lichtsäule sinkt dagegen mit wachsender Stromstärke (fallende Charakteristik $ABC$). Sobald der Kathoden- und Anodenfall anormal wird, wächst die Spannung an Kathode und Anode, die Charakteristik wird also weniger fallen, bis schließlich das Steigen des Kathoden- und Anodenfalles das Sinken der Lichtsäulenspannung kompensiert (Minimum $C$); dann überwiegt bei weiterem Steigen der Stromstärke die Zunahme des anormalen Kathoden- und Anodenfalles (steigende Charakteristik $CD$). Der Teil $AB$ der Charakteristik ist meist labil und kann nur unter besonderen Verhältnissen stabil erhalten werden[1].

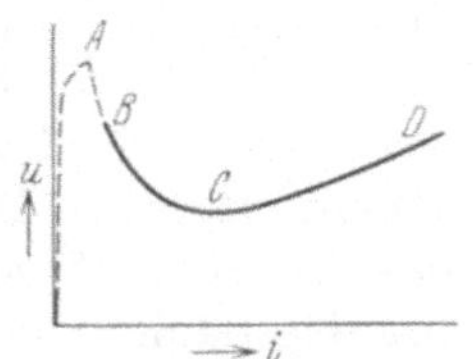


Abb. 84. Charakteristik einer Glimmentladung.

Wichtig ist für die dynamische Entladung die Erscheinung der Hysterese: Der aufsteigende, d. h. mit zunehmender Stromstärke durchlaufene Ast kann über dem absteigenden oder auch umgekehrt liegen (positive und negative Hysterese, Abb. 85 ). Die Ursachen dafür sind wahrscheinlich hauptsächlich Temperatureffekten an der Kathode

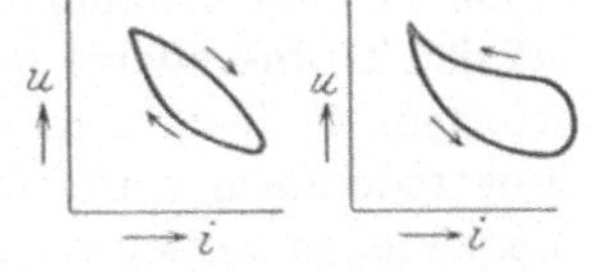


Abb. 85. Positive und negative Hysterese der Glimmentladung.

[1] Siehe R. Seeliger u. J. Schmekel: Physik. Z. **26**, 471 (1925).

zuzuschreiben, aber auch Raum- und Wandladungen (besonders bei Hochfrequenz) und Änderungen des Gases und der Elektrodenoberflächen können mitspielen. Wegen der Temperatureffekte an der Kathode kommt es sehr auf die Stromstärke und -form an der jeweiligen Kathode an[1].

**Elektrodenlose Entladungen.** Unter elektrodenlosen Glimmentladungen versteht man die Glimmentladungen, bei denen entweder überhaupt keine Elektroden vorhanden oder die Elektroden vom Entladungsraum durch ein Dielektrikum getrennt sind, also z. B. bei Glasglimmröhren außen sitzen. Diese elektrodenlosen Entladungen, zu denen auch der sog. elektrodenlose Ringstrom gehört, können in reinen Gleichfeldern nicht entstehen, sondern nur in zeitlich inkonstanten Feldern (Verschiebungsstrom). Sie werden z. B. zum Ausmessen elektrischer Felder verwendet, da sie bei einer bestimmten Stärke der Feldkomponente in der Röhrenachse zünden und im homogenen Feld geeicht werden können. Das Bild der Entladungserscheinungen ist naturgemäß von dem bei Innenelektroden verschieden, einmal weil der Kathodenoberflächeneinfluß (Elektronenablösung) fehlt und andererseits Wechselfelder vorhanden sind, ohne daß die Röhre als Gleichrichter wirken kann. Die Entladungserscheinungen liegen deshalb symmetrisch zur Mittellinie und zeigen in zylindrischen Röhren etwa das in Abb. 86 angegebene Bild: In der Mitte befindet sich die positive Säule, rechts und links den äußeren Elektroden am nächsten das negative Glimmlicht, dazwischen der Faradaysche Dunkelraum, der stets vorhanden ist. Die Dicke des Dunkelraumes, des negativen Glimmlichtes und der positiven Säule folgen ähnlichen Gesetzen wie bei Entladungen mit Innenelektroden.

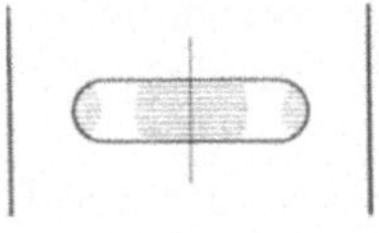

Abb. 86. Entladungsbild bei elektrodenlosen Glimmentladungen.

**Einteilung.** Im folgenden werden die Glimmentladungen wieder nur unter dem Gesichtspunkt der Anwendungen als Meßentladungsstrecken betrachtet; es werden z. B. die Gleichrichter- und Ventilwirkungen deshalb nicht mit behandelt. Die Anwendungen sind viel mannigfaltiger als bei den Townsendentladungen. Die Einteilung muß hier anders als dort erfolgen, da hier nicht der Einfluß der Oberflächenladungen, also der Elektrodenform vorherrscht; diese spielt eine untergeordnete Rolle. Zu Meßzwecken werden vor allem die Konstanz der Zünd-, Brenn- und Löschspannungen, ferner die Beziehungen innerhalb des normalen und anormalen Kathodenfalles und die Leuchterscheinungen benutzt. Eine Unterscheidung zwischen statischer und dynamischer Entladung ist auch hier wichtig.

---

[1] Siehe R. Seeliger: Jahrb. Rad. Elektron. **20**, 353 (1923).

## 2. Konstante Spannungen.

α) Allgemeines über Zünd-, Brenn- und Löschspannungen.

**Zündspannung (Erstzünd-, Wiederzündspannung), Brennspannung, Löschspannung.** Erhöht man an einer Glimmentladungsstrecke, der ein Widerstand vorgeschaltet ist, allmählich die angelegte Gleichspannung, so tritt bei einem bestimmten Wert, der Zündspannung, die Glimmentladung unter Leuchterscheinungen ein, stellt sich dann bei einer niedrigeren Spannung, der Brennspannung, stabil ein und verlischt bei Erniedrigung der Spannung bei einer bestimmten Spannung, der Löschspannung. Bei dynamischen Spannungen (Stoßspannungen, periodischen Wechselspannungen) unterscheidet man die der Gleichspannungszündung entsprechende Erstzündspannung, wo es auf Steilheit und Dauer einer angelegten Spannung und damit auf ähnliche Erscheinungen des Zündverzuges wie bei der Townsendentladung ankommt, und die Wiederzündspannung bei periodischen Wechselspannungen, wo außer dem zeitlichen Verlauf der angelegten Spannung auch noch die Dauer der vorhergehenden Löschpause Einfluß hat (unvollkommene Entionisierung). Die Wiederzündspannung wird oft als Löschspannung bezeichnet, da man die maximale Spannung mißt, bei der man das Verlöschen der sichtbaren Entladungen beobachtet; die gemessene Maximalspannung ist aber noch eine Zündspannung, nicht die Löschspannung der einzelnen Teilentladung, die tiefer liegt.

Diese Spannungen, besonders die Zünd- und Löschspannungen, können unter geeigneten Maßnahmen, die im folgenden näher erörtert werden, sehr genau und auch frequenzunabhängig konstant erhalten werden. Im Gegensatz zur Townsendentladung kann man hier aber nicht die Größe der Zünd-, Brenn- oder Löschspannung berechnen oder vergleichsweise angeben, etwa wie die Größe der Anfangsspannungen in Luft bei verschiedenen Elektrodenformen; denn die Glimmentladung wird von viel mehr Parametern beeinflußt, z. B. von der Beschaffenheit der Kathodenoberfläche, der Form und Lage der Elektroden und des Entladungsgefäßes, der Dichte und chemischen Natur des Gases, vom äußeren Stromkreis. Es ist deshalb notwendig, die Größe der konstanten Zünd-, Brenn- und Löschspannungen durch Eichung bei jeder Entladungsstrecke festzustellen und zu kontrollieren. Auch bei den später näher beschriebenen sog. Glimmlampen derselben Type muß jede Lampe einzeln geeicht werden, weil schon kleinste Verschiebungen vor allem in der Zusammensetzung des Füllgases die Spannungen verändern.

**Methoden zur Eichung der Zünd-, Brenn- und Löschspannung.** Deshalb sollen zunächst die Methoden zur Feststellung und Eichung der Zünd-, Brenn- und Löschspannungen besprochen werden.

Bei Gleichspannung mißt man die betreffenden Spannungen in einfacher Weise durch einen Gleichspannungsmesser parallel zur Glimmstrecke. Bei einer Spannungsteilerschaltung nach Abb. 87 ist $U_g = U \frac{r}{R}$. Die Feststellung der Zündung und Löschung kann durch die Leuchterscheinung, durch Telephon oder empfindlichen Strommesser in Reihe mit der Glimmstrecke oder durch das parallelgeschaltete Voltmeter selbst erfolgen, das im allgemeinen im Moment der Zündung einen Spannungsabfall, im Moment des Verlöschens eine Spannungserhöhung anzeigt.

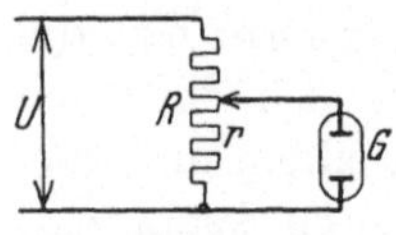

Abb. 87. Ohmsche Spannungsteilung mit Glimmstrecke.

Bei zeitlich veränderlichen Spannungen (Wechsel- oder Wellenspannungen, Spannungsstößen) kann man oszillographisch (Schleifen- oder Kathodenstrahloszillograph), durch Aufladen eines Kondensators über eine Glühkathodenröhre (elektrostatische Auflademethode), mit Glühkathodenröhre und Gegenspannungen (Kompensationsmethode), durch den Ladestrom eines Kondensators oder durch Röhrenvoltmeter die Maximal- und Minimalspannungen messen. Besonders bequem und genau ist die elektrostatische Auflademethode und die von Nernst angegebene Kompensationsmethode mit Ventil, die näher besprochen seien.

**Elektrostatische Auflademethode.** Die Schaltung zur elektrostatischen Auflademethode zeigt Abb. 88[1]. Der Kondensator $C$ wird auf den Maximalwert der einen, von der Ventilröhre $VR$ hindurchgelassenen Spannungshälfte einer Wechselspannung aufgeladen; entladen kann sich der Kondensator durch die Ventilröhre hindurch nicht, nur durch die endlichen Isolationswiderstände (der Ventilröhre, der Kapazität oder des Voltmeters). Diese Entladung wird aber automatisch durch jede Wechselstromperiode wieder korrigiert, um so besser, je höher die Frequenz ist. Natürlich muß man noch prüfen, ob die gemessene Spannungshälfte auch wirklich die Zündspannung enthält oder etwa die andere (Umdrehen der Ventilröhre $VR$, Prüfung mit Gleichspannung). Bei Wellenspannungen (und Stoßspannungen) ist die Zündspannungsrichtung meist ohne weiteres zu entnehmen. Einen besonderen Fall von periodisch schwankender Gleichspannung bilden die intermittierenden Glimmentladungen (s. S. 118), bei denen die Spannung an der Glimmröhre zwischen dem

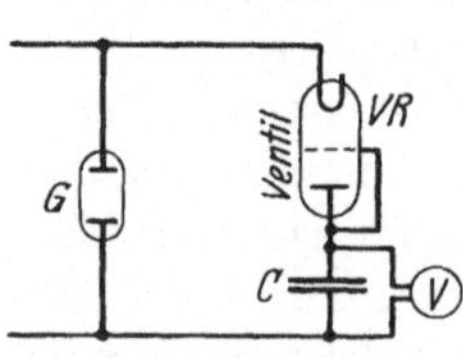

Abb. 88. Schaltung nach der elektrostatischen Auflademethode.

[1] Siehe z. B. C. H. Sharp: El. World **69**, 556 (1917); ETZ **38**, 588 (1917). H. Geffcken: Z. techn. Phys. **5**, 511 (1924); Physik. Z. **26**, 241 (1925). W. Schallreuter: Über Schwingungserscheinungen in Entladungsröhren. Braunschweig 1923. A. J. Rothe: Physik. Z. **31**, 520 (1930).

Zünd- und Löschspannungswert hin- und herpendelt, ohne durch den Nullwert zu gehen. Hier kann man zunächst durch Verbindung der Anode der Ventilröhre *VR* mit der positiven Seite der Glimmröhre die Zündspannung feststellen. Nach Aufladung des Kondensators *C* verbindet man durch einen Umschalter die Anode mit der negativen Seite der Glimmröhre (Umdrehen der Ventilröhre). Jetzt entlädt sich der Kondensator bis zur Löschspannung der Glimmröhre. Hierbei kann sich aber durch Isolationsverluste leicht die Spannung noch weiter erniedrigen, ohne daß wie vorher bei der Zündspannungsmessung durch dauernde Neuaufladung dieser Verlust automatisch korrigiert würde. Diesen Nachteil kann man einmal dadurch beheben, daß man die Isolationsverluste durch eine Gegenleitfähigkeit kompensiert. Diese bewirkt nach jedem Entladen über das Ventil *VR* eine kleine, über den Löschspannungswert hinausgehende Neuaufladung des Kondensators *C*, der so in seinem Ladungszustand dauernd korrigiert wird. Nach Rothe nimmt man dazu am besten selbst wieder eine Ventilröhre, da diese dann nur in der einen Richtung und unabhängig von der jeweiligen schwankenden Spannung wirksam ist. Als besonders günstig erwies sich eine Vakuumphotozelle, die schon bei etwa 10 V Sättigungsstrom zeigt, der so als dauernd fließend angenommen werden kann und dessen absolute Größe sich durch die Beleuchtungsintensität einstellen läßt. Bei Versuchen von Rothe betrug der Sättigungsstrom etwa $10^{-8}$ Amp, das Verhältnis der beiden entgegengesetzt fließenden Sättigungsströme war etwa 1 : 1000. Abb. 89 zeigt diese Schaltung in Verbindung mit der Intermittenzschaltung (s. S. 120). Statt eines Kondensators mit parallelgeschaltetem Voltmeter kann man am besten ein Elektrometer selbst als Kondensator *C* benutzen. Sonst kann die Spannung des Kondensators durch ein ballistisches Galvanometer oder durch Kompensation gegen eine Gleichspannung gemessen werden. Der Einfluß der Parallelkapazität des Kondensators oder Elektrometers (Größenordnung 50 cm) zur Glimmstrecke ist gering, da sie in Reihe mit der Kapazität zwischen Kathode und Anode der Ventilröhre *VR* (etwa 2 bis 3 cm) liegt.

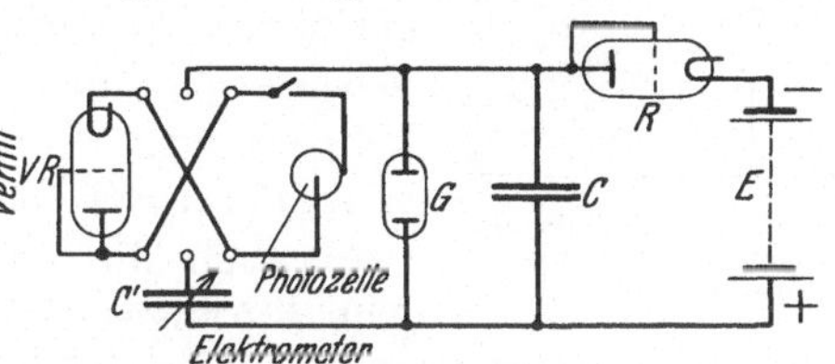

Abb. 89. Zünd- und Löschspannungsmessung nach der elektrostatischen Auflademethode und Gegenleitfähigkeit (Photozelle) in Intermittenzschaltung.

Andererseits kann man die Isolationsverluste bei der Löschspannungsmessung dadurch umgehen, daß man die Minimalspannungsmessung in Abb. 89 durch eine Maximalspannungsmessung an dem Widerstand *R* (Glühkathodenröhre als regelbarer Widerstand) ersetzt, der mit der Röhre in Reihe liegt[1]. Der gesuchte Minimalwert an der

[1] Rothe, A. J.: Physik. Z. **31**, 520 (1930).

Glimmstrecke (Löschspannung) wird dann durch Subtraktion des Maximalspannungswertes von der Gesamtspannung gewonnen.

**Kompensationsmethode.** Die Schaltung zur Kompensationsmethode mit Ventil zeigt Abb. 90[1]. Die Anode der Ventilröhre ist mit dem negativen Pol der Gegengleichspannung verbunden, die Ventilröhre bleibt stromlos, wenn die Gegengleichspannung gleich oder größer als die Spitze der Wechselspannung ist. Man geht von einer Überkompensationsspannung aus und verringert sie, bis der erste Ausschlag am Nullinstrument ($i_0$) erkennbar ist. Als Nullinstrument kann man ein Galvanometer oder ein Telephon (evtl. mit Verstärkung) benutzen, wobei man einen Ton der halben Frequenz des Wechselstromes hört. Aus der Art des Tones[2] (scharf abgerissen oder weich) kann auf die Spitzenform der Wechselspannung geschlossen werden. Durch Umkehrung der Ventilröhre (Kathode mit dem negativen Pol der Gegengleichspannung verbunden) kann man auch die Löschspannung z. B. in der S. 118 Abb. 115 angegebenen Intermittenzschaltung messen.

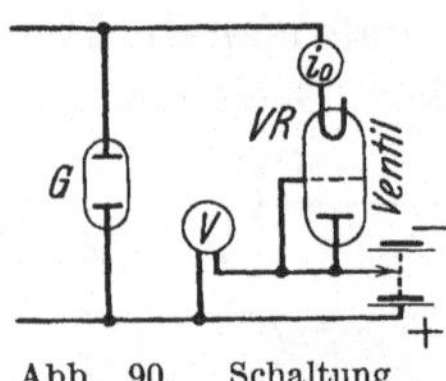

Abb. 90. Schaltung nach der Kompensationsmethode.

Die Spannungsteilung der Gegengleichspannung kann durch Ohmsche Widerstände erfolgen; zur Vermeidung größerer Stromentnahme aus Hochspannungsakkumulatorenbatterien verwendet man statt der Ohmschen Spannungsteilung besser ein variabel heizbares Glühventil in Reihe mit einem hochohmigen Widerstand (Röhrenpotentiometer)[3].

**Oszilloskop.** Bei oszillographischer Zündspannungsmessung kann man den Oszillographen zu einem Oszilloskop vereinfachen, indem man bei stillstehender Trommel die Schleife einen Lichtstreifen zeichnen läßt, dessen Länge der maximalen Spannung proportional ist[4]; bei nicht sehr hohen Frequenzen genügt dazu ein Fadengalvanometer.

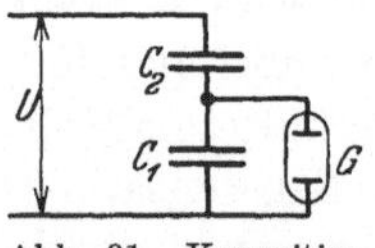

Abb. 91. Kapazitive Spannungsteilung mit Glimmstrecke.

**Spannungsteilung.** Spannungsteilung zum Regulieren der Größe der an Glimmentladungsstrecken angelegten Spannungen kann bei Gleichspannung durch Ohmsche Widerstände nach Abb. 87, S. 94 oder durch ein variabel heizbares Glühventil in Reihe mit einem hochohmigen Widerstande erfolgen, bei Wechselspannung

[1] Siehe z. B. J. R. Craighead: Gen. El. Rev. **1919**, 104; ETZ **1919**, 354. H. J. Ryan: J. Am. Inst. El. Engs. **1923**, 2, H. 5; El. u. Maschinenb. **1923**, 522. A. C. Bartleth: J. scient. instr. **1924**, 281. J. Taylor u. W. Stephenson: J. scient. instr. **2**, 50 (1924). J. Taylor u. L. A. Sayce: J. scient. instr. **2**, 289 (1925). L. Rohde: Z. techn. Physik **12**, 263 (1931).

[2] Franck, S.: Arch. Elektrot. **21**, 318 (1928).

[3] Rothe, A. J.: Physik. Z. **31**, 520 (1930).

[4] Siehe W. Estorff: ETZ **37**, 60 (1916).

auch durch Kapazitäten. Es ist (Abb. 91) $U_g = U \frac{C_2}{C_1 + C_2}$. Induktive Spannungsteilung ist nicht anwendbar, weil die Energie ($\frac{1}{2} L J^2$) beim Zünden zu gering ist, da sie mit dem Strom ihr Maximum erreicht, nicht wie beim Kondensator mit der Spannung.

### β) Zündspannung.

#### Statische Zündspannung.

**Verschiedenartige Einflüsse auf die Zündspannung.** Einfluß auf die Zündspannung hat vor allem Gasdruck, Ionisierungsspannung, Ionenmasse (Atom- und Molekulargewicht), Elektronenaffinität des Gases und Kathodenoberflächenbeschaffenheit. Im allgemeinen liegt (nach Campbell[1]) bei reinen Gasen die Zündspannung um so tiefer, je höher das Atom- bzw. Molekulargewicht des Gases ist; ein zweites Gas (Verunreinigung) erniedrigt die Zündspannung, wenn es für sich allein bei allen Drucken eine relativ zum ersten Gas kleine Zündspannung hat, und zwar um so mehr, je kleiner letztere ist. Nach Penning[2] wird die Zündspannung in Neon schon durch Beimischung von 0,0001% Hg-Dampf von 400 auf 290 V erniedrigt[3]. Abb. 92 zeigt die Zündspannung abhängig vom Druck in Wasserstoff, Stickstoff, Argon und Neon mit dem charakteristischen Minimum[4]. Den Einfluß verschiedener Gase, Elektrodenformen und Elektrodenmaterialien zeigen in Tabelle 27 und 28 angegebene Messungen von Schröter[5]. Er benutzte folgende drei Anordnungen:

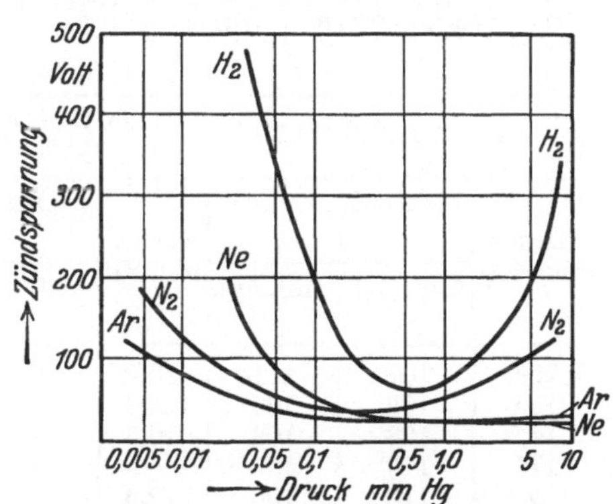


Abb. 92. Zündspannung in Wasserstoff, Stickstoff, Argon und Helium, abhängig vom Druck. Wolframglühkathode und Nickelanode (nach Alterthum, Reger und Seeliger).

---

[1] Campbell, N. R. u. J. W. H. Ryde: Phil. Mag. (6) **40**, 585 (1920) [E. Pietsch: Erg. exakt. Naturwiss. **5**, 233 (1926)].

[2] Penning, F. M.: Naturwiss. **15**, 818 (1927); Z. Physik **46**, 335 (1928); Phil. Mag. (7) **7**, 632 (1929); **11**, 961 (1931); siehe S. 107.

[3] Über starke Erhöhung der Zündspannung in He mit sehr geringem $H_2$ bei Absorption des $H_2$ durch das Elektrodenmetall (Fe) siehe A. Güntherschulze u. F. Keller: Z. Physik **66**, 219 (1930); siehe auch F. Levi; Ann. Physik **6**, 409 (1930).

[4] Alterthum, H., M. Reger u. R. Seeliger: Z. techn. Phys. **9**, 161 (1928); Zusammenfassung und Literaturübersicht.

[5] Schröter, F.: Z. techn. Phys. **4**, 208 (1923).

a) 2 parallele Eisendrähte, je 0,8 mm Durchmesser, Abstand 4,4 mm, Länge 10 mm.

b) 1 Eisendraht, 0,8 mm Durchmesser, Länge 10 mm, in der Achse eines Eisenblechzylinders, 9,6 mm Durchmesser, Höhe 10 mm, Elektrodenabstand 4,4 mm.

c) Koaxiale Zylinder mit reinem Kalium überzogen, 13 und 19 mm Durchmesser, Höhe 16 mm.

Tabelle 27.

| Neon-Helium (3:1) mit 1% Argon | | | | | Neon-Helium (3:1) ohne Argon | | | | |
|---|---|---|---|---|---|---|---|---|---|
| Druck mm Hg | Elektrodenanordn. *a*) | | Elektrodenanordn. *b*) | | Druck mm Hg | Elektrodenanordn. *a*) | | Elektrodenanordn. *b*) | |
| | + – | umgepolt – + | Blech + Draht – | Blech – Draht + | | + – | umgepolt – + | Blech + Draht – | Blech – Draht + |
| 8 | 176,1 | 176 | 149,4 | 171,4 | 12 | 196,8 | 193,8 | 167,4 | 180,8 |
| 5,7 | 194,1 | 194 | 154,9 | 183,5 | 8 | 208,4 | 218 | 173,4 | 196,4 |
| 3,9 | 224,3 | 220,6 | 164,9 | 196,9 | | | | | |

Tabelle 28.

| Neon-Helium (3:1) | | | Neon-Helium (3:1) mit 0,9% Argon | | | Argon | | |
|---|---|---|---|---|---|---|---|---|
| Druck mm Hg | Elektrodenanordn. *c*) | | Druck mm Hg | Elektrodenanordn. *c*) | | Druck mmHg | Elektrodenanordn. *c*) | |
| | Äuß. Zyl. – | Inn. Zyl. – | | Äuß. Zyl. – | Inn. Zyl. – | | Äuß. Zyl. – | Inn. Zyl. – |
| 20,0 | 107 | 111 | 20,0 | 80 | 76 | 14,0 | 98 | 98 |
| 18,6 | 109 | 109 | 18,0 | 80 | 76 | 12,1 | 95 | 95 |
| 14,9 | 108 | 108 | 16,5 | 81,5 | 76 | 10,0 | 90 | 95 |
| 11,7 | 110 | 106 | 14,0 | 82 | 76 | 8,2 | 87 | 91 |
| 9,7 | 113 | 106 | 12,5 | 84 | 78 | 5,0 | 84 | 85 |
| 8,1 | 116 | 107 | 8,0 | 86 | 82 | 4,0 | 85 | 84 |
| 6,8 | 116 | 109 | 6,5 | 90 | 84 | 2,8 | 88 | 83 |
| 5,6 | 118 | 111 | 4,6 | 95 | 90 | 2,0 | 89 | 82 |
| 4,25 | 122 | 115 | 2,0 | 115 | 118 | 1,1 | 93 | 90 |
| 1,8 | 140 | 135 | — | — | — | 0,6 | 105 | 99 |

Die Zündspannungen zwischen parallelen Drähten liegen wie bei den Townsendentladungen stets höher als bei Draht—koaxialer Zylinder bei gleichem Abstand. Man sieht aber, daß der Einfluß der Elektrodenform gering ist gegenüber dem Einfluß des Elektrodenmaterials, da hier die positive Säule fehlt und die Zündspannung im wesentlichen den Kathodenfall nach Tabelle 25 S. 88 zu decken hat. Besonders niedrig wird die Zündspannung bei Kaliumelektroden nach Anordnung c); ähnlich verhalten sich die Kaliumlegierungen[1]. Der niedrige Kathodenfall in Edelgasen in Verbindung mit Alkalikathoden unter Fortfall der positiven Säule hat zur Verbreitung der sog. Glimmlampen (S. 104) geführt. Die Zündspannung kann auch nach neueren Anordnungen durch einen

[1] Selbst wenn sie bis zu 85% Schwermetalle enthalten; besonders geeignet Kalium-Quecksilberlegierungen mit hohem Schmelzpunkt.

künstlichen Elektronenstrom zwischen den Elektroden (von besonderer Glühkathode ausgehend) weitgehend verändert werden[1]. Von Einfluß auf die Zündspannung ist auch die Vorbehandlung, vor allem Entgasung des Elektrodenmaterials (Ausglühen unter gleichzeitigem Evakuieren)[2].

**Einfluß der Bestrahlung.** Bestrahlung, selbst schon gewöhnliches Tageslicht, kann auf die Zündspannung Einfluß haben. Er hängt von Gasart, Druck, Kathodenoberflächengröße und -beschaffenheit, Intensität und Wellenlänge der Strahlung ab. Im allgemeinen findet eine Herabsetzung der Zündspannung besonders bei konzentrierter Bestrahlung der Kathode statt, wie Beobachtungen z. B. von Haak[3], Lambertz[4], Greinacher[5] und Werner[6] zeigen (bei Tageslicht in Eisenelektrodenglimmlampen (Ne-He) Herabsetzung um mehrere Volt, mit konzentrierter Bogenlampenbestrahlung von 95 V bis auf 80,5 V, noch 5,5 V unter der normalen Löschspannung; besonders starker Effekt bei Glimmlampen mit großer Differenz zwischen Zünd- und Löschspannung). Es kann aber unter Umständen auch eine Erhöhung der Zündspannung bei Bestrahlung eintreten, wenn z. B. zu einer Neonfüllung kleine Argonbeimischungen kommen[7].

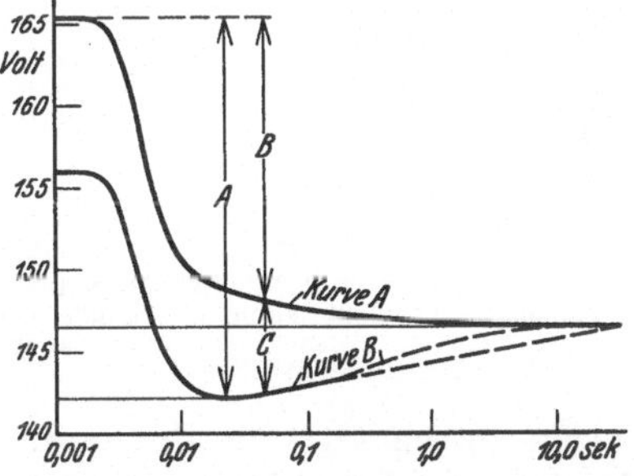


Abb. 93. Zünd- und Wiederzündspannung, abhängig von der Zeit der angelegten Gleichspannung bzw. zwischen Löschung und Wiederzündung (Kurve *A* und *B*) nach Messungen von Ryall an einer Bienenkorbglimmlampe.

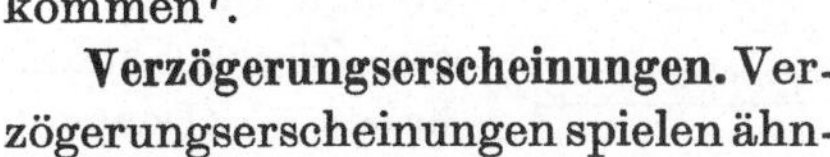

**Verzögerungserscheinungen.** Verzögerungserscheinungen spielen ähnlich wie bei der Townsendentladung auch hier eine Rolle. Je kürzer die Zeit, während der die Gleichspannung angelegt wird, desto höher ist die Zündspannung. Abb. 93 zeigt nach Messungen von Ryall[8] an

[1] Reich, H. J.: Physic. Rev. **34**, 997 (1929); **36**, 373 (1930); siehe ferner S. 139.

[2] Barth, G.: Ann. Physik (5) **3**, 253 (1929).

[3] Haak, E.: Ann. Physik (4) **84**, 119 (1927).

[4] Lambertz, A.: Physik. Z. **26**, 254 (1925).

[5] Greinacher, H.: Physik. Z. **26**, 376 (1925). Bergmann, L.: Physik. Z. **26**, 469 (1925).

[6] Werner, P.: Z. physik. u. chem. Unterricht **39**, 284 (1926); dazu Klaphecke, J., Ebenda **40**, 191 (1927).

[7] Penning, F. M.: Z. Physik **57**, 723 (1929). Weiteres siehe Reiche, E.: Ann. Physik **52**, 109 (1917). Oelkers, K.: Ann. Physik **74**, 703 (1924). Oschwald V. A. u. A. G. Tarrant: Proc. Phys. Soc. **36**, 241 (1924). v. Bayer O. u. W. Kutzner: Z. Physik **21**, 46 (1924). Kniepkamp, H., Z. Physik **40**, 12 (1926). Taylor, J.: Diss. Utrecht **1927**. Salzwedel, E.: Ann. Physik (4) **82**, 305 (1927). Nello Carrara: Cim. **7**, 318 (1930).

[8] Ryall, L. E.: J. scient. instr. **7**, 177 (1930); siehe auch T. Aikawa: Res. Electrot. Lab. Tokyo **1930**, Nr 283.

einer Glimmlampe der Bienenkorbform (s. S. 105) die Zündspannung $U_z$ abhängig von der Zeit $T_A$ der angelegten Gleichspannung (Kurve $A$). Einen Einfluß haben nur Zeiten $< 10$ sec. $U_z$ steigt um 1,2 V bei $T_A = 0{,}1$ sec, um 18,9 sec bei $T_A = 0{,}003$ sec und bleibt bei noch kleineren Zeiten konstant. Über unregelmäßige Glimmstöße in der Nähe der Zündspannung s. S. 102.

**Aufbauzeit.** Als Aufbauzeit für die Glimmentladung selbst ergibt sich nach neueren Untersuchungen von Steenbeck[1] etwa $10^{-6}$ sec, wobei die Zündungszeit annähernd proportional der Quadratwurzel aus dem Molekulargewicht des Füllgases ist.

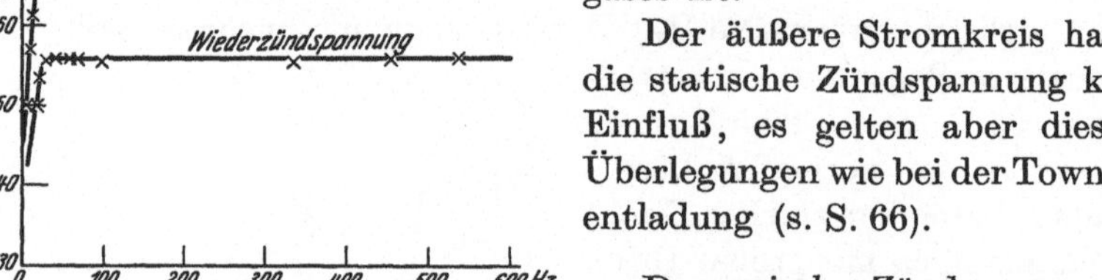


Abb. 94. Erstzünd- und Wiederzündspannung einer Bienenkorbglimmlampe, abhängig von der Frequenz sinusförmiger Wechselspannung (nach Ryall).

Der äußere Stromkreis hat auf die statische Zündspannung keinen Einfluß, es gelten aber dieselben Überlegungen wie bei der Townsendentladung (s. S. 66).

## Dynamische Zündspannung.

**Erstzündspannung.** Bei Erstzündspannungen wird nach S. 93 die Zündspannung um so höher liegen, je schneller die Spannung ansteigt. Übereinstimmend bei vielen Messungen zeigt sich, daß zunächst niedrige Frequenzen (bis etwa 25 Hz) großen Einfluß auf die Zündspannung haben. (Deutung dieser Erscheinung s. S. 101.) Nach Ryall[2] zeigt sich bei einer Bienenkorbglimmlampe die in Abb. 94 angegebene starke Erhöhung der Zündspannung gegenüber der statischen

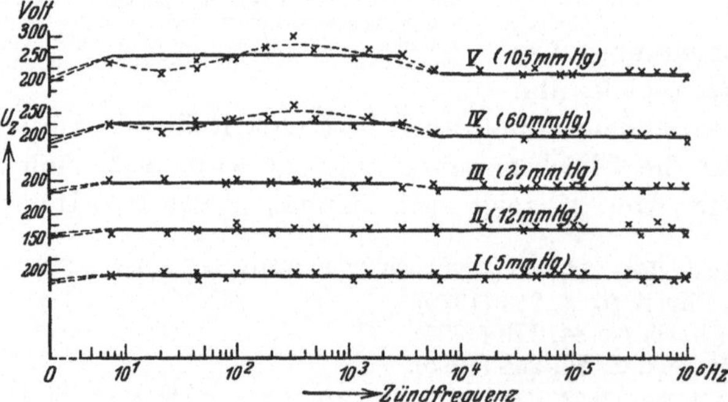


Abb. 95. Abhängigkeit der Zündspannung von der Frequenz (nach Palm). Elektrodenformen der Glimmlampen $I$ bis $V$ gleich, konzentrische Zylinder $R = 14$ mm, $r = 10$ mm (siehe S. 105). Gasdruck verschieden.

[1] Steenbeck, M.: Wiss. Veröff. a. d. Siemenskonzern **9**, 42 (1930); Z. techn. Phys. **10**, 480 (1929); siehe auch Büge, M: Arch. Elektrot. **18**, 616 (1927); **19**, 480 (1928). Frank, F. u. K. Graf: Helv. Phys. Acta **2**, 33 (1929). Bei normalem Kathodenfall ergab sich als Aufbauzeit in $H_2$ $1 \cdot 10^{-6}$ sec, $N_2$ $4 \cdot 10^{-6}$ sec, Ar $6 \cdot 10^{-6}$ sec, Hg $12 \cdot 10^{-6}$ sec; Temperatureffekte bei anormalem Kathodenfall s. A. Güntherschulze: Z. techn. Phys. **11**, 76 (1930). Steenbeck, M.: Z. techn. Phys. **11**, 357 (1930).

[2] Ryall, L. E.: J. scient. instr. **7**, 177 (1930).

bis 25 Hz, bei höheren Frequenzen bleibt sie konstant, nach Palm[1] sogar bis $10^6$ Hz (Zylinderelektroden, S. 105), wie Abb. 95 bei verschiedenen Drucken zeigt; auch hier sieht man deutlich den Einfluß bei kleinen Frequenzen. Bei höheren Drucken des Füllgases hat die Frequenz nach Abb. 96 viel größeren Einfluß, zur Erzielung einer möglichst frequenzunabhängigen Zündspannung sind also nur kleinere Drucke geeignet. Bei sehr hohen Frequenzen (Größenordnung $10^7$ Hz) fand Kirchner[2] manchmal eine starke Labilität der Erstzündspannung (im Gegensatz zur stabileren Wiederzündspannung); gelegentlich stieg die Zündspannung auf den drei- bis vierfachen Wert.

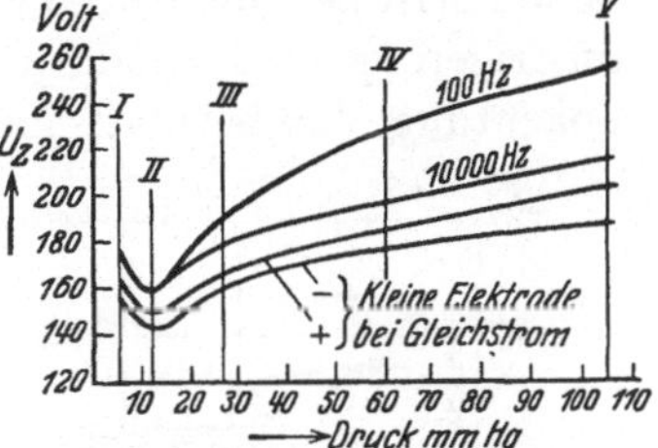

Abb. 96. Abhängigkeit der Zündspannung vom Druck (nach Palm). Elektrodenform der Glimmlampen *I* bis *V* wie in Abb. 95 gleich.

**Wiederzündspannung.** Andere Verhältnisse liegen wegen der vorhergehenden Ionisierung bei Wiederzündspannungen vor. Wie bei der Townsendentladung muß man auch hier zwischen periodischer Wechselspannung und Spannungsstößen oder Wellenspannungen in einer bestimmten Spannungsrichtung unterscheiden. Besonders Wellenspannungen, die durch die später besprochene Intermittenz- oder Kippschaltung erzeugt werden und zwischen Zünd- und Löschspannung schwanken, treten bei Glimmentladungen häufig auf.

Bei diesen letzteren Kippschwingungen (Wellenspannungen) beobachtet man mit zunehmender Frequenz zunächst ein Steigen der Wiederzündspannung und dann eine Abnahme bis unter den statischen Wert (Abb. 97 nach Mauz und Seeliger[3]). Je rascher der Anstieg der Spannung vor der Wiederzündung erfolgt (Kurve *I* bis *III*), desto höher liegt die Wiederzündspannung. Einen ähnlichen Verlauf zeigen neuere Messungen von Rothe[4] zwischen 40 und 1500 Hz in Helium. Rothe fand durch eingehende Prüfung des Einflusses von Magnetfeldern, der Entgasung, Erwärmung und Belichtung der Kathode eine plausible Erklärung des Verhaltens, die zum Teil auch für die Spannungserhöhungen bei Erstzündspannungen (S. 100) gilt. Auf Restionen im Gasraum (Raumladungen[5]) kann der Einfluß wegen der relativ langen Löschzeiten von $10^{-2}$ bis $10^{-3}$ sec nicht zurückgeführt werden, da diese schon nach mindestens $10^{-5}$ sec bei den üblichen Feldstärken verschwunden sind. Dagegen können Restionen aus Doppelschichten stammen, die

---

1 Palm, A.: Z. techn. Phys. **4**, 233, 258 (1923).
2 Kirchner, F.: Ann. Physik **77**, 287 (1925).
3 Mauz, E. u. R. Seeliger: Physik. Z. **26**, 47 (1925).
4 Rothe, A. J.: Physik. Z. **31**, 520 (1930).
5 „clear up“ in der amerikanischen Literatur genannt.

während jeder Entladung an der Kathode neu gebildet werden und in der darauffolgenden Entladungspause zerfallen. Sie geben dabei relativ langsam Ionen und Elektronen an den Entladungsraum ab. Der anfängliche, mit reichlicher Abgabe von Ladungsträgern verbundene Zerfall der Doppelschichten erfaßt wahrscheinlich nur die instabilen Elemente, die die Zündspannung herabsetzen. Erst bei längerer Einwirkung zerfallen auch die stabilen Schichtelemente, die die Zündspannung heraufsetzen. Ersteres ist bei hohen Frequenzen (kleine Entladungspausen), letzteres bei niedrigen (große Entladungspausen) der Fall. Daher kommt auch die Beobachtung, daß bei statischer Zündspannung manchmal einzelne unregel-

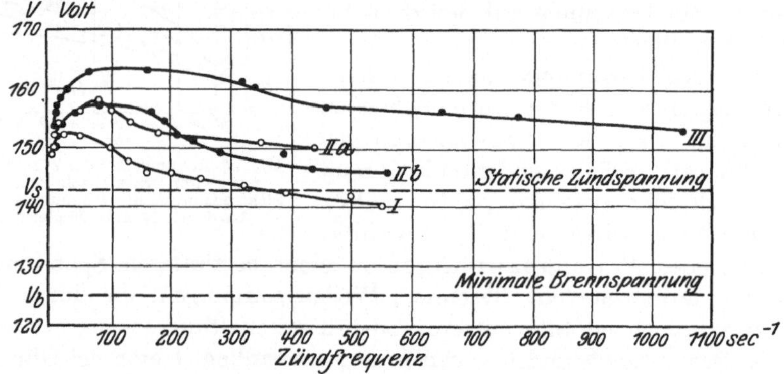


Abb. 97. Wiederzündspannung bei Intermittenzschaltung einer Glimmröhre, abhängig von der Zündfrequenz (nach Mauz und Seeliger). Kurve *I* bis *III* zunehmende Spannungsgleitgeschwindigkeit.

| | Batteriespannung $E$ | Widerstand $R$ |
|---|---|---|
| Kurve *I* | 158 V | ○ $3 \cdot 10^5\ \Omega$ |
| *II a* | 208 V | ○ $3 \cdot 10^5\ \Omega$ |
| *II b* | 208 V | ● $3 \cdot 10^6\ \Omega$ |
| *III* | 254 V | ● $3 \cdot 10^6\ \Omega$ |

mäßige, kurzdauernde Glimmstöße entstehen, ohne daß kontinuierliche Glimmentladung einsetzt (besonders stark scheinbar bei Al-Elektroden)[1].

Den gleichen Verlauf der Wiederzündspannung bekommt man bei Spannungsstößen, wie sie in Abb. 93, Kurve *B*, S. 99, angegeben sind[2]. Als Abszisse ist dabei die Zeit zwischen Löschung und Wiederzündung aufgetragen. Die niedrigste Wiederzündspannung wird bei $T_B = 0{,}03$ sec erreicht, oberhalb etwa 10 sec (Schwankungen zwischen 5 und 60 sec für die gleiche Glimmlampe) ist gegen Kurve *A* kein Unterschied festzustellen.

---

[1] Weiteres siehe H. Geffcken: Z. techn. Phys. **5**, 511 (1924); Physik. Z. **26**, 241 (1925). Penning, F. M.: Physik. Z. **27**, 187 (1926). Haak, E.: Ann. Physik **84**, 119 (1927); über die Glimmstöße s. E. Reiche: Ann. Physik (4) **52**, 109 (1917). Oelkers, K.: Ann. Physik (4) **74**, 703 (1924). Badareu, E.: Bul. Fac. de Stinţe din Cernauţi **3**, 8 (1929). Rothe, A. J.: Physik. Z. **31**, 520 (1930).

[2] Ryall, L. E.: J. scient. instr. **7**, 177 (1930). Siehe auch T. Aikawa: Res. Electrot. Lab. Tokyo **1930**, Nr 293; er findet Abweichungen der Zündspannungen bis zu 5% bei zehn verschiedenen Wellenformen einer unterbrochenen Gleichspannung von 0,0004 bis 0,0025 sec Dauer.

Bei periodischen Wechselspannungen und niedrigeren Frequenzen beobachtet man im allgemeinen nur das Ansteigen der Wiederzündspannung, keinen Abfall, wie Abb. 94 S. 100 abhängig von der Frequenz nach Ryall[1] zeigt; der Verlauf ist etwa derselbe wie bei der Erstzündspannung, nur im konstanten Teil etwa 10 V tiefer (Frequenzen bis 600 Hz). Erst bei höheren Frequenzen zeigt sich auch ein Abfall, der schließlich sehr groß werden kann, wenn die Aufbauzeit der Glimmentladung unterschritten wird ($\sim 10^{-6}$ sec). Abb. 98 zeigt Messungen

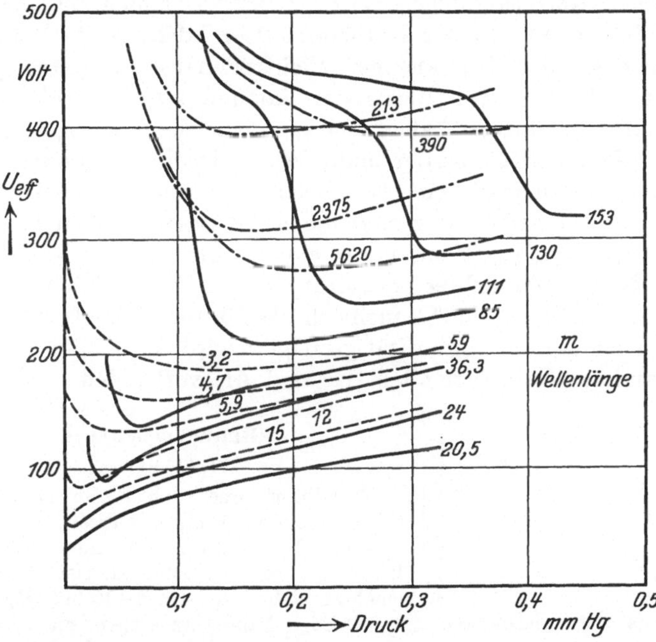


Abb. 98. Abhängigkeit der Wiederzündspannung in Wasserstoff vom Druck bei verschiedenen Wellenlängen in m (Frequenzen) (nach C. und H. Gutton). Außenelektroden.

von C. und H. Gutton[2] bei Frequenzen von $53,4 \cdot 10^3$ bis $93,7 \cdot 10^6$ Hz (Wellenlängen 5620 bis 3,2 m, Außenelektroden). Die kleinste Spannung wurde bei $\lambda = 20,5$ m gefunden; unterhalb dieser optimalen Wellenlänge nimmt $U_z$ zu, oberhalb geht $U_z$ mit zunehmender Wellenlänge durch ein Maximum und nimmt wieder etwas ab. Das beruht wahrscheinlich auf Resonanzwirkungen zwischen erregender Feldstärke und Elektronenschwingungen. Die Elektronen können unter Umständen ohne wesentliche Mitwirkung der positiven Ionen die Entladung unterhalten. Nach Kirchner[3] ging die Wiederzündspannung bei $3,5 \cdot 10^7$ Hz

[1] Ryall, L. E.: J. scient. instr. 7, 177 (1930).
[2] Gutton, C. u. H.: Compt. Rend. 186, 303 (1928); J. Phys. (6) 9, 22 (1928).
[3] Kirchner, F.: Ann. Physik (4) 77, 287 (1925); (5) 7, 798 (1930).

auf etwa den 10. Teil der statischen Spannung herunter (Innenelektroden ebene Kupferbleche bei 0,4 mm Hg Luftdruck)[1].

Der äußere Stromkreis hat nur auf die Wiederzündspannung insofern Einfluß, als er die Brenn- und Löschspannung des vorhergehenden Stadiums verändert.

## Glimmlampen.

**Glimmlampentypen.** Als sog. Glimmlampen bezeichnet man handelsüblich gewordene Glimmentladungsstrecken, die bereits bei den gebräuchlichen Netzspannungen (110 bis 220 V) zünden. Zu ihrer Verbreitung führte der niedrige Kathodenfall in Edelgasen in Verbindung mit Alkalikathoden bei kleinem Elektrodenabstand (ohne positive Säule). Die Formen der Elektroden können sehr verschieden sein; Gleichspannungslampen haben meist ungleiche Elektroden, wobei man auf die Polarität achten muß, Wechselspannungslampen gleiche Elektroden, sofern man keine Gleichrichterwirkung haben will. In der folgenden Zusammenstellung sind die wichtigsten Formen angegeben. Das Füllgas ist meist Neon unter einigen mm Hg-Druck, die Farbe des negativen Glimmlichtes orangerot. Durch Hinzufügen von Quecksilberdampf kann die Farbe mehr ins Weißrosa übergeführt werden, wodurch auch die Lichtintensität gesteigert wird. Doch sind meist auch Spuren anderer Gase (vor allem He und Ar) vorhanden.

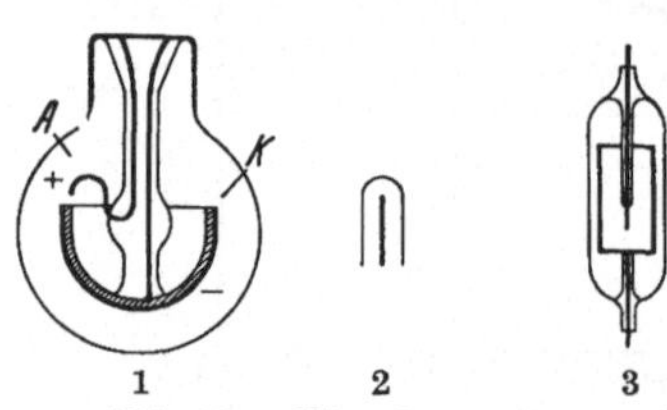

Abb. 99 a. Glimmlampentypen.

**Glimmlampentypen.**

Gleichstrom:

1. Glimmlampe nach F. Schröter[2]; Kathode halbkugelförmig aus Eisen, Anode stiftförmiger Eisendraht; die innere Fläche der Halbkugel ist mit Isoliermaterial bedeckt und leuchtet nicht; Ne—He 8—10 mm Hg.

2. Sog. Mikrophonlampen mit U-förmiger Anode und ebener Kathode in der Mitte (Eisen).

3. Edelgasventil- und Reduktorröhren[3]; zylindrisches Kathodenblech von großer Oberfläche (800 mm²), in dessen Achse stiftförmige Eisenanode, deren

[1] Weitere Literatur: E. O. Hulburt: Phys. Rev. **20**, 127 (1922); C. Gutton, S. K. Mitra u. V. Ylostalo: Compt. Rend. **176**, 1871 (1923); J. Phys. **4**, 420 (1923). C. Gutton: Compt. Rend. **178**, 467 (1924). R. A. Brockbank u. L. E. Ryall: Electric. **90**, 4 (1923). E. W. B. Gill u. R. H. Donaldson: Phil. Mag. **2**, 129, 742 (1926). C. Gutton u. E. Barganano: J. Phys. **7**, 73 (1926). B. Klarfeld: Z. Physik **38**, 289 (1926). E. Hiedemann: Ann. Physik **85**, 649 (1928). H. Gutton u. J. Clément: Compt. Rend. **184**, 441, 676 (1927). H. Gutton: Compt. Rend. **188**, 156 (1929). R. L. Haymann: Phil. Mag. (7) **7**, 586 (1929). J. S. Townsend u. R. H. Donaldson: Phil. Mag. (7) **5**, 178 (1928). B. Klarfeld: Z. Physik **60**, 379 (1930); O. Stuhlmann, M. D. Whitaker u. M. L. Braun: Phys. Rev. (2) **35**, 1436 (1930). R. W. Wood: Phys. Rev. **35**, 673 (1930).

[2] Schröter, F.: ETZ **40**, 186 (1919).

[3] Schröter, F.: El. u. Maschinenb. **1923**, 417; siehe auch ältere Typen ETZ **1915**, 677; **1919**, 685.

Oberfläche durch konzentrische Isolatoren aus Magnesia begrenzt ist. Bei 110 V-Lampen Innenseite des Kathodeneisenbleches mit Alkalimetallegierung bedeckt, Ne-He 8 mm Hg; bei 220 V-Lampen vernickeltes Eisenblech als Kathode; gereinigtes Ar 5 mm Hg. Charakteristik dieser Röhre s. S. 113.

Gleich- und Wechselstrom:

4. Scheibe und Spirale in Bienenkorbform; bei Gleichstrom Spirale Kathode, meist 6 bis 7 Windungen. Charakteristik s. S. 112.

5. Doppelspirale in Bienenkorbform, meist Aluminiumdrähte („Einheitstype").

6. Doppelspirale in Bienenkorbform mit langer und kurzer Windung (Polsuchlampen). Es leuchtet immer die negative Elektrode (lange Windung).

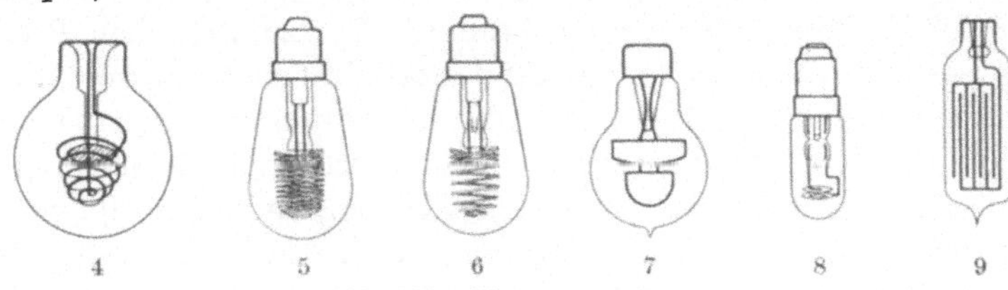

Abb. 99b. Glimmlampentypen.

7. Kappenförmige Elektroden übereinander. Beliebige Polung. Glimmen nur außen, Innenseite mit Glimmer überdeckt.

8. Sog. Signalglimmlampen mit 2 kleinen ebenen parallelen Ringen; mit sehr geringem Stromverbrauch (¼ bis ½ W).

9. Glimmlampen mit einzelnen, kammartig ineinander greifenden Elektroden.

10. Zylinderförmige Elektroden, die äußere in Leiterteile zerlegt, so daß das Licht nach außen scheinen kann.

11. Konzentrische Zylinder aus Aluminium, $\frac{R}{r} \approx 1{,}7$ (nach Palm[1]). Kapazität etwa 6 cm.

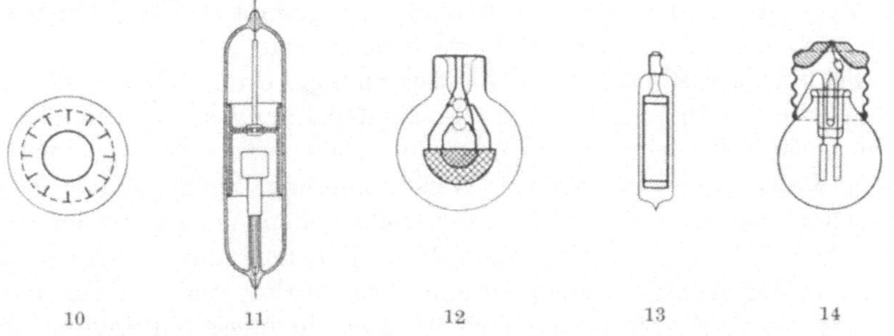

Abb. 99c. Glimmlampentypen.

12. Maschenförmige Elektroden in Halbkugelform; die eine Elektrode scheint durch die andere hindurch.

13. Sog. Schriftglimmlampen mit großflächigen ebenen Elektroden aus 2 dünnen Eisenblechen, die durch Glasscheibe oder Glimmer voneinander isoliert sind. Fläche bei der kleinen Type (Osram) 3 × 10 cm, 6 bis 8 W; große Type 4 × 30 cm, 12 bis 15 W; ein Sockel oder 2 Sockel (Soffittenlampenform).

14. 2 drahtförmige Elektroden, 2,3 mm stark, Oberfläche reines Magnesium, Elektrodenabstand 0,8 mm; kleine Type 11 mm lang 0,26 W, größere Type

[1] Palm, A.: Z. techn. Phys. 4, 233, 258 (1923).

24,4 mm lang, 1,5 W, Neon 30 mm Hg mit Verunreinigung von He (amerikanische Lampe).

Wechselstrom:

15. Gleichrichterglimmlampen mit ungleicher Größe oder Beschaffenheit der Elektroden (siehe Güntherschulze[1])[2].

Die Zündspannung liegt bei 110 V-Lampen etwa bei 85 bis 95 V, bei 220 V-Lampen bei 150 bis 170 V. Am verbreitetsten ist die Doppelspirallampe in Bienenkorbform, die als „Einheitslampe“[3] anzusprechen ist. Die Zündspannung beträgt bei ihr bei der 110 V-Type im Mittel 87 V, bei der 220 V-Type 148 V (Osram-Lampe). Der zum stabilen Brennen der Lampen nötige Vorschaltwiderstand (Stabilitätsbedingungen) wird bei der Brennspannung (S. 111) erörtert. Die Anordnung der Elektroden nach Palm (S. 105 Nr. 11) ist aus einer systematischen Untersuchung verschiedener Elektrodenformen (Platten, Kugeln, Zylinder, Spitzen) bei verschiedenen Drucken, Temperaturen, Frequenzen und äußeren Bedingungen (fremde Felder, Strahlung) als frequenzunabhängigste Form hervorgegangen. Koaxiale Zylinderanordnungen haben den Vorteil, durch äußere Felder und Strahlungen wenig beeinflußt zu werden. Bei sich nicht umhüllenden Anordnungen ist im allgemeinen der Einfluß äußerer Felder gering; durch Anbringen einer Außenelektrode[4] z. B. in Form eines metallischen Streifens um die Glimmlampe herum, der auf bestimmte Potentiale gegenüber den Innenelektroden gebracht wird, kann allerdings die Zündspannung erheblich beeinflußt werden (s. S. 140). Die Type Nr. 14 hat reine Magnesiumelektroden[5], wobei zur Vermeidung der Zerstäubung dem Ne noch Ar und $N_2$ zugesetzt sind und nur maximal 95% der Elektrodenoberfläche bedeckt sein darf.

**Prüfung der Konstanz der Zündspannung.** Unter früher näher geschilderten Bedingungen kann die Zündspannung einer Glimmlampe sehr konstant erhalten werden. 50 Messungen[6] an einer Glimmlampe nach Schröter ergaben bei Gleichspannung Zündspannungswerte zwischen 186 und 186,6 V bei sehr verschiedenem Vorschaltwiderstand. Die Abweichung vom Mittelwert 186,3 V betrug nur $\pm$ 1,6‰. Zur Prüfung der Konstanz einer Glimmröhre schaltet man sie am besten in eine später S. 118 besprochene Kippschwingungsschaltung ein, läßt sie längere Zeit im Betrieb, unterbricht etwa eine Woche und prüft bei

[1] Güntherschulze, A.: Elektrische Gleichrichter und Ventile. 2. Aufl. Berlin 1930.

[2] Die Typen wurden u. a. bei den Firmen Osram, J. Pietsch, Hartmann und Braun und der Studiengesellschaft für elektrische Beleuchtung ausgebildet; siehe auch F. Skaupy: Z. techn. Physik **3**, 61 (1922). Glimmlampen mit Gitter siehe S. 134.

[3] Vgl. F. Schröter: Helios **33**, 1 (1927).

[4] Bellingham, L.: Nature **125**, 928 (1930).

[5] Moore u. Porter: Transact. III. Eng. Soc. **21**, 176; ETZ **48**, 583 (1927).

[6] Palm, A.: Z. techn. Phys. **4**, 233, 258 (1923).

gleicher Kapazität, ob die Frequenz konstant geblieben ist. So kann man leicht unter verschiedenen Röhren die geeignetste heraussuchen. Bei der Eichung nach den S. 93 beschriebenen Methoden ist zu beachten, daß Gleich- und Wechselspannungswerte verschieden sein können (siehe S. 100), und zwar liegen die Differenzen hauptsächlich bei niedrigen Frequenzen; dann bleibt unter geeigneten Bedingungen bis etwa $10^6$ Hz die Zündspannung konstant; bei noch kleineren Zeiten tritt eine wesentliche Erniedrigung ein; ferner ist zu beachten, daß die Zündspannung von der Spannungsrichtung[1] abhängt. Meist hat die kleinere oder gekrümmtere Elektrode als Kathode einen niedrigeren Wert[2]. Bei einer Bienenkorblampe mit Scheibe gibt die Scheibe als Kathode den niedrigeren Wert, weil diese scharfe Ränder hat. Aber auch bei gleichen Elektroden ist sie nicht gleich, z. B. ergab eine Messung bei der Doppelspirallampe in Bienenkorbform in der einen Spannungsrichtung um 1,1% höhere Zündspannungswerte als in der anderen[3]. Für genaue Messungen ist ferner der Einfluß der Bestrahlung nach S. 99 durch Einhüllen der Glimmlampen in schwarzes, lichtundurchlässiges Papier auszuschalten, sofern man nicht bei konstanter Beleuchtung sowohl Eichung wie Messungen mit der Glimmlampe vornehmen kann.

## Anwendungen.

**Messung der Amplituden zeitlich veränderlicher Spannungen und Ströme.** Eine der wichtigsten Anwendungen der Konstanz der Zündspannung ist die Messung der Amplituden zeitlich veränderlicher Spannungen und Ströme und davon abgeleiteter elektrischer oder nichtelektrischer Größen[4].

---

[1] Unter Umständen kann die Zündspannung bei sich nicht umhüllenden Elektroden wie bei der Townsendentladung auch von den Potentialen (Spannungen gegen Erde) abhängen.

[2] In sehr reinem Neon findet Penning bei positivem Draht in einem Zylinder höhere Zündspannung wie bei negativem; es ist bei 30 mm Druck

| | |
|---|---|
| Ne | $U_z$ = 670 V |
| Ne + 0,00015% Ar | 490 „ |
| Ne + 0,00030% Ar | 415 „ |
| Ne + 0,00088% Ar | 240 „ |
| Ne + 0,0020% Ar | 150 „ |

Man sieht den außerordentlich starken Einfluß von kleinsten Beimengungen. Bei negativem Draht ist der Abfall nicht so stark, so daß schließlich der Polaritätseffekt umgekehrt ist. Penning, F. M.: Phil. Mag. (7) **7**, 632 (1929); **11**, 961 (1931). Huxley, L. G. H.: Phil. Mag. (7) **8**, 128 (1929).

[3] Franck, S.: Arch. Elektrot. **21**, 318 (1928).

[4] Palm, A.: Z. techn. Phys. **4**, 233, 258 (1923). Flad, A.: Siemens Zeitschr. **9**, 499 (1929). Körblein, A.: ETZ **51**, 1486 (1930). Aikawa, T.: Res. Electrot. Lab. Tokyo **1930**, Nr 283. Ryall, L. E.: Electrician **106**, 241 (1931). Franck, S.: ETZ **52**, 901 (1931).

Abb. 87 (S. 94) und 91 (S. 96) gibt die Schaltung mit Ohmschen oder (bei Wechselspannung) kapazitiven Spannungsteilern[1] wieder. Man vergrößert die geteilte Spannung allmählich, bis die Glimmlampe aufleuchtet. Findet die Zündung unabhängig von der Form und Frequenz bei einer konstanten Spannung zwischen den Elektroden ($U_z$) statt und ist $U_{\max}$ die zu messende Scheitelspannung, so wird bei Ohmscher Spannungsteilung

$$U_{\max} = U_z \frac{R}{r}, \tag{80}$$

bei kapazitiver Spannungsteilung

$$U_{\max} = U_z \frac{C_1 + C_2}{C_2}. \tag{81}$$

Damit sind nur Maximalspannungen $> U_z$ bestimmbar. Um auch kleinere Scheitelspannungen messen zu können, muß man vor die Glimmröhre noch eine Gleichspannung $e$ einschalten (Abb. 100). Es ist dann

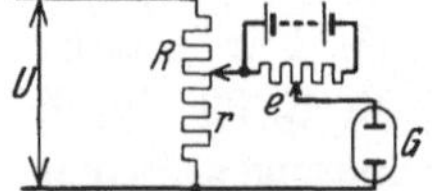

Abb. 100. Schaltung zur Messung der Amplituden zeitlich veränderlicher Spannungen.

$$U_{\max} = (U_z - e) \frac{R}{r}. \tag{82}$$

Bei genaueren Messungen muß man die verschiedenen Zündspannungen in den beiden Spannungsrichtungen berücksichtigen. Die größere Zündspannung in der einen Spannungsrichtung sei mit $U_{z\max}$, die kleinere in der anderen mit $U_{z\min}$ bezeichnet. Dann ergibt sich zur Messung des Maximalwertes einer unbekannten Wechselspannung unter der Voraussetzung, daß $U_{\max} > U_{z\min}$, folgendes (bei Ohmscher Spannungsteilung, sinngemäß auch für kapazitive Spannungsteilung): Man vergrößert $r$ bis zum Zünden, polt die Glimmlampe um und vergrößert $r$ wieder bis zum Zünden; der kleinere von beiden Werten sei mit $r_{\min}$ bezeichnet; dann ist

$$U_{\max} = \frac{R}{r_{\min}} U_{z\min}. \tag{83}$$

Mit Hilfe der zwischengeschalteten Gleichspannung $e$ kann man auch den Minimalwert einer schwankenden Spannung ($U_{\min}$) messen. Man bestimmt zunächst $U_{\max}$ nach obigen Angaben, während $e = 0$ ist, und läßt die Polung der Glimmlampe so, daß bei $r_{\min}$ gezündet wird. Nun schaltet man $e$ allmählich ein, und zwar in dem Sinne, daß die Zündung der Glimmlampe verschwindet (Aus- und Wiedereinschalten der zu messenden Spannung). Man vergrößert nun $e$ so lange, bis wieder Zündung eintritt. Dann ist

$$U_{\min} = \frac{R}{r_{\min}} (U_{z\max} - e). \tag{84}$$

[1] Induktive Spannungsteilung ist aus dem S. 97 angegebenen Grunde nicht brauchbar.

Ist aber $U_{max} < U_{z\,min}$, so muß man zur Bestimmung von $U_{max}$ $e$ allmählich ausschalten bis zum Zünden, $e$ umpolen und wieder bis zum Zünden vergrößern; wird der größere von beiden Werten mit $e_{max}$ und der kleinere mit $e_{min}$ bezeichnet, so ist

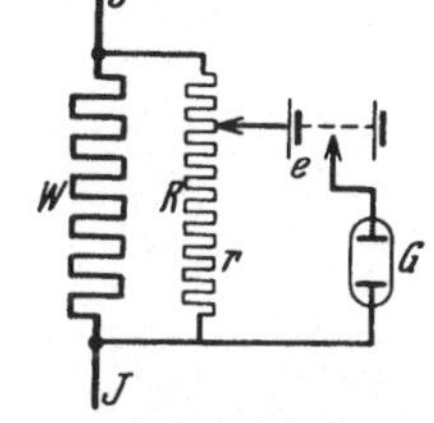

Abb. 101. Schaltung zur Messung der Amplituden zeitlich veränderlicher Ströme.

$$U_{max} = \frac{R}{r}(U_{z\,min} - e_{min}) \tag{85}$$

und

$$U_{min} = \frac{R}{r}(U_{z\,max} - e_{max}). \tag{86}$$

Nach der Schaltung Abb. 101 kann man auch die Maximal- und Minimalwerte schwankender Ströme[1] durch den Spannungsabfall an einem Widerstand $W$ messen. Unter Umständen läßt sich auch kapazitive Spannungsteilung verwenden, wobei der Drehkondensator direkt in mA geeicht werden kann. Es ist

$$J = \frac{U}{W}, \tag{87}$$

wenn $R$ groß ist gegenüber $W$. Für $U$ können dann die Gl. (80) bis (86) eingesetzt werden. Man kann auch etliche Glimmröhren parallel schalten, die etwas verschiedene Zündspannung haben (Grenzen $U_{za} \ldots U_{zn}$), und so die Schwankungen der Spannungen in einem Bereich $\frac{R}{r}(U_{za} - U_{zn})$ verfolgen (Abb. 102). Für größere Schwankungsbereiche muß man zwei Spannungsteiler parallel schalten und entsprechend einstellen (Maximal- und Minimalwertmessung, Regelung einer Spannung zwischen zwei Grenzwerten).

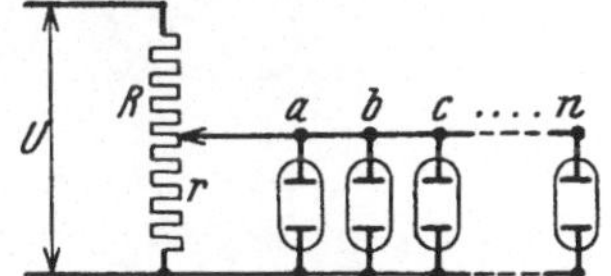

Abb. 102. Parallelschalten von Glimmröhren verschiedener Zündspannung.

Durch genügende Spannungsteilung kann man auch die Scheitelwerte von Hochspannungen messen. Abb. 103 und 104 zeigt Schaltung und Anordnung von Hochspannungskondensatoren zur Scheitelspannungsmessung nach Palm[2]. Die mit dielektrischen Verlusten behafteten Kondensatoren $C_1 \ldots C_4$ müssen zur richtigen Wiedergabe auch der Oberschwingungen gleiche Zeitkonstanten (gleiche Verlustwinkel) besitzen, außerdem muß wegen evtl. störender Erdkapazitäten $C_1 : C_2 = C_3 : C_4$ sein. $C_5$ ist ein Drehkondensator, der zur Vornahme der Scheitelspannungsmessung von großer auf kleine Kapazität langsam gedreht wird bis zum Zünden der Lampe, das sichtbar oder durch ein Telephon wahrgenommen wird. Der Drehkondensator $C_5$ kann durch einen Zeiger auf einer Skala direkt in $kV_{max}$ geeicht werden. Durch

[1] Körblein, A.: ETZ **51**, 1486 (1930).
[2] Palm, A.: ETZ **47**, 873 (1926); Z. Hochfrequ. **26**, 13 (1925).

gleichzeitige Messung der Effektivspannung (Elektrometer) kann man den Scheitelfaktor bestimmen.

Das S. 66 über unwillkürliche Spannungsstöße oder Spannungsverzögerungen durch Einflüsse des äußeren Schaltkreises Gesagte gilt hier ebenfalls; stoßartiges Schalten in der Nähe der Zündspannung ergibt scheinbar zu hohe oder zu tiefe Werte, und bei sehr großen Vorschaltwiderständen kann die Aufladezeit der Glimmröhrenkapazität ins Gewicht fallen.

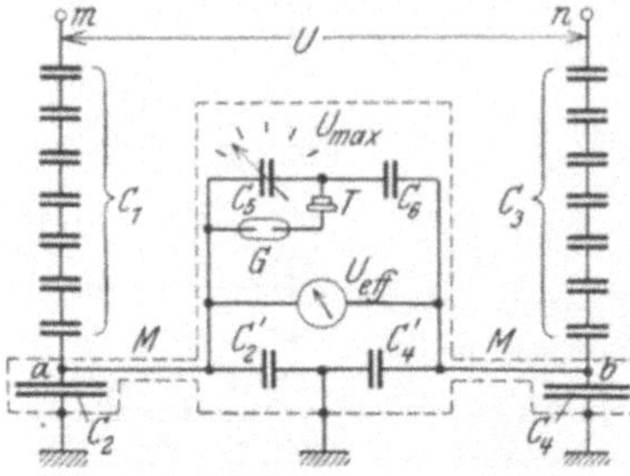

Abb. 103. Schaltung zur Scheitelspannungsmessung bis 800 $kV_{max}$ (nach Palm).

Auf die verschiedenartigen Anwendungen der konstanten Zündspannung von Glimmlampen in der gesamten Meß- und Schalttechnik, die alle auf demselben Meßprinzip beruhen, kann hier nicht eingegangen werden[1]. Sie werden benutzt z. B. beim Synchronisieren von Wechselstrommaschinen, als Überspannungs-, Hoch-

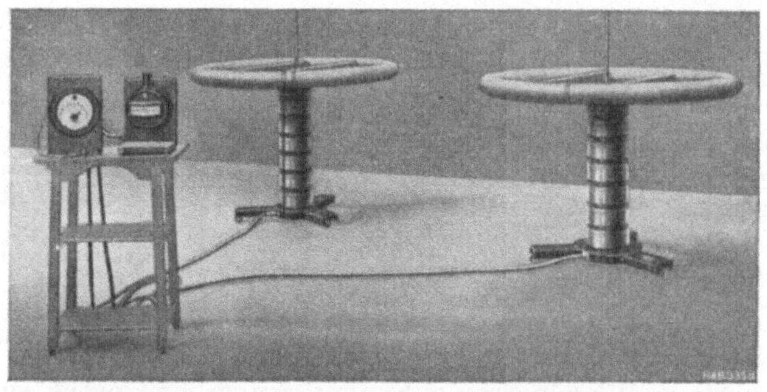
Abb. 104. Scheitelspannungsmesser für 800 $kV_{max}$ mit Hochspannungskondensatoren und Schutzschirmen (nach Hartmann u. Braun).

spannungs- und Resonanz- (Wellenlängen-) Anzeiger, als Anzeiger von (Antennen-) Aufladungen, als Geschwindigkeitsmesser.

**Messung von Feldstärken und Feldrichtungen mittels Glimmröhren.** Bei Wechselfeldern kann man durch Einbringen kleiner Glimmröhren direkt Feldstärke und Feldrichtung[2] messen. Am besten benutzt man dazu elektrodenlose, 3 bis 5 cm lange Glimmröhren von 0,5 bis 1 cm Durchmesser (mit Edelgas gefüllt), damit keine Feldverzerrungen durch die Elektroden entstehen. Sie zünden bei einer bestimmten Stärke der

---

[1] Vgl. A. Kastalski: ETZ **44**, 715 (1923). F. Schröter: Helios **33**, 1 (1927). H. Ewest: Techn.-Wiss. Abh. a. d. Osram-Konzern **1**, 94 (1930). R. Ruedy: J. Franklin Inst. **210**, 625 (1930).

[2] Siehe R. Regerbis: Mitteil. der Hermsdorf-Schomburg Isol. **1925**, Nr 19, 535; siehe S. 564.

Feldkomponente in Richtung der Röhrenachse. Man eicht die Röhren im homogenen Feld möglichst bei der gleichen Frequenz wie bei der Messung und bestimmt dabei Erst- und Wiederzündspannung (Spannung beim Verlöschen der Glimmentladung). Meist bekommt man Feldstärken von etwa 0,1 bis 1 $\frac{\text{kV}}{\text{cm}}$; eine Fehlerquelle bietet die Temperaturabhängigkeit der Zündspannungen.

Zur Bestimmung der Feldrichtung halbiert man den Winkel zwischen den Ansprechrichtungen oder stellt im Raume die Achse des Ansprechkegels fest; weniger sicher gibt die Richtung des maximalen Leuchtens die Feldrichtung an. Zur Bestimmung der Feldstärke bringt man die Röhre an den zu messenden Feldpunkt in die Richtung des Feldes (Messung von $\mathfrak{E}'$) oder der zu untersuchenden Linie im Feld (Messung von $\mathfrak{E}' \cos\alpha$, $\alpha =$ Neigungswinkel der Röhrenachse gegen die Feldrichtung) und steigert die das Feld erzeugende Wechselspannung bis zum Zünden der Röhre ($U_z$; zur genaueren Messung auch noch Messung der Wiederzündspannung durch Verringern der Spannung bis zum Verlöschen der Röhre). Diese Messung führt man an den einzelnen Feldpunkten durch und erhält dann die Feldstärkenverteilung $\mathfrak{E}$ durch die einfache Beziehung auf gleiche Feldspannung $U$

$$\mathfrak{E}' \frac{U}{U_z} = \mathfrak{E}. \tag{88}$$

Voraussetzung ist dabei, daß die Feldverteilung von der Spannung selbst unabhängig ist, was z. B. bei Messungen an Isolatorenketten nicht zutrifft. Man kann im letzteren Fall dann bei annähernd gleicher Feldspannung messen, wenn man Röhren mit verschiedenen, der Feldverteilung entsprechenden Zündspannungen benützt. Doch ist das Verfahren dann ziemlich umständlich. Die Anwendung ist wegen der räumlichen Ausdehnung der Glimmröhren beschränkt.

### γ) Brennspannung.

#### Charakteristik.

**Charakteristik.** Die Brennspannung hängt im Gegensatz zur Zündspannung nach S. 83 von den Konstanten des Stromkreises, vor allem von der EMK $E$ und dem Widerstand $R$ ab. Eine Eichung der Brennspannung gilt also nur für bestimmte Betriebsbedingungen. Hat man dagegen die ganze Charakteristik der Röhre aufgenommen (Strom abhängig von der Röhrenspannung), so kann man aus den vorliegenden Konstanten des Stromkreises die Brenn- und Löschspannung bestimmen. Die Aufnahme der Charakteristik erfolgt durch Änderung von $R$ und $E$ nach Abb. 79, S. 85[1].

[1] Dynamische Charakteristiken siehe F. Kirschstein: Fernsehen 1, 495 (1930).

Bei den S. 104 beschriebenen Glimmlampen muß zum Anschluß an das Netz immer ein höherer Widerstand vorgeschaltet werden, denn sonst würde nach Abb. 79b, S. 85 bei der Netzspannung $E_2$ die ganze Charakteristik der Röhre (*ABCDEF*) durchlaufen bis zum einzig stabilen Punkt *F* bei sehr großer Stromdichte (Gefahr des Umschlagens in Glimmbogenentladung). Dieser Vorschaltwiderstand von etwa 1000 bis 5000 $\Omega$ wird meist in den Lampensockel eingebaut und hat die Form kleiner Drahtwiderstandsspulen oder eines zu einer Spule ausgezogenen graphit überzogenen Glasstäbchens[1]. Die Brennspannung beträgt bei den Glimmlampen etwa 80 bis 90 V (110-V-Lampen) und 140 bis 150 V (220-V-Lampen), die Stromstärke etwa 1 bis 20 mA (Leistung ¼ bis 5 Watt). Abb. 105 gibt die Charakteristik einer Neonglimmlampe der Bienenkorbform nach Ryall[2].

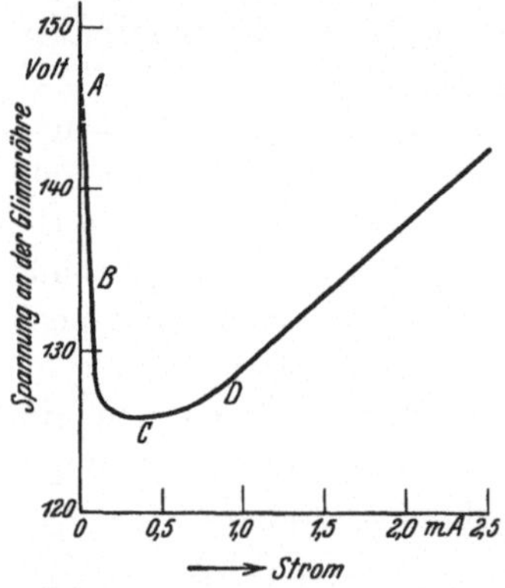

Abb. 105. Charakteristik einer Neon-Bienenkorbglimmlampe (nach Ryall).

Bei einer anderen Neonglimmlampe (Bienenkorbform mit Scheibe) mit einem Vorschaltwiderstand von 2900 $\Omega$ wurden bei Wechselspannung von 50 Hz und einem Scheitelfaktor von 1,5 folgende charakteristische Daten gemessen[3]:

| | | | | |
|---|---|---|---|---|
| Klemmenspannung . . . . . . | 120 | 160 | 200 | 240 $V_{eff}$ |
| Elektrodenspannung . . . . . . | 117 | 128 | 138 | 152 „ |
| Stromstärke . . . . . . . . . | 2,4 | 10,65 | 18,7 | 27,8 mA |
| Wirklicher Widerstand . . . . | 49000 | 11000 | 7400 | 5400 $\Omega$ |
| Zugef. Leistung . . . . . . . . | 0,166 | 1,08 | 2,28 | 3,97 W |
| Scheinleistung . . . . . . . . | 0,281 | 1,37 | 2,58 | 4,227 VA |
| Leistungsfaktor . . . . . . . . | 0,592 | 0,786 | 0,885 | 0,94 |

Die Charakteristik ist bei dynamischen Spannungen von der statischen verschieden (s. S. 122).

**Einfluß der Bestrahlung.** Bestrahlung hat auch auf die Brenn- und Löschspannung Einfluß. Bei normalem Kathodenfall hat Belichtung der Kathode Erniedrigung der Spannung und gleichzeitige Erhöhung der Stromstärke zur Folge, bei anormalem Kathodenfall den umgekehrten Effekt, unabhängig vom Verlauf der Charakteristik (steigend oder fallend). Der Einfluß scheint zum Teil unabhängig von Gas und Elek-

[1] Skaupy, F.: Z. techn. Phys. 1, 167 (1920). Bei den Osram-Bienenkorblampen beträgt der Vorschaltwiderstand etwa 1600 $\Omega$ bei 110-V-, 4000 $\Omega$ bei 220-V-Lampen.

[2] Ryall, L. E.: J. scient. instr. 7, 177 (1930).

[3] Brockbank, R. A. u. L. E. Ryall: Electric. 90, 4 (1923); ETZ 45, 165 (1924).

trodenmaterial zu sein und tritt besonders im Gebiet kleiner Entladestromstärken auf[1].

**Konstanz der Brennspannung.** Auch die Brennspannung kann bei gegebenen unveränderlichen Konstanten des Stromkreises sehr konstant erhalten werden. Allerdings sind Temperatureffekte zu beachten, die Röhre erwärmt sich allmählich; bei kleineren Temperaturdifferenzen ist der Einfluß nicht groß, weil ja die Gasdichte konstant bleibt. Es können auch chemische Veränderungen im Gas und an der Kathode die Brennspannung verändern. Durch besondere Maßnahmen (große Kathodenoberfläche, bestimmter Druck) kann die Spannung in einem größeren Bereich konstant, ziemlich unabhängig vom Strom, erhalten werden (Reduktorröhren, Abb. 106).

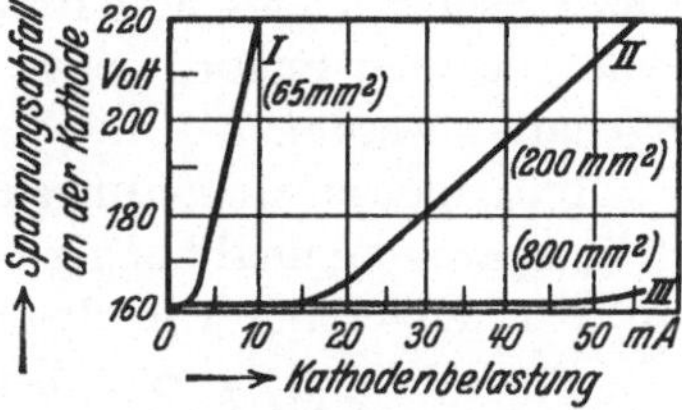


Abb. 106. Spannungsabfall an der Kathode von Glimmlampen bei verschiedenen Kathodenoberflächen und Strömen (nach Schröter).

## Anwendungen.

**Reduktorröhren (Hintereinanderschaltung).** Die letztgenannten, ähnlich wie die Gleichrichterröhren beschaffenen Reduktorröhren werden in der in Abb. 107 angegebenen Schaltung benutzt. An der Schwachstromseite herrscht eine Spannung $U_{\text{Netz}} - U_{\text{Brennspannung}}$; sie beträgt bei den üblichen Reduktorröhren etwa 20 bis 40 V. Die maximale Spannung, die an der Schwachstromseite überhaupt auftreten kann, ist $N_{\text{Netz}} - U_{\text{Löschspannung}}$. Der Höchststrom beträgt etwa 0,2 A, kurzdauernd mehr. Die Reduktorröhren sind zur Spannungsdrosselung viel besser geeignet als Ohmsche Widerstände in Serienschaltung; denn bei diesen tritt bei Stromunterbrechung an der Trennstelle stets die ganze Netzspannung auf, während die Glimmröhre im stromlosen Zustand einen durch den Isolationswiderstand der Röhre bedingten, praktisch unendlich großen Widerstand darstellt; bei Stromentnahme wirkt die Röhre als Widerstand von etwa 10000 bis 100000 $\Omega$. Es kann natürlich nur e i n e Reduktorröhre in den Kreis geschaltet werden, deswegen wird zweckmäßig der geerdete Nulleiter des Netzes als der direkt mit der Schwachspannung

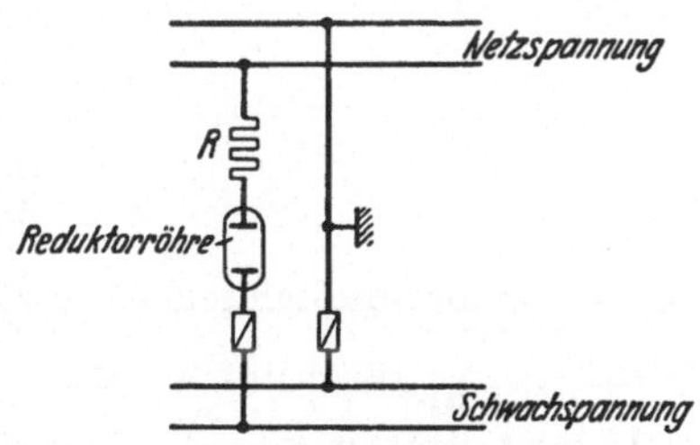


Abb. 107. Reduktorröhrenschaltung.

[1] Gehlhoff, G.: Verh. dtsch. phys. Ges. **12**, 411 (1910). Salzwedel, E.: Ann. Physik (4) **82**, 305 (1927). Nello Carrara: Cim. **7**, 318 (1930); siehe Tabelle 31, S. 125.

verbundene Pol benutzt. Die Reduktorröhren haben zur besonderen Sicherheit keinen Edisonsockel, sondern die beiden Durchführungen und Anschlüsse sind an den gegenüberliegenden Enden der Röhre[1] angebracht. In den Stromkreis muß noch ein Widerstand, der die Differenz zwischen Netz- und Brennspannung vernichtet, und eine Röhrensicherung zum Schutz gegen Kurzschlüsse im Schwachstromkreis eingeschaltet werden.

**Multiplikationsschaltungen.** Andere Anwendungen der Konstanz der Brennspannung unabhängig vom Strom sind Multiplikationsschaltungen zur Vervielfachung von Spannungsschwankungen[2]. Nach Abb. 108 ist bei einem Ohmschen Widerstand

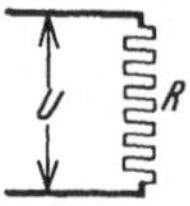

Abb. 108. 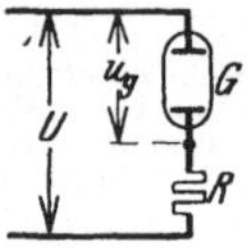 Abb. 109.

Abb. 108 und 109. Multiplikationsschaltung mit Ohmschem Widerstand.

$$i = \frac{U}{R} \tag{89}$$

und die relative Stromänderung oder Stromempfindlichkeit des Systems ist

$$\frac{di}{i} = \frac{dU}{iR} = \frac{\boldsymbol{dU}}{\boldsymbol{U}}. \tag{90}$$

Schaltet man aber nach Abb. 109 in Reihe mit dem Widerstand eine Glimmlampe mit großer Kathodenoberfläche, deren Brennspannung weitgehend bei Stromänderungen konstant bleibt, so ist

$$U = u_g + iR, \tag{91}$$

und es wird

$$i = \frac{U - u_g}{R}; \tag{92}$$

$$\frac{di}{i} = \frac{dU}{iR} = \frac{\boldsymbol{dU}}{\boldsymbol{U - u_g}}. \tag{93}$$

Die Stromempfindlichkeit ist also gesteigert worden, und zwar im Verhältnis $\frac{U}{U - u_g}$, also um so mehr, je kleiner $U - u_g$ ist oder je näher $u_g$ an $U$ liegt. Hat man z. B. eine Glimmlampe mit einer Brennspannung von 78 V (Einheitsglimmlampe 110-V-Type), so ergibt das bei $U = 110$ V eine Vervielfachung von $\frac{110}{110 - 78} \approx 3{,}5$, bei $U = 100$ V etwa 4,5; bei einer Brennspannung von 145 V (Einheitsglimmlampe 220-V-Type) und $U = 220$ V etwa 3. Da bei normalem Kathodenfall der Strom der Ausdehnung des negativen Glimmlichtes proportional ist, so kann man auch schon an dessen starker Änderung geringe Spannungsänderungen nachweisen. Der Widerstand $R$ kann als Wicklung eines Relais benutzt werden.

---

[1] Lebensdauer der Röhren etwa 6000 Betriebsstunden bei 110 V, 12000 bei 250 V.

[2] Schröter, F.: ETZ **40**, 685 (1919); Helios **33**, 19 (1927).

Eine noch größere Empfindlichkeit kann man durch folgende Schaltung zur Betätigung eines elektromagnetischen Relais erzielen: Parallel zur Röhre liegt ein Windungssystem $w'$, das mit dem in Reihe mit der Röhre befindlichen Windungssystem $w$ ein einziges elektromagnetisches System bildet (auf einen Eisenkern gewickelt), aber entgegengesetzten Windungssinn wie $w$ hat[1] (Abb. 110). Der wirksame elektromagnetische Fluß wird dann durch die Amperewindungen

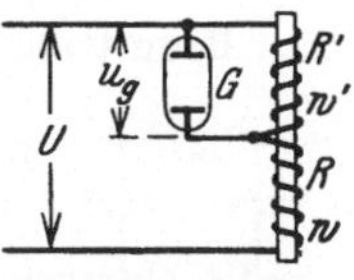

Abb. 110. Multiplikationsschaltung mit elektromagnetischem Relais.

$$Z = i w - i' w' \qquad (94)$$

gebildet.

Die elektromagnetische Empfindlichkeit wird dann entsprechend Gl. (90) S. 114

$$\frac{dZ}{Z} = \frac{di\,w}{Z} = \frac{di\,w}{i w - i w'} = \frac{dU}{U - u_g\left(1 + \frac{R w'}{R' w}\right)}. \qquad (95)$$

Die Empfindlichkeit ist also noch weiter gesteigert worden im Verhältnis $\frac{U}{U - u_g\left(1 + \frac{R w'}{R' w}\right)}$, also um so mehr, je näher $u_g$ an $U$ liegt und je größer $\frac{R}{R'}$ und $\frac{w'}{w}$ ist. Es wird

$$\frac{R w'}{R' w} = \frac{U - Z\frac{\Delta U}{\Delta Z}}{u_g} - 1. \qquad (96)$$

Abb. 111. Multiplikationsschaltung für Stromschwankungen.

Man kann auch Stromschwankungen vervielfältigen, indem man den Strom über einen Widerstand führt und die Spannungsschwankungen am Widerstand nach den angegebenen Schaltungen vervielfältigt. Nach Abb. 111 und Gl. (93) S. 114 wird

$$\frac{di}{i} = \frac{dU}{U - u_g} = \frac{dJ}{J - \frac{u_g}{R}} \qquad (97)$$

und

$$\frac{dJ}{J} = \frac{di}{i + \frac{u_g}{R + r}};$$

$$\frac{dJ}{di} = \frac{J - \frac{u_g}{R}}{i}. \qquad (98)$$

Tabelle 29.

| $U$ Volt | $J$ mA | $i$ mA | $\frac{\Delta i}{\Delta J}$ | $\frac{J - \frac{u_g}{R}}{i}$ |
|---|---|---|---|---|
| 150 | 53 | 0,9 | 5,3 | 3,3 |
| 160 | 57 | 1,65 | 4,2 | 4,2 |
| 170 | 62 | 2,85 | 4,3 | 4,2 |
| 180 | 66,5 | 3,9 | 3,9 | 4,1 |
| 190 | 71,6 | 5,2 | 4,5 | 4,2 |
| 200 | 75,7 | 6,1 | 4,8 | 4,3 |
| 210 | 81 | 7,2 | — | — |

Mit einer Osram-Bienenkorblampe für 220 V (ohne Begrenzungswiderstand im Sockel) ergaben bei $R = 2800\,\Omega$, $r = 9500\,\Omega$ und $u_g = 140$ V

[1] Eine ähnliche Anordnung wird schon länger bei den polarisierten Relais verwendet, wo die konstante Gegenspannung durch Akkumulatoren erzielt wird.

die in Tabelle 29 angegebenen Werte[1]. Die letzten beiden Spalten zeigen, daß die gemessenen und errechneten Werte befriedigend übereinstimmen.

**Konstanthalten von Spannungen (Parallelschaltung).** Die Konstanz der Brennspannung unabhängig vom Strom wird auch allgemein zum Konstanthalten von Spannungen benutzt, z. B. nach Schaltung Abb. 112 zur Erzielung konstanter Anodenspannungen aus dem Netz. Parallel darf allerdings nur ein großer Widerstand liegen, damit kleine Ströme entnommen werden.

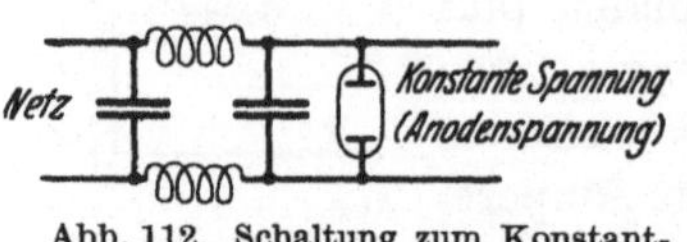

Abb. 112. Schaltung zum Konstanthalten von Spannungen.

**Messung von hohen Widerständen und Lichtintensitäten.** Die Konstanz der Röhrenbrennspannung kann auch zur Messung hoher Widerstände benutzt werden. Bezeichnet man den inneren Widerstand der Röhre mit $R$, so ist annähernd

$$JR = \text{konst.}; \tag{99}$$

also ist bei zwei verschiedenen Strömen $J_1$ und $J_2$

$$J_1 R_1 = J_2 R_2 = E. \tag{100}$$

Die Lichtintensität ist nach Messungen von Ghose[2] den Röhrenströmen proportional, also verhalten sich zwei verschiedene Lichtintensitäten wie die Ströme

$$\frac{J_1}{J_2} = \frac{Intens._1}{Intens._2}. \tag{101}$$

Schaltet man vor die Glimmlampe einmal einen großen Vorschaltwiderstand $r_1$, dann den unbekannten Vorschaltwiderstand $r_x$, so wird

$$J_1(R_1 + r_1) = J_2(R_2 + r_x) = E, \tag{102}$$

$$\frac{R_1}{R_2} = \frac{(R_1 + r_1)}{(R_2 + r_x)} = \frac{r_1}{r_x} = \frac{J_2}{J_1} = \frac{Intens._2}{Intens._1}. \tag{103}$$

Bei bekanntem $r_1$ ergibt sich $r_x$ durch Messung des Verhältnisses der Lichtintensitäten

$$r_x = r_1 \frac{Intens._1}{Intens._2}. \tag{104}$$

Man kann statt der Substitution auch zwei gleiche Glimmlampen benutzen. Bei bekanntem $r_1$ und $r_x$ ($r_2$) kann man auch die Lichtintensitäten messen.

### δ) Löschspannung.

Siehe die auch für die Löschspannung geltenden Bemerkungen über die Brennspannung S. 111. Die Löschspannung beträgt bei den Glimmlampen etwa 70 bis 80 V (110-V-Lampen) und 135 bis 140 V (220-V-Lampen).

---

[1] Schröter, F.: Helios **33**, 19 (1927).

[2] Ghose, B. N.: Physic. Rev. **25**, 66 (1925).

### Anwendungen.

Die Konstanz der Löschspannung kann zum Anzeigen von Spannungen dienen, z. B. bei Spannungsschwankungen; bei Überschreiten der Zündspannung zündet und bei Unterschreiten der Löschspannung erlischt die Röhre. In diesem Bereich, der meist etwa 10 bis 20% der Zündspannung ausmacht, kann man also die Spannungsschwankungen verfolgen. Sind die Schwankungen größer als dieser Bereich und von höherer Frequenz, dann beobachtet man beim Erlöschen der Glimmlampe nicht mehr die Löschspannung, sondern die Wiederzündspannung (S. 93).

Auf der Konstanz der Löschspannung beruht auch die bereits besprochene Reduktorwirkung (S. 113), ebenso auch die Anwendung der Glimmlampe als Überspannungsrelais ohne Leerstrom.

### $\varepsilon$) Schwingende und diskontinuierliche Entladungen.

Eine wichtige Anwendung finden die Glimmentladungen durch ihre Fähigkeit, Schwingungen anzuregen; das ist möglich, weil die Charakteristik teilweise fallend ist. Man muß dabei unterscheiden zwischen eigentlichen *schwingenden (kontinuierlichen) Entladungen*, d. h. periodischen zeitlichen Schwankungen des Entladestromes in Verbindung mit einem schwingungsfähigen System (Selbstinduktion und Kapazität), und *diskontinuierlichen* oder *intermittierenden Entladungen* (auch *Kippschwingungen* genannt), die nicht mehr aus eigentlichen Schwingungen bestehen, da kein schwingungsfähiges System vorhanden ist, sondern aus periodischen Kondensatorentladungen.

### Schwingende Entladungen.

Abb. 113 zeigt die einfache Schaltung zur Schwingungserzeugung nach *Duddell*; an Stelle der Glimmentladung kann auch eine Bogenentladung treten; die Entladung wirkt nur als Schaltelement. Die Glimmröhre befindet sich in einem Kreis mit Selbstinduktion, Kapazität und Widerstand, die Schwingungsenergie wird dem Kreis durch eine Gleichstromquelle $E$ zugeführt, die ihrerseits durch Schutzwiderstände und Drosseln gegen die Rückwirkungen der Schwingungen abgesperrt ist. Kapazität und Selbstinduktion kann im Grenzfall auch die Eigenkapazität und Eigenselbstinduktion der Röhre selbst sein. Es können drei Arten von Schwingungen auftreten. Als *Schwingungen erster Art* bezeichnet man solche, bei denen der Strom in der Entladung nie den Wert 0 erreicht; die Schwingungen sind also einer Gleichstromkomponente überlagert. Bei den *Schwingungen zweiter Art* wird in jeder Periode der Strom Null, die Entladung erlischt also in jeder Periode und muß neu gezündet werden; man erhält ein Brenn-

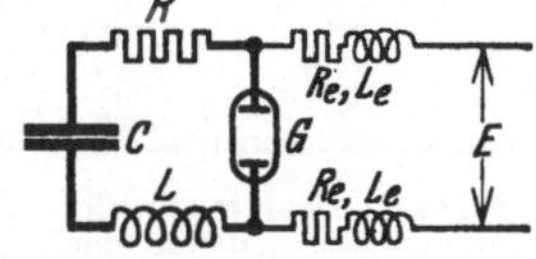


Abb. 113. Schwingende Entladungen (Duddell-Schaltung).

stadium und ein stromloses Stadium. Bei Schwingungen dritter Art zündet die negative Schwingungsphase in der Entladungsstrecke wieder, es tritt „Rückzündung" ein. Ob Schwingungen erster oder zweiter Art auftreten, hängt von dem Verhältnis der Speisestromstärke zur Kondensatorstromamplitude ab. Abb. 114 zeigt ein Schema der Schwingungen erster und zweiter Art. Je kleiner bei Schwingungen zweiter Art die Selbstinduktion im Schwingungskreis wird, um so größer werden die stromlosen Stadien. Für die schwingenden Entladungen gilt die Thomsonsche Schwingungsgleichung

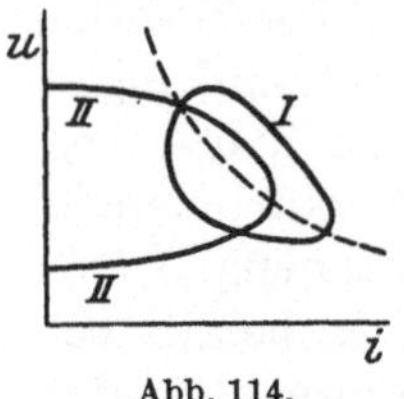

Abb. 114. Schwingungen erster und zweiter Art.

$$T = 2\pi \sqrt{LC} \tag{105}$$

mit großer Annäherung. Solche Schwingungen hat z. B. K. W. Wagner[1] bei nicht zu hoher Eigenfrequenz des Entladungsstromkreises (7000 bis 10000 Hz) zwischen gekühlten blanken Kupfer- und Messingelektroden bei Atmosphärendruck in Luft und Wasserstoff (Stromstärke etwa 1 A) erhalten; die Schwingungen dritter Art treten aber fast immer gleichzeitig mit Bogenentladungen auf. In der drahtlosen Telegraphie sind manche Anordnungen bekannt, die als Ersatz des Poulsenlichtbogens Glimmentladungen benutzen, aber meist keine Bedeutung mehr haben[2].

## Diskontinuierliche (intermittierende) Entladungen.

**Übersicht.** Die diskontinuierlichen Entladungen bilden den Grenzfall für sehr kleine Selbstinduktionen der schwingenden Entladungen zweiter Art. Abb. 115 zeigt das einfache Schaltbild (Hittorfsche Schaltung, oft auch Blinkschaltung genannt). Die Kapazität $C$ wird von der Gleichstromquelle $E$ über den Widerstand $R$ aufgeladen. Parallel zu $C$ liegt eine Glimmröhre, deren Zündspannung gleich oder kleiner als $E$ ist. Sobald der Kondensator bis zur Zündspannung der Röhre aufgeladen ist, zündet diese und $C$ entlädt sich über sie. Dadurch sinkt die Spannung am Kondensator; sobald aber die Löschspannung erreicht ist, setzt die Entladung aus. Es erfolgt nun eine neuerliche Aufladung von $C$ über $R$ bis zur Zündspannung. Das Spiel wiederholt sich nun periodisch, immer wechselt Lade- und Entladezeit ab. Die diskontinuierlichen Entladungen werden also nur

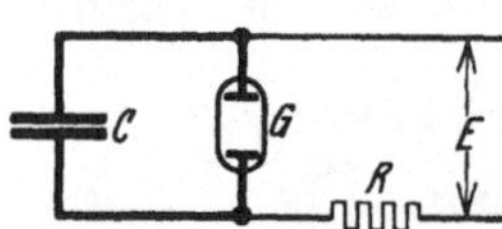

Abb. 115. Diskontinuierliche Entladungen (Hittorfsche Schaltung). Erste Schaltung.

[1] Wagner, K. W.: Diss. Göttingen **1910**. Der Lichtbogen als Wechselstromerzeuger. Leipzig 1910.

[2] Siehe u. a. E. Nesper: ETZ **35**, 322 (1914). K. A. Wingordh: Z. phys.-chem. Unt. **41**, 91 (1928).

durch die eigentümlichen Prozesse der Ionisierung in der Entladungsstrecke bedingt, während bei den schwingenden Entladungen die elektromagnetischen Vorgänge im ganzen Stromkreis verantwortlich sind. Eine strenge Trennung zwischen beiden Arten ist allerdings nicht immer durchführbar wegen der schon erwähnten, schließlich immer vorhandenen Eigenkapazität und Eigenselbstinduktion der Entladungsröhre und der Schaltelemente [1].

Auch bei den diskontinuierlichen Entladungen kann man solche unterscheiden, bei denen der Strom in der Entladungsröhre in jeder Periode Null wird (nach Valle [2] diskontinuierliche Entladungen erster Art bezeichnet), und solche, bei denen in der Charakteristik eine Schleife beschrieben wird, ohne daß $i$ Null wird (diskontinuierliche Entladungen zweiter Art). Die diskontinuierlichen Entladungen erster Art treten hauptsächlich auf, die der zweiten Art meist nur beim Übergang zu den kontinuierlichen Entladungen [3]. Im folgenden werden zunächst nur die diskontinuierlichen Entladungen erster Art betrachtet. Für Meßzwecke hat man es meist mit zwei konkreten Schaltungen zu tun, für die die Lade- und Entladezeit angegeben sei.

**Erste Schaltung.** Die eine ist die schon angegebene Hittorfsche Schaltung (Abb. 115, S. 118): $C$ in Reihe mit dem Ohmschen Widerstand $R$ durch Gleichspannung $E$ aufgeladen, parallel zu $C$ die Glimmröhre mit dem Röhrenwiderstand $R'$, der während der Entladezeit nicht unendlich groß ist. Zur Berechnung der Ladezeit $t_1$ geht man von folgender Gleichung aus:

$$\text{Ladestrom } i = \frac{E - U_C}{R} = C \frac{d U_C}{dt}. \tag{106}$$

Aufgelöst nach $t$ und zwischen $U_z$ und $U_0$ integriert ergibt sich [4]

$$t_1 = C R \ln \frac{E - U_0}{E - U_z}. \quad \left. \begin{array}{l} U_0 = \text{Löschspannung} \\ U_z = \text{Zündspannung} \end{array} \right\} \text{der Glimmröhre.} \tag{107}$$

$t_1$ nimmt ab mit größerer Aufladespannung, weil die Aufladung des Kondensators rascher erfolgt; dasselbe tritt bei Verringerung des Vor-

---

[1] Siehe z. B. E. Friedländer: Arch. Elektrot, **16**, 273 (1926); **17**, 1, 103 (1926); **20**, 158 (1928); nach ihm liegt der Grenzfall reiner, harmonischer Schwingungen dann vor, wenn das Schwingungssystem pro Periode seinen Energieinhalt überhaupt nicht ändert. Der entgegengesetzte Grenzfall der reinen Kippschwingungen ist der, daß die gesamte pulsierende Energie vom Gesamtsystem in jeder Periode irreversible nach außen abgeben wird.

[2] Valle, G.: Physik. Z. **27**, 473 (1926).

[3] Über die verschiedenen Entladungsmöglichkeiten und genauen Formeln siehe G. Valle: Physik. Z. **27**, 473 (1926).

[4] Righi, A.: Rendiconti dell accad. d. scienze di Bologna. **1902**, 188. Schallreuter, W.: Über Schwingungserscheinungen in Entladungsröhren. Braunschweig 1923.

schaltwiderstandes oder bei Verkleinerung der Kapazität ein. Die **Entladezeit** $t_2$ ergibt sich aus

$$\text{Entladestrom } i = \frac{E - U_C}{R} = C\frac{dU_C}{dt} + \frac{U_C}{R'}; \tag{108}$$

$$t_2 = \frac{C\,R\,R'}{R+R'}\ln\frac{E\,R' - U_z\,(R+R')}{E\,R' - U_0\,(R+R')}. \tag{109}$$

$R'$ = mittlerer Röhrenwiderstand während der Entladung (aus der Charakteristik zu entnehmen). Ist $R$ groß gegenüber $R'$, wie meist der Fall, so wird

$$t_2 = C\,R'\ln\frac{U_z}{U_0}. \tag{110}$$

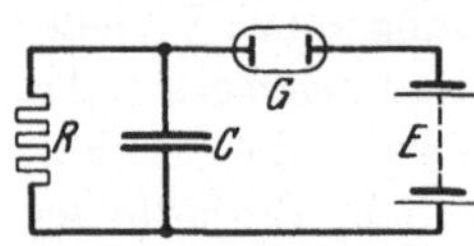


Abb. 116. Erste Schaltung der diskontinuierlichen Entladungen. Widerstand und Glimmröhre nach Abb. 115 vertauscht.

Man sieht, daß die Entladezeit stets klein ist gegen die Ladezeit, auch wenn $R'$ größer würde als $R$, sie kann deshalb bei kleinen Frequenzen vernachlässigt werden. Als Gesamtdauer einer Periode ergibt sich

$$T = t_1 + t_2 = C\,R\ln\frac{E - U_0}{E - U_z} + C\,R'\ln\frac{U_z}{U_0}. \tag{111}$$

In der Schaltung Abb. 115 kann auch Widerstand und Glimmröhre vertauscht werden (Abb. 116), ohne daß sich die Formeln für die Frequenzen ändern.

**Zweite Schaltung.** Die zweite Schaltung verwendet an Stelle des Ohmschen Widerstandes eine Glühkathodenröhre; dadurch können durch Regulieren des Heizstromes beliebige Widerstände im Bereich von 1000 $\Omega$ bis $\infty$ hergestellt werden, die sehr konstant sind, was bei Ohmschen Widerständen schwierig ist. Ferner können im Sättigungsgebiete der Glühkathodenröhre Ströme durch die Rohre fließen, die von der Anodenspannung weitgehend unabhängig sind. Die Righischen Formeln vereinfachen sich dadurch sehr[1]. Für eine im Sättigungsgebiet arbeitende Glühkathodenröhre als Widerstand (Abb. 117) ergibt sich für die **Ladezeit**

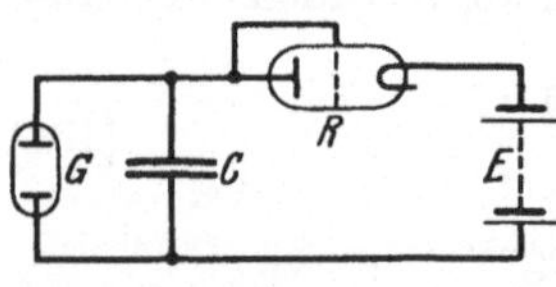


Abb. 117. Zweite Schaltung der diskontinuierlichen Entladungen mit Glühkathodenröhre als Widerstand.

$$t_1 = \frac{C}{i_s}(U_z - U_0). \tag{112}$$

Für genauere Messungen[2] ist zu setzen

$$t_1 = \frac{(C + C_0)(U_z - U_0)}{i_s - i_0}. \tag{113}$$

$C$ = Parallelkapazität; $C_0$ = Röhrenkapazität, Zuleitungs- und evtl. Kopplungskapazität,

$i_s$ = Glühkathodensättigungsstrom,

$i_0$ = Reststrom durch Röhre und Kondensator während der Entladung.

[1] Diese Schaltung ist zuerst von H. Geffcken: Z. techn. Phys. **5**, 511 (1924); Physik. Z. **26**, 241 (1925) angegeben worden.

[2] Vgl. H. J. Reich: Science **64**, 577 (1926).

Für die Entladezeit kann derselbe Ausdruck wie S. 120 eingesetzt werden, wenn sie nicht wieder vernachlässigbar ist. Man kann auch einen Ersatzwiderstand einführen, indem aus der Brenncharakteristik der Lampe ein geradliniger Abfall angenommen wird[1]. Auch hier kann wieder Glühkathodenröhre und Glimmröhre vertauscht werden.

Nach Schaltung *1* bekommt man abhängig von der Zeit $t$ etwa das in Abb. 118 angegebene Bild der Spannung am Kondensator, wenn $C$ parallel zur Glimmlampe liegt (große Ladezeit, kleine Entladezeit), dagegen den in Abb. 119 angegebenen Verlauf, wenn $C$ parallel zum

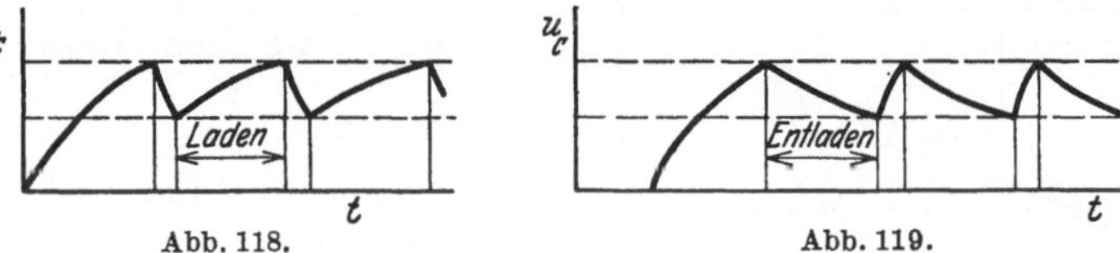


Abb. 118. Abb. 119.

Abb. 118 und 119. Lade- und Entladezeit am Kondensator $C$ parallel zur Glimmlampe $G$ oder zum Ohmschen Widerstand $R$ in Schaltung *1*.

Ohmschen Widerstand $R$ liegt (große Entladezeit, kleine Ladezeit). Bei Schaltung *2* bekommt man geradlinigen Lade- oder Entladeverlauf.

**Messungen an Intermittenzschaltungen.** Zu beachten ist, daß man für $U_z$ und $U_0$ in den Gleichungen für die Frequenz nicht die statischen, sondern die von der Frequenz selbst abhängigen dynamischen Werte einsetzen muß, die auch noch durch die Leistung der Entladung (Größe von $C$) bedingt sind. Tabelle 30 gibt Messungen von Penning[2] an einer Neonröhre wieder; die Frequenz wurde nach Gl. (112), S. 120 berechnet, die Zünd- und Löschspannung abhängig von der Frequenz für sich gemessen. Die Gesamtkapazität betrug 2070 cm (Kapazität der Röhre und Zuleitungen 35 cm, Kondensator 2035 cm). Die statischen Zünd- und Löschspannungen betrugen 285 und 160 V.

Tabelle 30.

| $i_s$ | $U_z$ | $U_0$ | $\nu_{\text{beob.}}$ | $t$ sec | | $\Delta$% |
|---|---|---|---|---|---|---|
| $\mu$A | V | V | $\frac{1}{\text{sec}}$ | beob. | berechn. | |
| 58 | 300 | 96 | 109 | $91{,}7\cdot10^{-4}$ | $81{,}9\cdot10^{-4}$ | 11 |
| 91 | 301 | 98 | 167 | $59{,}8\cdot10^{-4}$ | $52{,}1\cdot10^{-4}$ | 13 |
| 119 | 300 | 100 | 221 | $45{,}2\cdot10^{-4}$ | $39{,}2\cdot10^{-4}$ | 13 |
| 150 | 298 | 101 | 279 | $35{,}9\cdot10^{-4}$ | $30{,}8\cdot10^{-4}$ | 14 |
| 181 | 292 | 106 | 351 | $28{,}5\cdot10^{-4}$ | $24{,}0\cdot10^{-4}$ | 16 |
| 209 | 289 | 109 | 415 | $24{,}1\cdot10^{-4}$ | $20{,}1\cdot10^{-4}$ | 17 |
| 249 | 280 | 115 | 507 | $19{,}7\cdot10^{-4}$ | $15{,}5\cdot10^{-4}$ | 21 |

Man sieht, daß die nach Gl. (112), S. 120 erhaltenen Zeiten 10 bis 20% kleiner sind als die beobachteten, was auf das allmähliche Abklingen

---

[1] Geffcken, H.: Physik. Z. **26**, 241 (1925); siehe S. 246.
[2] Penning, F. M.: Physik. Z. **27**, 187 (1926).

des Stromes nach der Löschspannung („clear up“) zurückzuführen ist. Die Löschspannung wird deshalb zu tief gemessen. Mit höherem $U_0$ gibt Gl. (112), S. 120 größere Zeiten, wie es den Beobachtungen entspricht. Dieser Spannungsabfall ($\Delta V$) während des Verschwindens der Raumladung ist nach Clarkson[1] proportional $\sqrt{\frac{i}{C}}$, die Zeit dafür proportional $\frac{1}{\Delta V}$. Neuere Messungen der Zünd- und Löschspannung (siehe S. 94) zeigt Abb. 120 nach Rothe. Die Gesamtkapazität betrug dabei 1120 cm. Die gegenüber den statischen außerordentlich tiefen Löschspannungswerte, besonders bei kleinen Frequenzen, geben, wie schon erwähnt, nicht die eigentlichen dynamischen Löschspannungswerte wieder, sondern durch den Abbau der Raumbedingungen um so mehr erniedrigte Spannungen, je schwächer der Strom ist, der über den Widerstand nachfließt (kleine Frequenzen); das bestätigen die Versuche von Leyshon.

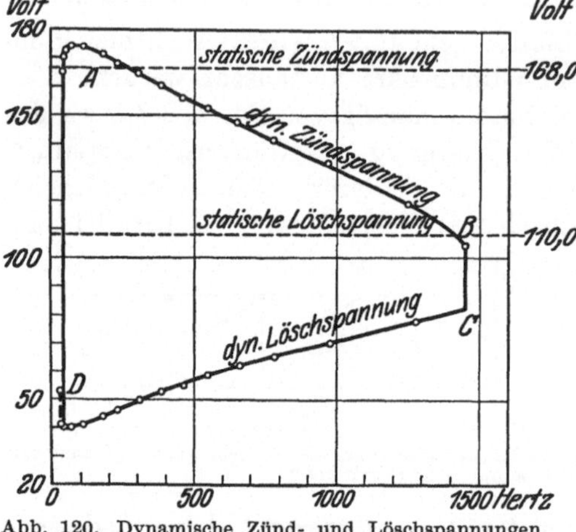


Abb. 120. Dynamische Zünd- und Löschspannungen, abhängig von der Frequenz bei Intermittenzschaltung (nach Rothe).
Abgedunkelte Glimmröhre mit ebenem Kaliumspiegel von etwa 3 cm ∅; 8 mm parallel gegenüber engmaschiges Platinnetz. He 10 mm Druck.

Leyshon[2] hat zum erstenmal die dynamischen Charakteristiken an einer Glimmlampe in Intermittenzschaltung direkt mit dem Kathodenstrahloszillographen aufgenommen. Abb. 121 zeigt die Charakteristik einer Bienenkorbglimmlampe (sog. Osglim-Lampe). Kurve $c$ gibt die statische Charakteristik, Kurve $b$ die dynamische Charakteristik bei größerer und Kurve $a$ bei kleinerer Kapazität. Die dynamische Charakteristik ist

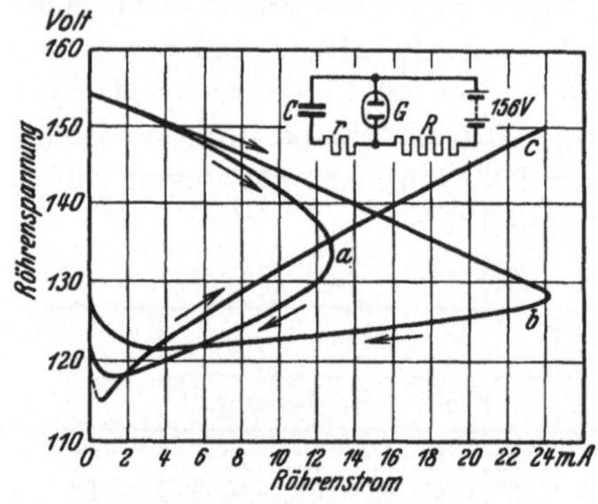


Abb. 121. Statische und dynamische Charakteristiken an einer Bienenkorb-Glimmlampe in Intermittenzschaltung (nach Leyshon).
$a$ dynamische Charakteristik bei kleinem $C$ (0,003 $\mu$ F; 604 Hz), $b$ dynamische Charakteristik bei großem $C$ (0,05 $\mu$ F; 72 Hz), $c$ statische Charakteristik. $R = 100000\ \Omega$, $r = 1000\ \Omega$.

[1] Clarkson, W.: Phil. Mag. (7) 4, 121, 1002, 1341 (1927).
[2] Leyshon, W. A.: Phil. Mag. 4, 305 (1927); Proc. phys. Soc. Lond. 42, 157 (1930).

stark verändert, man sieht den außerordentlich großen Einfluß der Kapazität, der fallende Teil wird mit wachsender Kapazität stark vergrößert; beim Umknicken der Kurve ist die eigentliche Löschspannung erreicht; man sieht aber, daß das Minimum der Spannung tiefer liegt, wie es die eben beschriebenen Messungen von Rothe zeigten. Eine Änderung von $R$ hat dagegen auf die Gestalt der Charakteristik fast keinen Einfluß. Abb. 122 zeigt noch den Verlauf von Strom und Spannung abhängig von der Zeit $t$, ebenfalls mit dem Kathodenstrahloszillographen aufgenommen. Das Strommaximum ist beim Löschpunkt erreicht, man sieht, wie der Strom erst allmählich in verhältnismäßig langer Zeit abklingt.

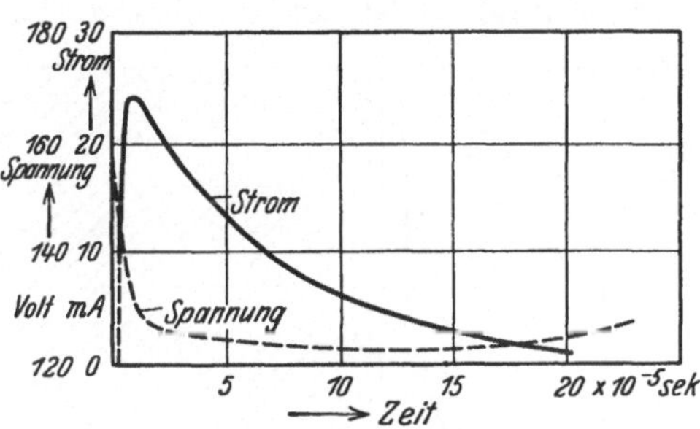


Abb. 122. Zeitlicher Verlauf von Strom und Spannung an einer Glimmlampe in Intermittenzschaltung (nach Leyshon).

Da nach Abb. 123 der Strom bei Erreichen der Löschspannung im Punkt $b$ plötzlich auf den Nullwert nach $c$ „kippt", nennt man diese Glimmlampenintermittenzen auch Kippschwingungen, und zwar sind es Stromkippschwingungen[1]. Der öfters angenommene Verlauf, daß zunächst bei Erreichen der Zündspannung der Strom von $a$ auf $d$ kippt, die Charakteristik $d-b$ durchläuft und dort wieder von $b$ nach $c$ kippt, tritt nicht auf, sondern es wird immer die normale Charakteristik $a—b—c$ durchlaufen[2].

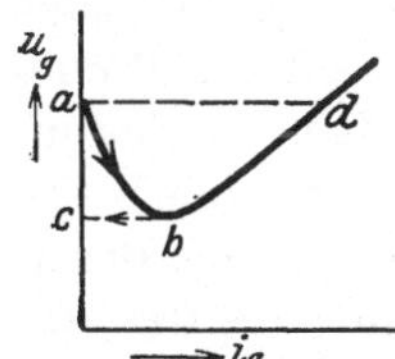


Abb. 123. Kippschwingungen an der Glimmlampe und am Kondensator.

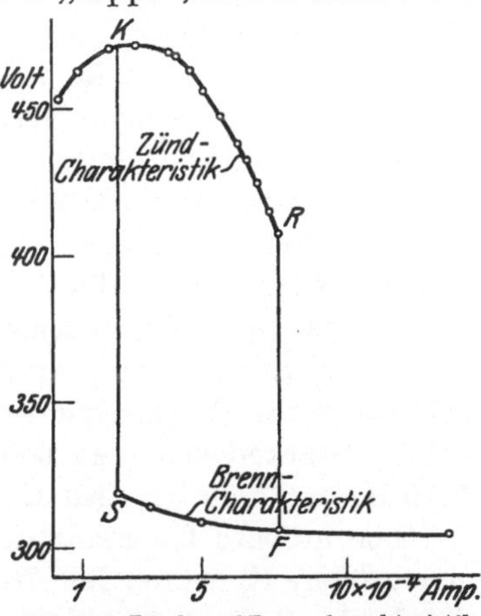


Abb. 124. Zünd- und Brenncharakteristik bei diskontinuierlicher und kontinuierlicher Entladung in Luft (nach Geffcken). $R$ Reißpunkt, $S$ Springpunkt, $F$ Fußpunkt, $K$ Kopfpunkt. Druck 0,69 mm Hg.

**Grenzen zwischen diskontinuierlichen und kontinuierlichen Entladungen.** Diskontinuierliche Entladungen sind nur innerhalb bestimmter

[1] Stromkippschwingungen im Gegensatz zu Spannungskippschwingungen, wie sie z. B. bei Elektronenröhren im Dynatrongebiet erhalten werden.

[2] Haak, E.: Ann. Physik (4) 84, 119 (1927).

Grenzen möglich; dann gehen sie in kontinuierliche Entladungen über. In Abb. 124 ist eine Charakteristik nach Geffcken[1] angegeben. Auf der Ordinate ist die Zünd- und Brennspannung, auf der Abszisse der Effektivstrom, der von der Spannung $E$ geliefert wird, also $i_{s\,\mathrm{eff}}$, aufgetragen; mit $i_{s\,\mathrm{eff}}$ wächst die Frequenz proportional. Diskontinuierliche Entladung ist auf der oberen Charakteristik (Zündcharakteristik) bis zum Punkt $R$ möglich, dann springt die Spannung plötzlich (unter kontinuierlicher Entladung) auf die untere Charakteristik (Brenncharakteristik). Dieser Punkt $R$ wird Reißpunkt genannt. Meist liegt er am Übergang von der fallenden zur steigenden Charakteristik (normales Reißen), bei höheren Frequenzen auch noch innerhalb der fallenden Charakteristik (anormales Reißen). Beim Zurückgehen auf der Brenncharakteristik geht beim Springpunkt $S$ die kontinuierliche Entladung wieder in die diskontinuierliche über. $R$ und $S$ sind stark von der Kapazität abhängig. Abb. 125 gibt für eine Ne-He-Glimmlampe von 10 mm Hg-Druck nach Haak[2] die Gebiete zwischen intermittierender und kontinuierlicher Entladung bei verschiedenen Parallelkapazitäten an.

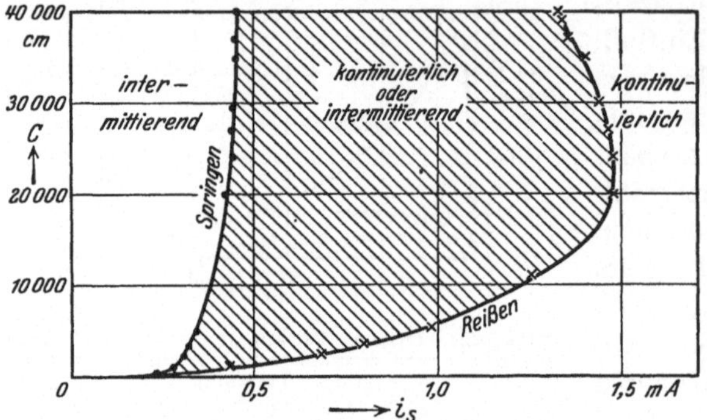


Abb. 125. Die Gebiete kontinuierlicher und intermittierender Entladung, abhängig von Strom und Parallelkapazität (nach Haak). Ne-He-Glimmlampe, 10 mm Druck.

**Einfluß eines Magnetfeldes und der Bestrahlung.** Haak hat auch durch Einwirkung eines transversalen Magnetfeldes auf die Glimmentladung das Frequenzgebiet nach oben steigern können; er erreichte bei Feldstärken von etwa 6000 Gauß eine Steigerung der Frequenz von 5000 Hz auf 7000 Hz, also um etwa 40%.

Eine größere Konstanz der Zünd- und Löschspannung und damit eine größere Konstanz der Frequenz und der Meßgenauigkeit kann man durch künstliche Bestrahlung der Glimmlampe erreichen (Ultraviolette oder $\gamma$-Strahlen z. B.)[3].

Zünd- und Löschspannung und damit die Frequenz der Intermittenzen wird durch die Bestrahlung verändert; meist wird die Zünd-

---

[1] Geffcken, H.: Physik. Z. **26**, 241 (1925).

[2] Haak, E.: Ann. Physik (4) **84**, 119 (1927); für kleinere Ströme siehe F. M. Penning: Physik. Z. **27**, 187 (1926).

[3] Taylor, J., W. Clarkson u. W. Stephenson: J. scient. instr. **2**, 154 (1925).

spannung erniedrigt, die Löschspannung erhöht, wie folgende Tabelle nach Carrara[1] zeigt:

Tabelle 31.

| | $C$ µF | 4 | 2 | 1 | 0,1 | 0,01 | 0,005 | 0,0001 | 0,00005 |
|---|---|---|---|---|---|---|---|---|---|
| $U_z$ | dunkel | 95 | 95 | 95 | 95 | 95 | 95 | 95 | 95 |
| | belichtet | — | — | — | 93 | 93 | 93 | 93 | — |
| Volt | | | | | | | | | |
| $U_0$ | dunkel | 74,3 | 73 | 71,8 | 66,2 | 62,2 | 61 | 62 | 63 |
| | belichtet | — | — | — | 67 | 64 | 65 | 66 | — |

**Wahl der Kapazität und des Widerstandes.** Tabelle 32 gibt schließlich einen Auszug aus Messungen von Schallreuter[2] bei verschiedenen Gasen, Drucken, Kapazitäten und Vorschaltwiderständen (Schaltung *1*), aus denen man auch Anhaltspunkte für die Wahl von $C$ und $R$ bekommt[3].

**Energie der diskontinuierlichen Entladungen.** Die Energie der intermittierenden Entladungen ist nicht groß. Nimmt man als Maß der Energie die effektive Stromstärke im Entladungskreis, die mit einem Galvanometer gemessen werden kann (pulsierender Gleichstrom), und mißt man immer am Reißpunkt, d. h. bei der größtmöglichen Stromstärke, bevor die Entladung kontinuierlich wird, so bekommt man die in Abb. 126 dargestellte Steigerung der Energie mit dem Druck (nach Schallreuter). Die größte Energie bekommt man bei Helium und größeren Drucken (über 20 mm Hg)[4]. Die Energie nimmt mit der Kapazität $C$ zu, so daß bei gleicher Frequenz die Anordnung die größte

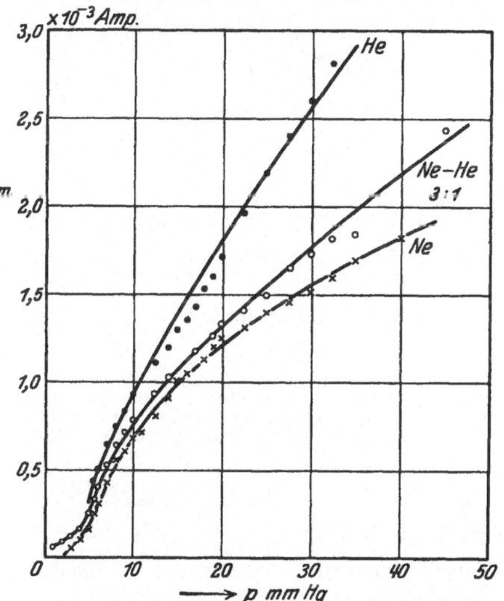


Abb. 126. Abhängigkeit der maximalen Schwingungsenergie der diskontinuierlichen Entladungen von Druck und Gas (nach Schallreuter).

[1] Carrara, N.: Cim. **7**, 318 (1930).

[2] Schallreuter, W.: Über Schwingungserscheinungen in Entladungsröhren. Braunschweig 1923.

[3] Weiteres siehe J. Taylor u. W. Stephenson: Phil. Mag. (6) **49**, 1081 (1925). J. Taylor u. L. A. Sayce: Phil. Mag. (6) **50**, 916 (1925). E. W. B. Gill: Phil. Mag. (7) **8**, 955 (1929).

[4] Für große Frequenzen und Energien eignet sich die Bienenkorbglimmlampe mit Scheibe gut, weil sie kleine Eigenkapazität besitzt. Wesentlich größere Energien lassen sich mit Glühkathodenröhren (siehe S. 139) erzielen, wo

Energie liefert, bei der $R$ am kleinsten und $C$ am größten ist; der Reißpunkt liegt bei etwa konstantem Produkt $RC$, wenn $C$ nicht größer als 2 $\mu$F ist. Die Energie läßt sich nicht dadurch steigern, daß man mehrere Glimmröhren parallel legt; denn die Röhren zünden nie gleichzeitig und durch die zuerst ansprechende Lampe wird die intermittierende Entladung allein betrieben. Man kann aber

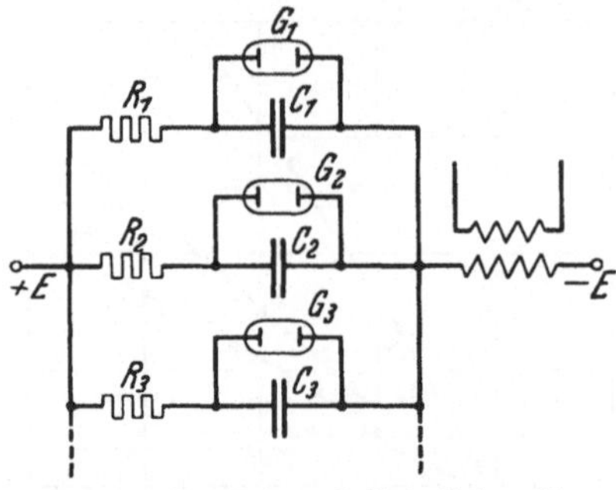


Abb. 127. Parallel geschaltete Intermittenzkreise mit gemeinsamer Kopplung zur Vergrößerung der Schwingungsenergie.

verschiedene Entladungskreise mit je einer Röhre mit einer gemeinsamen Kopplung nach Abb. 127 versehen und so abstimmen, daß die Kreise sich in Resonanz befinden. Auch die

Tabelle 32.

| Gas | Druck mm Hg | Kapazität $\mu$F | Vorschaltwiderstand $\Omega$ | Zündspannung V | Löschspannung V | Aufladezeit $t_1$ sec | Entladezeit $t_2$ sec | Frequenz berechn. (Righi) | Frequenz beobacht. | Frequenz Diff. | Bemerkungen |
|---|---|---|---|---|---|---|---|---|---|---|---|
| He | 35 | 0,8 | $9{,}5\cdot10^{6}$ | 218 | 164 | 25 | $1\cdot10^{-3}$ | 0,04 | 0,04 | 0 | |
| Ne | 5 | 1 | $60\cdot10^{3}$ | 186 | 164 | $29{,}9\cdot10^{-3}$ | $365\cdot10^{-6}$ | 33 | 32 | 1 | |
| Ne | 20 | 1 | $12{,}5\cdot10^{3}$ | 187 | 154 | $8{,}66\cdot10^{-3}$ | $582\cdot10^{-6}$ | 108 | 109 | 1 | |
| Ne | 7 | 0,2 | $50\cdot10^{3}$ | 182 | 158 | $4{,}9\cdot10^{-3}$ | $74\cdot10^{-6}$ | 201 | 205 | 4 | $E = 220$ V |
| Ne | 30 | 0,5 | $6\cdot10^{3}$ | 198 | 160 | $3{,}01\cdot10^{-3}$ | $352\cdot10^{-6}$ | 297 | 290 | 7 | |
| Ar | 3 | 0,5 | $10\cdot10^{3}$ | 188 | 170 | $2{,}2\cdot10^{-3}$ | $126\cdot10^{-6}$ | 430 | 435 | 5 | |
| Ne—He 1:1 | 10 | 0,5 | $5\cdot10^{3}$ | 181 | 150 | $1{,}46\cdot10^{-3}$ | $258\cdot10^{-6}$ | 582 | 580 | 2 | |
| Ne—He 3:1 | 10 | 1 | $4\cdot10^{3}$ | 185 | 150 | $1\cdot10^{-3}$ | $566\cdot10^{-6}$ | 639 | 652 | 13 | $E = 300$ V |
| He | 10 | 0,1 | $20\cdot10^{3}$ | 183 | 152 | $1{,}22\cdot10^{-3}$ | $55\cdot10^{-6}$ | 784 | 775 | 9 | $E = 220$ V |
| He | 25 | 0,1 | $1{,}9\cdot10^{3}$ | 207 | 157 | $300\cdot10^{-6}$ | $73\cdot10^{-6}$ | 2681 | 2607 | 74 | |
| He | 25 | 0,01 | $6\cdot10^{3}$ | 207 | 157 | $94{,}7\cdot10^{-6}$ | $6{,}9\cdot10^{-6}$ | 9843 | — | — | Über Gehörgrenze |

die Glimmentladung sofort in eine Bogenentladung umschlägt [siehe A. Geffcken u. H. Richter: Z. techn. Phys. **5**, 511 (1924)]. Nach einem Patent von E. Gehrcke, O. Reichenheim u. A. Wertheimer sind als Elektroden konzentrische Metallzylinder in H bei 30 mm Hg-Druck vorgeschlagen worden, wobei Stromstärken von 2 Amp bei 0,1 $\mu$F Parallelkapazität und Frequenzen bis 40000 Hz erzielbar sein sollen (D. R. P. Nr. 270610, 273534, 295761).

Verbindung der Kathode der Glimmröhre mit einem geerdeten Kondensator erhöht u. U. die Energie (Änderung der Eigenkapazität der Röhre), ebenso z. B. ein um die Röhre außen herumgelegter, geerdeter oder mit einer Elektrode verbundener metallischer Streifen (siehe S. 140)[1].

**Freie und erzwungene Kippschwingungen. Synchrone, zyklische und wilde Schwingungen.** Neue Gesichtspunkte ergeben sich, wenn man keine Gleichspannung zur Speisung des Intermittenzsystems verwendet, sondern Gleich- und Wechselspannung. Während das System bei Gleichspannung in seiner Frequenz nur wenig von der Gleichspannung $E$ abhängt, sondern von den Konstanten des Entladungskreises ($R$, $C$, $U_z$, $U_0$), also „freie Kippschwingungen" ausführen kann, entstehen bei Speisung mit Gleich- und Wechselspannung „erzwungene Kippschwingungen". Bei letzteren kann man drei verschiedene Schwingungsformen unterscheiden: Synchrone, zyklische und wilde Schwingungen.

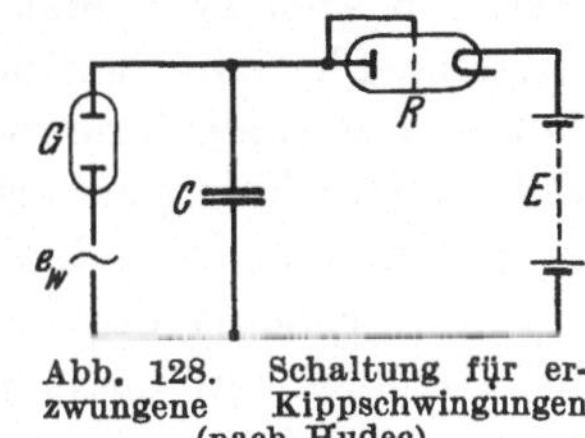

Abb. 128. Schaltung für erzwungene Kippschwingungen (nach Hudec).

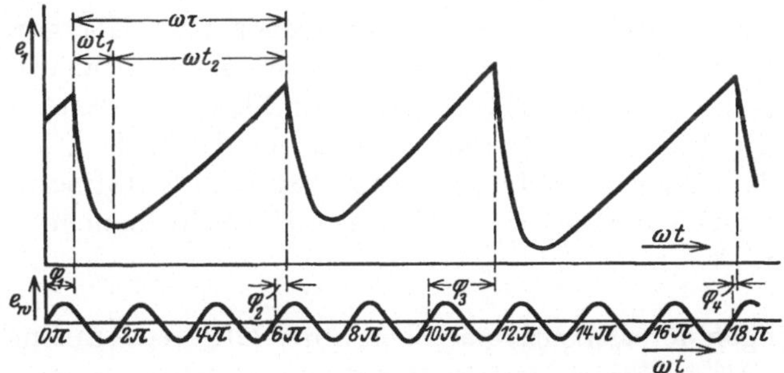

Abb. 129. Spannung am Kondensator $e_1$ und Wechselspannung $e_w$ bei erzwungenen Kippschwingungen nach Schaltung Abb. 128 (nach Hudec).

Abb. 128 zeigt die von Hudec[2] verwendete Schaltung; die sinusförmige Wechselspannung ist vor der Röhre eingeprägt (sie kann aber auch vor dem Kondensator oder dem Widerstand liegen). Abb. 129 gibt die Spannung am Kondensator und die Wechselspannung $e_w$ wieder. Damit Synchronismus zwischen der freien Kippschwingung und der Wechselspannung zustande kommt, muß sich der Phasenwinkel $\varphi$ allmählich einem Wert $\varphi_0$ nähern, für den $\omega\tau = n\,2\pi$ ist ($n$ ganze Zahl,

[1] Procopiu, S.: Physik. Z. **27**, 57 (1926). Dunoyer, L. u. P. Toulon: J. Phys. Radium **5**, 104 (1924).

[2] Hudec, E.: Arch. Elektrot. **22**, 459 (1929); Jahrb. drahtl. Telegr. **34**, 207 (1929).

$\omega$ Kreisfrequenz der Wechselspannung, $\tau$ Dauer einer ganzen Kippschwingung). Außerdem muß die Steigung der $\omega t$-$\varphi$-Kurve für den Phasenwinkel $\varphi_0$ die Bedingung $0 > \frac{d(\omega\tau)_0}{d\varphi} > -2$ genügen[1]; so bekommt man synchrone Schwingungen. Ändert sich der Phasenwinkel $\varphi$ in Abb. 129 fortwährend, dann verlaufen die erzwungenen Kippschwingungen überhaupt nicht periodisch, es sind wilde Schwingungen. Es kann aber auch erst nach einigen ($m$) Ladungen und Entladungen derselbe Phasenwinkel der Wechselspannung wiederkehren. Dann umfaßt eine Periode der erzwungenen Kippschwingungen $m$ Schwingungen. Solche Schwingungen werden als zyklische Schwingungen bezeichnet, $m$ Schwingungen bilden einen Zyklus.

Synchrone oder zyklische Schwingungen kann man nach Kammerloher[2] auch ohne genaue Einstellung auf Synchronismus dadurch bekommen, daß man an Stelle von $e_w$ in Abb. 129, S. 127 einen zweiten Kondensator $C'$ einschaltet, der von der synchronisierenden Wechselspannung $e_w$ über einen Gleichrichter und Widerstand periodisch stufenförmig aufgeladen wird. Das Zünden der Glimmlampe setzt so immer von der Wechselspannung $e_w$ aus scharf ein.

**Diskontinuierliche Entladungen zweiter Art.** Die diskontinuierlichen Entladungen zweiter Art treten hauptsächlich beim Übergang der diskontinuierlichen Entladungen erster Art in die kontinuierlichen auf, also bei kleinem $R$, sind aber nur in sehr kleinem Bereich von $R$ beständig; die Frequenz der Entladungen ist viel größer, ihre Energie geringer als bei den Entladungen erster Art. Sind Selbstinduktionen im Kreis vorhanden, können sie in Thomsonsche Schwingungen erster Art übergehen.

## Anwendungen der diskontinuierlichen (intermittierenden) Entladungen.

**Bestimmung von $C$, $R$, $v$, $U_z$, $U_0$ durch Rechnung.** Die Gl. (111) und (112), S. 120, geben die Möglichkeit, von den Größen $C$, $R$, $U_z$, $U_0$ und Frequenz $v$ eine Größe als Unbekannte aus den bekannten anderen zu bestimmen. Besonders kann man $C$ und $R$ aus der Frequenz $v$ bestimmen, wenn man die Charakteristik der Glimmröhre ($U_z$, $U_0$, innerer Widerstand) kennt; diese letzteren Bestimmungen schließen, wie gezeigt wurde, die meisten Fehlerquellen in sich und müssen bei genauen Messungen sehr sorgfältig vorgenommen werden. Man kann so Widerstände von $10^3$ bis $10^8\,\Omega$ und Kapazitäten von etwa $10^1$ bis $10^7$ cm messen. Zur Messung sehr hoher Widerstände (Isolationswiderstände) verwendet man am besten die S. 120 angegebene Schaltung, indem

---

[1] Siehe E. Hudec: S. 474.

[2] Kammerloher, J.: ETZ 52, 78 (1931).

die Kapazität parallel zum Widerstand gelegt wird (s. E. Kurz)[1]. Man kann so auch Verlustkondensatoren ($C$ und $R$ parallel) messen. Die Kapazitätsmessung mit Hilfe der intermittierenden Entladung wurde zuerst von Würschmidt[2] vorgeschlagen. Messung sehr kleiner Kapazitäten mit Hilfe von Schwebungen zwischen zwei Intermittenzkreisen s. S. 132. Man kann aus $C$, $R$, $U_z$ oder $U_0$ und $\nu$ auch $U_0$ oder $U_z$ bestimmen.

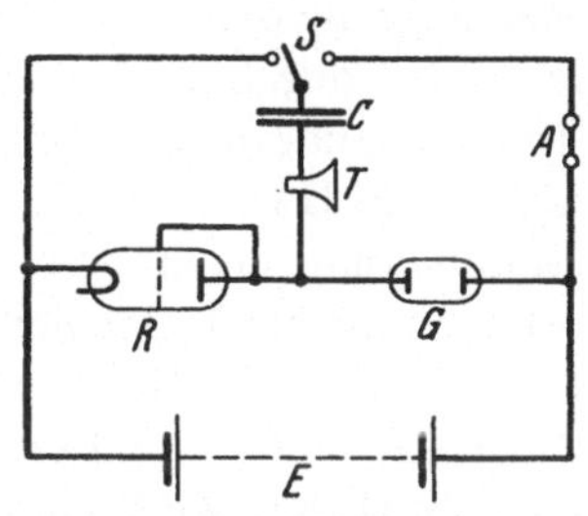

Abb. 130. Glimmbrückenschaltung nach der Substitutionsmethode.

**Bestimmung von $C$ und $R$ durch die Substitutionsmethode.** Größere Genauigkeit (1% und darüber) erzielt man mit der Substitutionsmethode. Diese haben Geffcken und Richter[3] in ihrer sog. Glimmbrücke verwendet. Die Schaltung ist in Abb. 130 angegeben; sie entspricht der zweiten Schaltung in Abb. 117, S. 120, nur läßt sich durch einen Umschalter Widerstand (Glühkathodenröhre) und Glimmröhre vertauschen. Die Messung einer unbekannten Kapazität geht so vor sich, daß man durch einen Umschalter oder Taster die unbekannte Kapazität $C_x$ und die bekannte veränderliche Kapazität $C$ abwechselnd in den Brückenkreis schaltet und $C$ so lange verändert, bis die Frequenz, d. h. der Ton im Telephon beim Umschalten gleich bleibt. Dann ist $C_x = C$ (Abb. 131a). Man braucht keine Nulleinstellung und kann den Widerstand so einstellen, daß man mittlere Tonfrequenzen bekommt, bei denen Frequenzänderungen besonders genau gehört werden. Die Spannung $E$ ist beliebig zwischen 110 und 250 V wählbar. Die Sättigungsspannung der Glühkathodenröhre liegt hier für die zur Aufladung des Kondensators benötigten Anodenströme bei 4 bis 8 V, so daß bei einer Zündspannung der Röhre von 80 bis 90 V selbst bei 110 V immer ein Spannungsrest bleibt, der größer ist als die Sättigungsspannung; Spannungsschwankungen von 10 bis 15% sind deshalb von geringem Einfluß.

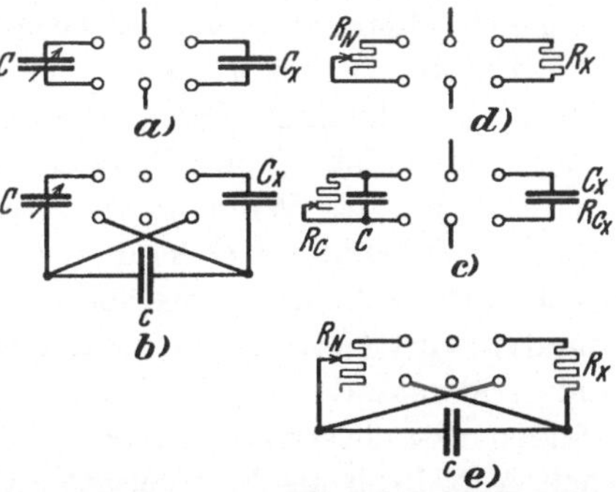

Abb. 131a bis e. Schaltungen zur Messung von Kapazitäten ohne oder mit Leitfähigkeit und Widerständen mit der Glimmbrücke nach Abb. 130.

[1] Kurz, E.: Arch. Elektrot. 17, 413 (1926); siehe auch Trans. III. Eng. Soc. 17, Nr 7 (1922). Mittelmann: Radioamateur 1925, H. 14.

[2] Würschmidt, J.: Verh. dtsch. phys. Ges. 11, 360 (1909).

[3] Geffcken, H. u. H. Richter: Z. techn. Phys. 5, 511 (1924).

Durch den Umschalter $S$ (Abb. 130) kann auch die Leitfähigkeit von $C_x$ geprüft werden. Hat $C_x$ Leitfähigkeit und liegt sie parallel zur Glimmröhre, so erniedrigt sich dadurch die Frequenz (die Aufladung des Kondensators wird verzögert); liegt die Leitfähigkeit aber parallel zum Widerstand (Glühkathodenröhre), so erhöht sich die Frequenz (Beschleunigung der Kondensatorentladung). Durch diesen Kunstgriff kann man also durch einfaches Umlegen des Schalters $S$ an einer etwaigen Frequenzänderung sehen, ob der Kondensator Leitfähigkeit besitzt oder nicht. Die Kapazität eines solchen Kondensators mit Leitfähigkeit bestimmt man nach Abb. 131b, indem ein hochisolierter Hilfskondensator $c$ von etwa gleicher Größenordnung wie $C_x$ (an sich beliebig) mit $C_x$ wie mit $C$ in Reihe gelegt wird; es ist dann bei gleicher Frequenz wieder $C_x = C$. Zur Bestimmung der Leitfähigkeit von $C_x$, die mit $R_{C_x}$ bezeichnet sei, wird nach Abb. 131c der Widerstand $R$ (Heizung der Glühkathodenröhre) so eingestellt, daß keine Entladungen in der Glimmröhre mehr auftreten; dann schaltet man bei gleichbleibender Heizung auf $C$ (hochisolierter Kondensator gleicher Größenordnung wie $C_x$) mit dem parallelgeschalteten Widerstand $R_C$ um und reguliert $R_C$ so, daß wieder die Entladung aufhört. Es ist dann $R_{C_x} = R_C$.

Zur Messung von Widerständen wird der zu messende ($R_x$) und der Vergleichswiderstand ($R_n$) abwechselnd vor die Glimmröhre, also in Abb. 130, S. 129 bei $A$ zwischengeschaltet, während $C$ (beliebig, etwa 500 cm) parallel zu $R$ (Schalter $S$ links geschlossen) konstant bleibt. Bei Tongleichheit ist wieder $R_x = R_n$ (Abb. 131d). Die Anordnung eignet sich aber nur für Widerstände über $10^5$ bis etwa $10^8\ \Omega$. Widerstände zwischen $10^3$ und $10^5\ \Omega$ kann man bestimmen, indem noch ein Hilfskondensator $c$ beliebiger Größe mit beiden Widerständen in Reihe geschaltet wird (Abb. 131e). Auf gleiche Art können Eigenkapazitäten und Widerstände von Röhren, Drosselspulen, hochohmigen Widerständen usw. bestimmt werden. Bei Kapazitätsmessungen werden sie nach Abb. 131b als Kondensatoren mit Leitfähigkeit geschaltet.

**Erzeugung von Wechselströmen.** Die intermittierenden Entladungen können auch zur Erzeugung von Wechselströmen verwendet werden, indem z. B. eine magnetische Kopplung in den Entlade- oder Auflade-stromkreis gelegt wird. Verschiedene Schaltungen dafür zeigen Abb. 132a bis c. Die Einschaltung der Kopplung in die Aufladeseite ist günstiger, weil man weniger störende Obertöne (schnarrende Geräusche) bekommt, ist aber nur bei größeren Frequenzen möglich, wo infolge des kleinen Vorschaltwiderstandes auch die Aufladung rasch erfolgt. Bei kleinen Frequenzen muß man die Kopplung in die Entladeseite bringen, weil die Aufladezeit gegenüber der Entladezeit viel langsamer erfolgt und von der Kopplung $\left(\frac{di}{dt}\right)$ nicht übertragen wird; die Frequenz wird bei letzterer Schaltung durch die Erhöhung des Widerstandes im Entladungskreis erheblich erniedrigt. Es ist auch kapazitive Kopplung möglich (Abb. 132c) und dient vielfach zu Schaltungen für physiologische Reizversuche[1] ($r_1 \approx 10000\ \Omega$, $C'$ einige $\mu$F, $r_2$ hochohmiger Widerstand zur Regelung der Reizintensität). Die Wechselströme können an Stelle von Induktorien zur Messung z. B. von Leitfähigkeiten und Dielektrizitätskonstanten[2] benutzt werden (Abb. 132b); $r$ und $c$ dienen zum Ausgleich von stärkeren Netzschwankungen; durch $R_1$, $R_2$, $R_3$ können drei verschiedene Frequenzen fest eingestellt werden, für $C$ genügt ein Blockkondensator. Durch Auswechseln oder schon durch Umpolen der Glimmlampe läßt sich eine Frequenzänderung ebenfalls erzielen.

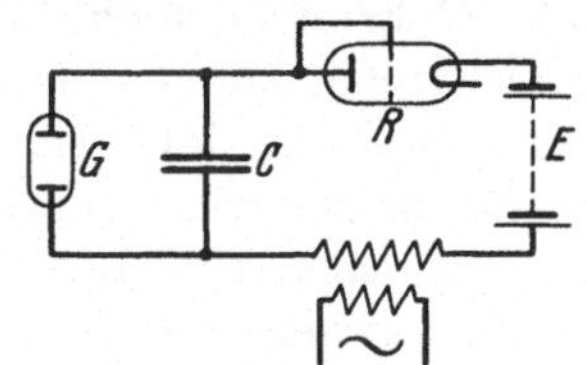

Abb. 132a.

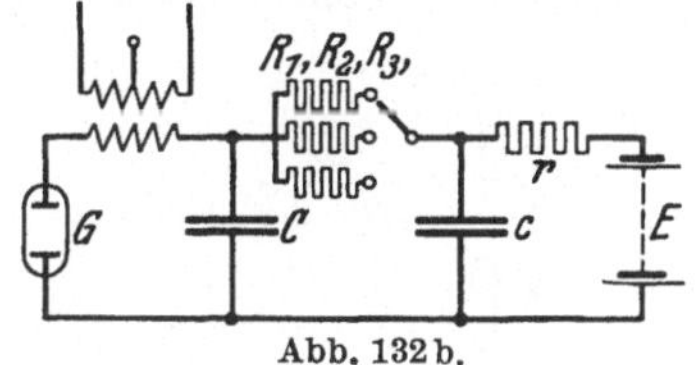

Abb. 132b.

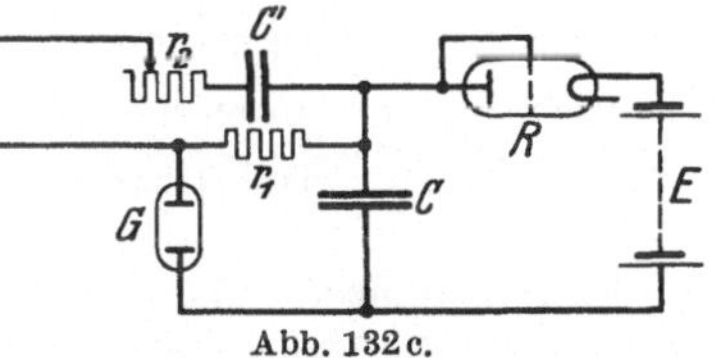

Abb. 132c.

Abb. 132a bis c. Intermittenzschaltungen zur Erzeugung von Wechselströmen.

**Akustische Messungen.** Für akustische Messungen kann Telephon, Lautsprecher usw. direkt in den Entladungs- oder besser Aufladungskreis geschaltet werden. Die Intermittenzen der Glimmentladung sind wegen des eigentümlichen Stromverlaufes sehr reich an höheren Harmonischen, wie folgende Tabelle[3] zeigt:

Tabelle 33.

| Grundschwingung | 10 bis 100 Hz<br>% | 100 bis 1000 Hz<br>% | 1000 bis 3000 Hz<br>% |
|---|---|---|---|
| Erste Harmonische. . . | 5 | 10 | 20 |
| Zweite Harmonische. . . | 5 | 10 | 16 |
| Dritte Harmonische. . . | 5 | 10 | 13 |
| Vierte Harmonische. . . | 5 | 9 | 10 |

Eine bessere Ausnutzung für akustische Zwecke bekommt man nach Haak[4], wenn man die Spannungskurve der Intermittenzen am Kondensator statt der Stromkurve benutzt, da sie freier von Oberschwingungen ist. Nach Abb. 133 werden die Spannungs-

[1] Scheminzky, F.: Pflügers Arch. **213**, 119 (1926).
[2] Scheminzky, F.: Z. physik. Chem. **109**, 435 (1924). Klein, E.: Physic. Rev. (2) **29**, 610 (1927).
[3] Siehe R. Ruedy: J. Franklin Inst. **210**, 625 (1930).
[4] Haak, E.: Ann. Physik (4) **84**, 119 (1927).

schwankungen auf das Gitter einer Elektronenröhre $K_2$ übertragen, das durch eine Hilfsbatterie *HB* so weit negativ aufgeladen wird, daß es am Kondensator eine positive Spannung gegenüber seiner Kathode erhält. *C* kann so nicht über $K_2$ entladen werden. Die verstärkten Wechselströme können im Anodenkreis hörbar gemacht werden. Mit dieser Schaltung läßt sich auch eine feinere Frequenzbestimmung, z. B. für Messungen von *R* und *C* (S. 128) durchführen. Durch eine Schaltung nach Abb. 134 kann man durch geeignetes Abstimmen der zwei Kreise zwei verschiedene Tonschwingungen überlagern und Schwebungen im Telephon bekommen[1]. Diese Schwebungsmethode wird auch zur Messung kleiner Kapazitäten benützt[2].

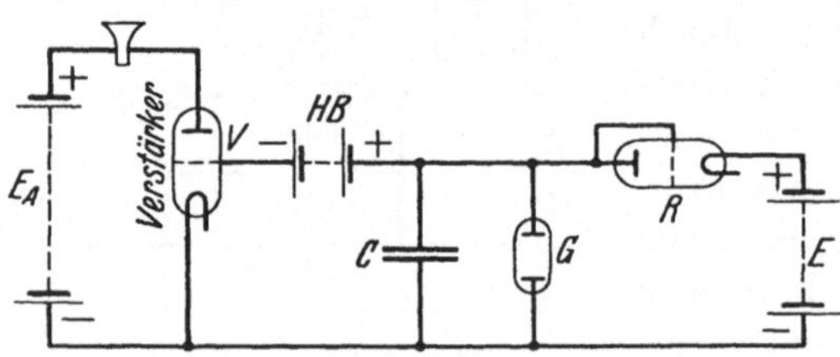


Abb. 133. Schaltung für akustische Ausnutzung der Glimmlichtintermittenzen unter Benutzung der Spannungskurve (nach Haak).

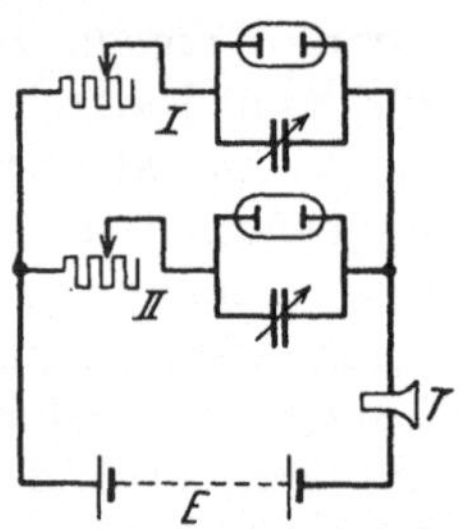


Abb. 134. Intermittenzschaltung zur Erzeugung von Schwebungen.

**Stroboskopische Messungen.** Eine weitere Anwendung ist für Drehzahl- und Schlüpfungsmessungen in der Stroboskopie[3] gegeben. Die stroboskopischen Methoden beruhen auf dem Prinzip, daß sich bewegte Merkzeichen, die von intermittierendem Licht beleuchtet oder bei konstanter Beleuchtung durch intermittierende Beobachtung (Lochscheibe) betrachtet werden, langsamer oder gar nicht zu bewegen scheinen. Durch die Intermittenzschaltungen hat man nun ein bequemes Mittel, beliebige Lichtfrequenzen einzustellen und zu messen. Die Frequenz kann man aus den Konstanten des Kreises berechnen (nach S. 120) oder eichen. Ein einfaches und genaues Mittel zum Eichen der Frequenz ist die Stimmgabel; hält man diese vor die Glimmlampe, so scheint bei Übereinstimmung der Lampenfrequenz mit der Eigenschwingungszahl der Gabel die schwingende Gabel stillzustehen. Speziell bei Schlupfmessungen an Asynchronmotoren beobachtet man entweder ein mit

[1] Mecke, R. u. A. Lambertz: Physik. Z. **27**, 86 (1926).
[2] Taylor, J. u. W. Clarkson: J. scient. instr. **1**, 173 (1924).
[3] Siehe H. Schering u. V. Vieweg: Z. Instrumentenkde. **40**, 140 (1920). F. Schröter u. R. Vieweg: Arch. Elektrot. **12**, 358 (1923). W. Jaeger u. H. v. Steinwehr: Arch. Elektrot. **13**, 330 (1924). H. E. Linck u. R. Vieweg: ETZ **46**, 1107 (1925); Arch. Elektrot. **15**, 510 (1926). E. E. Steinert: Gen. El. Rev. **31**, 136 (1928). J. C. Prescott u. E. W. Connon: J. Am. Inst. El. Engs. **69**, 281 (1931).

der Rotorachse verbundenes Merkzeichen mit intermittierendem Licht und kann aus der Differenz der Frequenz des Rotors und der Lichtquelle die Schlupffrequenz bestimmen, oder man beobachtet durch eine mit der Rotorachse verbundene Lochscheibe (am besten ein Loch) das Aufblitzen einer mit dem Statorwechselstrom betriebenen Glimmlampe. Die Schlupfzahl bestimmt den Takt des Leuchtens, der durch eine zweite Glimmlampe in Blinkschaltung ermittelt wird, die auf Gleichtakt mit dem Leuchten der Wechselstromglimmlampe einreguliert ist. Normalerweise bekommt man so sehr geringe Frequenzen der Blinkschaltung, die direkt die Schlupffrequenzen angeben; bei der letzteren Anordnung ist man von kleinen Schwankungen der Glimmröhre unabhängiger als bei der ersteren.

**Photoelektrische Messungen.** Eine besondere Anwendung der intermittierenden Entladungen ist die von J. H. J. Poole[1] angegebene photoelektrische Lichtmessung. Er benutzt die übliche Intermittenzschaltung mit Neonglimmlampe, aber an Stelle des Vorschaltwiderstandes eine lichtelektrische Zelle. Im Bereich von 62 bis 25000 Meterkerzen, licht elektrischen Strömen von etwa $10^{-8}$ bis $10^{-6}$ Amp entsprechend, ist die Frequenz der Beleuchtungsstärke bis auf einige Prozent proportional. Evakuierte Photozellen erwiesen sich geeigneter als gasgefüllte Typen.

**Herstellung linearer Zeitachsen.** Die S. 127 beschriebenen erzwungenen Kippschwingungen finden als synchrone Schwingungen Anwendungen, also dadurch, daß sich das zeitproportionale Ansteigen der Ladespannung der Glimmröhre mit der Wechselspannung synchronisieren läßt (Änderung von $C$, $R$, Heizung der Glühkathode, Gleichrichtung der Wechselspannung und Ladung eines vor die Glimmlampe geschalteten Kondensators). So können Aufnahmen am Kathodenstrahloszillographen (Braunsche Röhre) oder Glimmlichtoszillographen hergestellt werden, indem die aufzunehmende periodische Wechselspannung, die zugleich die Steuerspannung der Kippschwingung ist, und die Ladespannung (Röhrenspannung) an zwei senkrecht zueinander stehende Plattenpaare zur Steuerung des Kathodenstrahles gelegt werden. Die höchste erzielbare Frequenz ist allerdings nur 5000 biz 6000 Hz[2]. Es kann aber

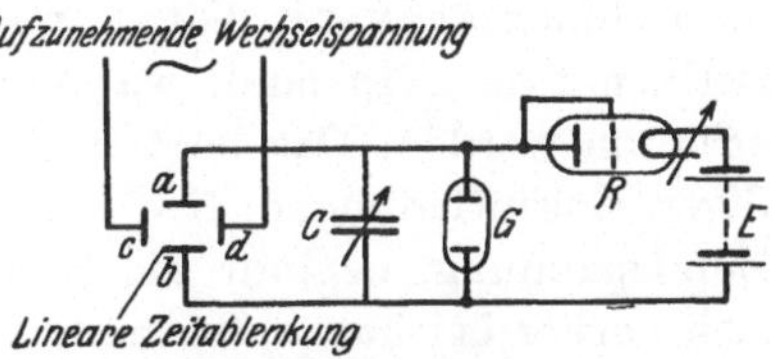

Abb. 135. Schaltung zur Herstellung linearer Zeitachsen.

---

[1] Poole, J. H. J.: Nature **121**, 281 (1928); vgl. auch. A. J. Rothe: Physik. Z. **31**, 520 (1930), der eine Photozelle als Gegenleitfähigkeit zur Messung der Löschspannung bei Intermittenzen verwendet; siehe S. 140.

[2] Siehe F. Bedell u. H. J. Reich: Science **63**, 619 (1926). E. Hudec: Arch. Elektrot. **22**, 459 (1929); Jahrb. drahtl. Telegr. **34**, 207 (1929). J. Kammerloher: ETZ **52**, 78 (1931).

auch die lineare Zeitablenkung im Intermittenzkreis getrennt von der zu untersuchenden Wechselspannung nach Abb. 135 eingestellt werden. Bei Übereinstimmung der beiden Frequenzen steht das Lichtbild still[1].

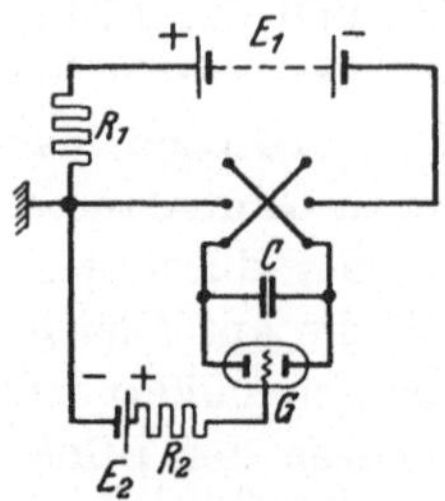


Abb. 136. Intermittenzschaltung mit Gitterglimmröhre (empfindliches Voltmeter). $R_1 \approx 1\,M\Omega$, $R_2 \approx 10\,\Omega$, $C \approx 0{,}5\,\mu$F.

**Empfindliches Voltmeter.** Eine besondere Röhre nach Knowles mit Gitter in Intermittenzschaltung verwenden Wilkins und Friend[2] (Abb. 144, S. 137). Die Anordnung in Abb. 136 wirkt als empfindliches Voltmeter. 1 V Gitterspannungsänderung ($E_2$) hat eine merkliche Frequenzänderung zur Folge; aus der Frequenz kann also auf die Spannung geschlossen werden. Die gleiche Schaltung kann auch zum Anschluß an einen Geigerschen Spitzenzähler (an Stelle von $R_2$) benutzt werden.

### ζ) Spannungssteuerung bei Glimmentladungsstrecken durch Gitterelektroden.

**Überblick.** In neuerer Zeit sind Glimmröhren mit Gitterelektroden ähnlich den Elektronenröhren mit Gitter zur Anwendung gekommen; sie sind gerade als Meßentladungsstrecken besonders wichtig.

Gegenüber der Elektronenröhre mit Gitter unterscheidet sich diese Ionenröhre mit Gitter wesentlich dadurch, daß ihre Charakteristiken unstetig sind, während sie bei der Elektronenröhre stetig erhalten werden. Das liegt in der Natur der hier wirksamen selbständigen Gasentladungen. Nur bei einer charakteristischen Spannung, der Zündspannung, beginnt die Röhre überhaupt zu wirken, während sie sich vorher bei kalter Kathode wie ein guter Isolator, bei Glühkathode wie eine Elektronenröhre verhält. Man kann zweierlei Wirkung des Gitters unterscheiden: Einmal die Beeinflussung des Elektrodenfeldes und zweitens die Beeinflussung des Raumladungsfeldes. Ferner muß man unterscheiden, ob man eine Spannungssteuerung oder eine Stromsteuerung erreichen will. Beide Steuerungen sind möglich und bedingen sich gegenseitig. In diesem Abschnitt wird nur die Spannungssteuerung behandelt.

**Spannungssteuerung.** Bei der Spannungssteuerung kommt praktisch allein die Steuerung der Zündspannung in Betracht. Es wird sich zeigen, daß die Zündspannung mit Hilfe des Gitters in weiten Grenzen geändert werden kann und daß zur Einleitung der Entladung nur ein ganz geringer Gitterstrom nötig ist (Relaiswirkung).

[1] Siehe H. Rudolph: Arch. Elektrot. **13**, 212 (1923).
[2] Wilkins, T. R. u. F. B. Friend: J. Opt. Soc. Am. **16**, 370 (1928); siehe auch Electr. Rev. **106**, 611 (1930).

Die Bedingung zum Eintritt der Zündung ist, allgemein, genügende Beschleunigung der Ionen zur Kathode hin, wo Elektronen frei gemacht werden. Da diese Beschleunigung von der Feldverteilung in der Entladungsstrecke abhängt, wird also die Zündspannung von den Spannungen der Anode und des Gitters abhängen. Man kann hier auch von einem „Durchgriff" der Anode wie bei der Elektronenröhre sprechen; nur ist der Durchgriff, wie sich noch zeigen wird, größer als 1.

Die Zündung wird im allgemeinen zwischen Gitter und Kathode eingeleitet (Hilfszündung) und schlägt dann sofort in die Hauptzündung zwischen Anode—Kathode um. Als Charakteristik der Röhre wird man deshalb am besten die Gitterzündspannung als Funktion der Anoden- oder Kathodenspannung (d. h. einer positiven Spannung der Anode gegenüber der Kathode oder der Kathode gegenüber der Anode) betrachten. Die Art der Charakteristik sei an einem speziellen Beispiel nach Messungen an einer Röhre von Richter und Geffcken[1] gezeigt.

**Glimmröhre nach Richter und Geffcken.** Diese besteht aus zwei plattenförmigen Hauptelektroden (Kathode $K$, Anode $A$), zwischen denen sich eine flächenhafte Zündelektrode $Z$ befindet, die die Entladung zwischen $A$ und $K$ einleiten soll (Abb. 137).

Abb. 137. Dreielektroden-Glimmröhre (nach Richter und Geffcken).

In Abb. 139 ist zunächst die Anodenspannung abhängig von der positiven Gitterzündspannung aufgetragen. Die Schaltung zur Messung der Spannungen mit den Bezeichnungen ist in Abb. 138 angegeben. Solange die Anodenspannung klein ist, macht sich der Durchgriff der Anode fast nicht bemerkbar, die Gitterzündspannung bleibt konstant. Erst bei höheren Anodenspannungen, hauptsächlich vom Gebiet der Löschspannung der Hauptentladung ab, nimmt die Gitterzündspannung ab, und zwar nach einem Knie fast linear.

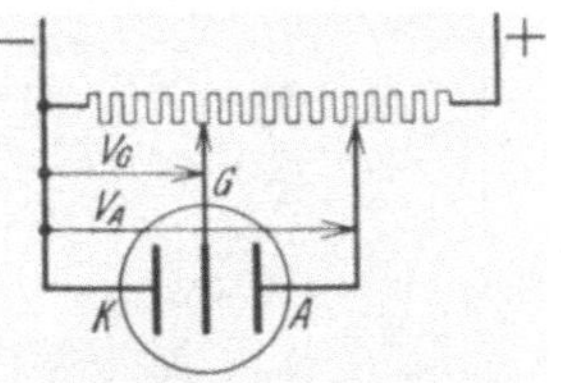

Abb. 138. Schaltung der Glimmröhre mit Gitter.

Das Verhältnis $\frac{d\,U_G}{d\,U_A} = \operatorname{tg}\delta$ stellt den Durchgriff der Anode dar, der bei linearer Abnahme der Gitterzündspannung konstant bleibt und in dem angegebenen Beispiel etwa 2 bis 3 (200 bis 300%) beträgt.

Eine Zündung zwischen den Hauptelektroden kann aber auch durch eine negative Gitterzündspannung herbeigeführt werden (Abb. 140). Hier macht sich ein Durchgriff der Anode überhaupt nicht bemerkbar. Das liegt daran, daß das Gitter hier Kathode ist; zur Einleitung der Glimmentladung ist an der Kathode ein bestimmtes Spannungsgefälle, der Kathodenfall, erforderlich, der konstant bleibt. Solange die Ka-

[1] Richter, H. u. H. Geffcken: Z. techn. Phys. 7, 601 (1926).

thodenspannung noch nicht den Zündspannungswert zwischen $A$ und $K$ erreicht hat, der natürlich höher liegt als $U_G$ wegen der größeren Ent-

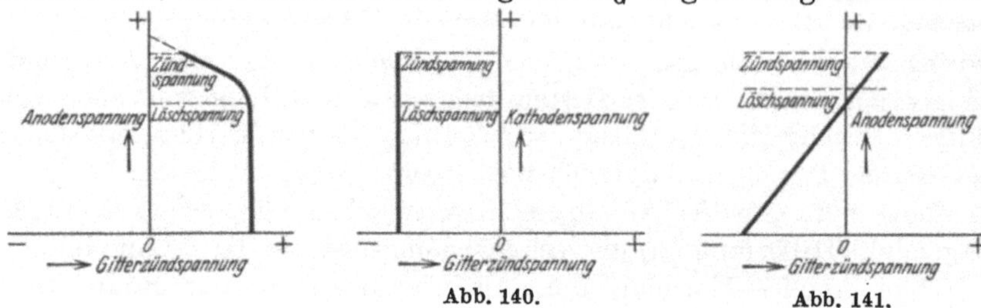


Abb. 140. Abb. 141.

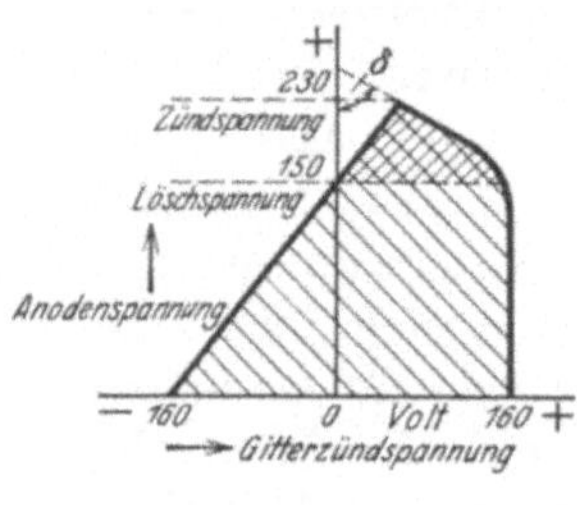


Abb. 139 bis 142. Gitterzündspannung und Anoden- oder Kathodenspannung bei der Gitterglimmröhre (nach Richter und Geffcken).

fernung $A—K$ gegenüber $A—Z$, bleibt deswegen $U_G$ konstant. Trägt man statt der Kathodenspannung die Anodenspannung auf, so ergibt sich natürlich eine geneigte Gerade (Abb. 141), indem die Gitterzündspannung um denselben Betrag wächst, um den die Anodenspannung sich erhöht. Bei gleichen Spannungsmaßstäben ist die Neigung der Geraden 45°.

Abb. 139 und 141 zusammengenommen ergeben das gemeinsame Diagramm der Abb. 142. Die „positiven" und „negativen" Gitterzündspannungswerte schneiden sich in einem Punkt, dessen Ordinate (Anodenspannung) gleichzeitig die Zündspannung der Hauptelektroden bei freigelassenem Gitter bedeutet. Außerhalb des schraffierten Gebietes treten Dauerentladungen auf. Unterhalb der Löschspannung der Hauptelektroden zünden die Hauptelektroden nicht mehr gleichzeitig mit der Hilfsentladung durch das Gitter, es tritt dann keine Relaiswirkung mehr auf. Eine Relaiswirkung tritt nur in dem doppelt schraffierten Teil ein, und zwar bekommt man eine „Relaiszündung" beim Übergang aus dem doppelt schraffierten Gebiet in das unschraffierte.

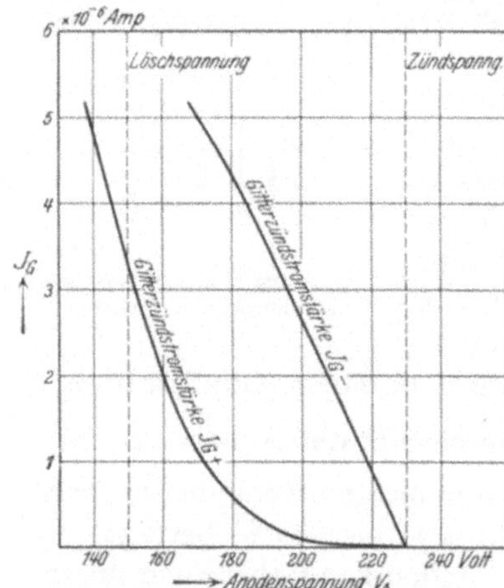


Abb. 143. Abhängigkeit der negativen und positiven Gitterzündstromstärke von der Anodenspannung bei der Glimmröhre (nach Richter und Geffcken).

Bei der praktischen Anwendung des sog. Glimmrelais wird die Ruhespannung $A—K$ und des Gitters so eingestellt, daß man sich in der Nähe der Grenzen im doppelt schraffierten Gebiet der Abb. 142 befindet und mit geringen Spannungsänderungen des Gitters die Glimmentladung auslöst. Wichtig ist noch die Kenntnis der Gitterzündstromstärken. Abb. 143 zeigt die Abhängigkeit der negativen und positiven Gitterzündstromstärke von der Anodenspannung. Bei negativer Gitterzündung bekommt man ungünstig große Stromstärken (bei 10 V unterhalb der Zündspannung der Hauptelektroden etwa $1 \cdot 10^{-6}$ A). Bei positiver Gitterzündung dagegen liegen die Stromstärken 100- bis 1000mal niedriger ($10^{-8}$ bis $10^{-10}$ A), was sich daraus erklärt, daß die Kathode eine der Hauptelektroden ist und zwischen diesen der Kathodenfall bereits aufgebaut wird. Man wird also bei Benutzung als empfindliches Relais immer positive Gitterzündspannung wählen. Der Strom der Hauptentladung beträgt etwa 10 bis 15 mA, ist also schon in der Lage, gröbere mechanische Relais zu betätigen. Die Stromverstärkung ist danach bis zu $10^6 \ldots 10^8$fach. Falls nur noch kleinere Gitterströme zur Verfügung stehen, kann man durch parallelgeschaltete Kondensatoren die Ansprechenergie erreichen.

Abb. 144. Gitterglimmröhre (nach Knowles).

**Glimmröhre nach Knowles.** Eine andere Gitterglimmröhre hat D. D. Knowles[1] angegeben. (Abb. 144) Sie besteht aus einer zylinderförmigen Kathode und einer etwa in deren Mitte angebrachten drahtförmigen Anode, über der das drahtförmige Gitter sehr nahe angebracht ist. Der Abstand Anode—Gitter ist also sehr klein gegenüber dem Abstand Anode—Kathode. Die Gasfüllung besteht aus Neon von 5 mm Hg-Druck.

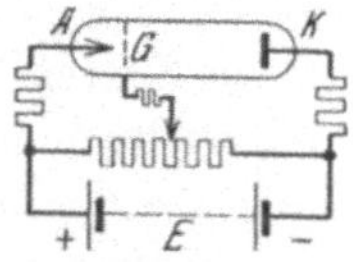

Abb. 145. Gleichspannungsschaltung der Gitterglimmröhre (nach Knowles) mit Gitterspannung.

Durch den kleinen Abstand Anode—Gitter ist erreicht, daß die Zündspannung zwischen Anode—Gitter bei weitem höher ist als die Zündspannung zwischen Gitter—Kathode mit dem großen Abstand. Denn die Zündspannung steigt bei verkleinerter Schlagweite nach Durchlaufen eines Minimums stark wieder an, wie Abb. 4 zeigt (s. S. 7); dieser Verlauf wurde schon von Paschen gefunden; er ist nur vom Produkt $ps$ abhängig (Paschensches Gesetz). Die Hauptelektroden liegen nach Abb. 145 an etwa 1000 V. Ist die Spannung $U_{G-K}$, die mit dem Spannungsteiler einreguliert wird, kleiner als 400 V, so tritt keine Zündung zwischen Gitter und Kathode ein, und die verbleibenden 600 V und mehr zwischen Gitter—Anode genügen nicht zum Zünden. Überschreitet $U_{G-K}$ aber etwa 400 V, so setzt Zündung ein, wobei die Entladung wegen des starken Feldes zwischen Anode—Kathode sofort dahin überspringt. Der Gitterzündstrom ist etwa 5 $\mu$A, während der

[1] Knowles, D. D. u. S. P. Sashoff: Physic. Rev. (2) **35**, 1431 (1930); Knowles, D. D.: Electr. J. **27**, 116, 232 (1930); siehe auch T. R. Wilkins u. F. B. Friend: J. Opt. Soc. Amer. **16**, 370 (1928).

Hauptstrom zwischen Anode—Kathode 10 bis 50 mA beträgt. In Reihe mit dem Gitter liegt ein Vorschaltwiderstand von etwa 50 M$\Omega$. Der Vorteil ist, daß die Entladung immer zwischen Gitter—Kathode zündet, nicht zwischen Gitter—Anode; solange eine bestimmte Minimalspannung zwischen Gitter und Anode vorhanden ist, geht dann die Entladung immer zu den Hauptelektroden über. Verbindet man Gitter und Anode, so beträgt die Zündspannung etwa 350 V; ist das Gitter isoliert (nicht verbunden), so beträgt die Zündspannung zwischen Anode—Kathode etwa 900 V. Das Gitter lädt sich nämlich allmählich immer mehr negativ auf (Überwiegen der Elektronen), so daß die hohe Zündspannung in dem kleinen Gebiet Anode—Gitter erreicht werden muß. Schaltet man aber zwischen Gitter und Anode einen hohen veränderlichen Ableitwiderstand, so verkleinert sich die Zündspannung mit Verkleinerung des Ableitwiderstandes (Abb. 146). Man kann so eine Veränderung der Zündspannung zwischen 350 und 900 V bekommen, während bei der vorher betrachteten Röhre mit der ebenen Elektrode diese Grenzen 160 und 230 V betrugen. Als ein solcher veränderlicher hoher Ableitwiderstand kann z. B. eine Photozelle benutzt werden.

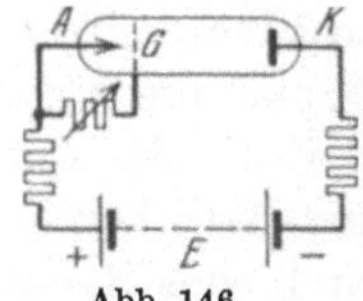


Abb. 146. Gleichspannungsschaltung mit Ableitwiderstand zwischen Gitter und Anode.

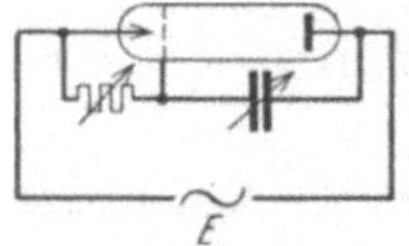


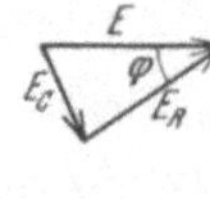


Abb. 147. Wechselspannungsschaltung mit Ableitwiderstand zwischen Gitter und Anode.

Die Gitterglimmröhre kann auch an Wechselspannung gelegt werden und wirkt hier gleichzeitig als Gleichrichter, da die Elektrodenoberflächen so stark verschieden sind. Zur Regelung der Zündspannung kann man entweder die G r ö ß e der Gitterspannung ändern, während die Spannungen Anode—Kathode und Gitter—Kathode in Phase sind, oder man kann nur die P h a s e der Gitterspannung gegenüber der Hauptelektrodenspannung ändern, während die Größe der Gitterspannung dieselbe bleibt. Schließlich kann man auch Größe und Phase der Gitterspannung gleichzeitig ändern (Schaltung Abb. 147 mit Vektordiagramm).

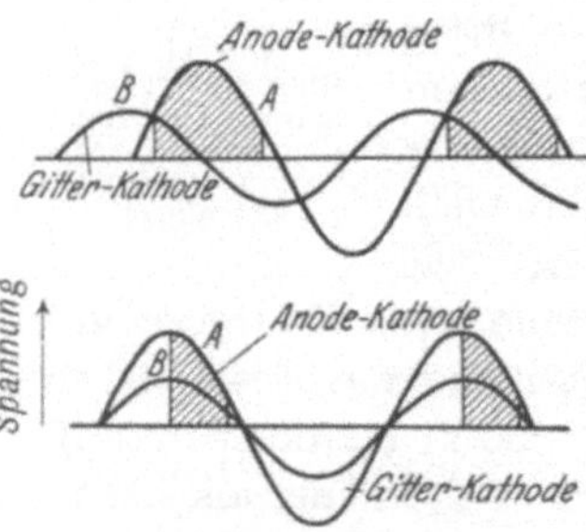


Abb. 148. Zünd- und Löschspannung mit Brenndauer während einer vollen Wechselspannungsperiode bei gleichphasiger und phasenverschobener Gitterspannung an der Glimmröhre (nach Knowles).

In Abb. 148 ist die Brenndauer mit der Zünd- und Löschspannung während einer vollen Wechselspannungsperiode bei gleichphasiger und phasenverschobener Gitterspannung angegeben; Kurve *A* gibt die Spannung Anode—Kathode, Kurve *B* die Spannung Gitter—Kathode wieder.

**Gitterglimmröhren mit Glühkathode. Thyratron.** Gitterglimmröhren mit Glühkathode haben in neuerer Zeit große Bedeutung erlangt. Die gezündete Glimmentladung kann sich hier sofort in eine stromstarke Bogenentladung weiterentwickeln. Mit ganz geringen Gitterleistungen (Größenordnung 1 $\mu$W) lassen sich so Leistungen von vielen kW praktisch trägheitslos auslösen. Das Anwendungsgebiet dieser Röhren ist noch in starker Entwicklung begriffen.

Das sogenannte Thyratron[1] hat eine direkt oder besser indirekt[2] geheizte Glühkathode, eine Anode mit davorliegendem Gitter und enthält ein chemisch träges Gas geringen Druckes, also Ne, Ar, He oder Hg-Dampf. Besonders letzterer wird in Verbindung mit einer Oxydkathode verwendet, wobei durch Beigabe eines Tröpfchens Hg an einer kalten Stelle der Röhre konstanter, niedriger Dampfdruck (etwa $^1/_{100}$ mm Hg), geringe Erwärmung (keine Kühlung) und gegenüber flüssiger Quecksilberkathode (Quecksilberdampfgleichrichter) ein viel geringerer Verlustspannungsabfall von etwa 11 bis 12 V in der Röhre erreicht wird. Vor der Zündung (bei stark negativem Gitter gegenüber der Kathode) sind die Gitter- und Anodencharakteristiken ähnlich wie bei den Elektronenröhren. Bei sinkender negativer Gitterspannung (zwischen —5 und —20 V bei der Hg-Dampfröhre) beginnt die Stoßionisation und der wachsende Anodenstrom steigt bei der Zündung der Glimm- und Bogenentladung sprunghaft (unstetige Charakteristik). Er ist, abgesehen von der Verlustspannung in der Röhre, nur durch die Bedingungen des äußeren Stromkreises begrenzt[3]. Mit wachsender Anodenspannung fällt die meist nur negative Gitterzündspannung ziemlich linear im Bereiche weniger Volt, abgesehen von kleinen Anodenspannungen. Nach der Zündung hat das Gitter keine Steuerwirkung mehr, der Bogen kann nur durch Erniedrigung der Anodenspannung unter die Ionisierungsspannung des betr. Gases für eine zur Neutralisation der Ionen ausreichende Zeit gelöscht werden. Bei Anodenwechselspannungen nicht zu hoher Frequenz (bis etwa 10000 Hz) tritt Löschung in jeder Periode von selbst ein und das Gitter gewinnt in der negativen Halbwelle seine Steuerwirkung wieder; bei Anodengleichspannung muß durch einen Schalter kurzzeitig das Potential der Anode Null gemacht

[1] Name bedeutet „Röhre mit Tür"; ausgebildet seit 1914 von Langmuir, Hull u. Toulon. Hull, A. W. u. J. Langmuir: Proc. Nat. Acad. Sci. **15**, 218 (1929). Hull, A. W.: Trans. Amer. Inst. El. Engs. **47**, 753 (1928); Gen. El. Rev. **32**, 213, 390 (1929). Prince, D. C.: Gen. El. Rev. **31**, 347 (1928). Knowles, D. D. u. S. P. Sashoff: Physic. Rev. (2) **35**, 1431 (1930). Reich, H. J.: Physic. Rev. (2) **36**, 373 (1930). Sashoff, S. P.: Electr. J. **27**, 486 (1930). Nottingham, W. B.: J. Franklin Inst. **211**, 271 (1931). Schenkel, M. u. I. v. Issendorff: Siemens-Z. **11**, 142 (1931).

[2] Wegen Wegfall ungleicher Potentiale im Heizdraht und Ausnutzung größerer Oberflächen (besserer Wirkungsgrad).

[3] Es sind Thyratrons bis zu 75 Amp und 25 kV bereits hergestellt.

werden. Das kann z. B. durch Parallelschalten eines zweiten Thyratrons und eines Kondensators (Inverterschaltung) erreicht werden.

Ebenso wie die Anodenspannung kann auch die Gitterspannung Gleich-, Wechselspannung oder beides sein. Es ergeben sich damit viele Schaltmöglichkeiten. Die Regelung der Gitterspannung kann (wie S. 138) durch Änderung seiner Größe oder Phasenlage gegenüber der Anodenspannung mittels Widerständen, Kapazitäten oder Induktivitäten erfolgen (s. Abb. 147 und 148). Abb. 149 zeigt z. B. die Charakteristik einer Neonröhre für maximal 0,5 Amp bei Anodenwechsel- und Gittergleichspannung für verschiedene Kapazitäten zwischen Gitter und Kathode. Eine Änderung der Glühkathodenheizung hat nur ganz geringen Einfluß auf die Spannungen.

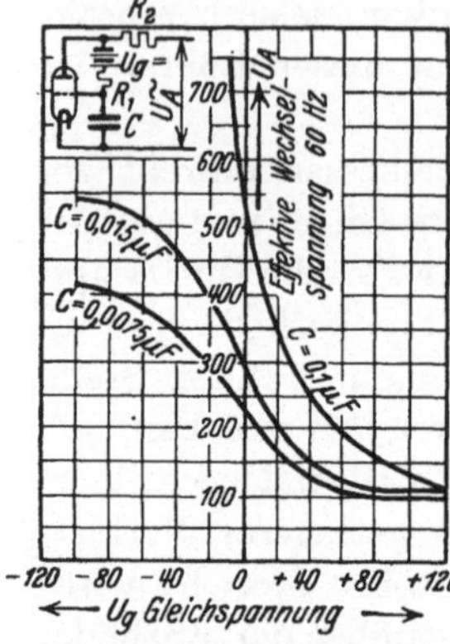


Abb. 149. Charakteristik einer Gitterglimmröhre mit Glühkathode für maximal 0,5 Amp Entladungsstrom bei Anoden-Wechselspannung und Gittergleichspannung (nach Sashoff).
$R_1 = 3\ M\Omega$; $R_2$ = Begrenzungswiderstand für maximalen Entladestrom von 0,5 Amp.

**Glimmlampe mit Außenelektrode als Gitter.** Eine Glimmröhre mit Gitter zur Benutzung als empfindliches Relais kann man in einfachster Weise nach Bellingham[1] auch dadurch herstellen, daß man eine gewöhnliche Zweielektroden-Glimmlampe außen mit einem Metallstreifen umgibt (Außenelektrode als Gitter). Am besten eignet sich die Bienenkorbglimmlampe mit Scheibe (s. S. 105, Type 4), um die man eine Metallfolie von etwa 4 cm Breite außen herumklebt.

Zuweilen, besonders in Hg-Dampf, übernehmen die Glaswände infolge Festhaftens von Ladungen oder Leitfähigkeit die Rolle der dritten Elektrode.

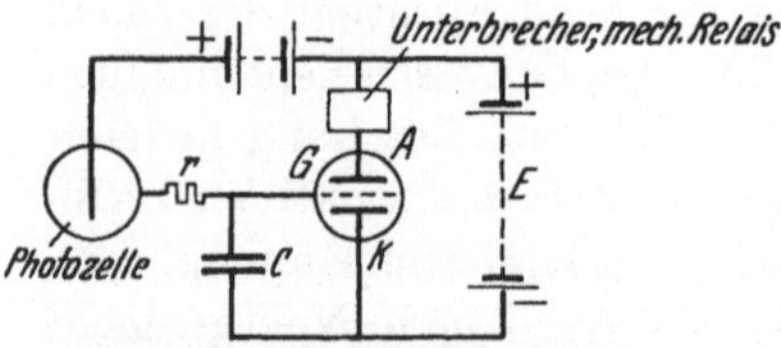


Abb. 150. Glimmrelaisschaltung mit Gitterglimmröhre und Photozelle.

**Anwendungen.** Die wichtigsten Anwendungen[2] sind die als Relais (Regler) und als empfindliches Voltmeter (Maximalvoltmeter). Abb. 150 gibt eine Schaltung bei Verwendung als Glimmrelais in Verbindung mit einer Photozelle wieder. Da die Glimmentladung nicht ohne weiteres von selbst wieder verlöscht, muß durch besondere Schaltungen sowohl eine Unterbrechung des Hauptelektrodenkreises als auch eine Unterbrechung des Gitterzündstromes erfolgen, damit das Relais sofort wieder arbeitsbereit ist. Zur Unterbrechung des Hauptelektroden-

[1] Bellingham, L.: Nature **125**, 928 (1930).

[2] Die Anwendungen als Gleich- und Wechselrichter gehören nicht zu den Meßentladungsstrecken.

kreises benutzt man das angeschlossene mechanische Relais oder eine zweite gittergesteuerte Röhre, im Gitterkreis dagegen ist nach Abb. 150 eine Selbstunterbrecherschaltung angegeben, wie sie von den diskontinuierlichen Entladungen her als Hittorfsche Schaltung (s. S. 118) bekannt ist. Da bei dieser Kippschaltung die Frequenz umgekehrt proportional der Kapazität $C$ und dem Widerstand $R$ der Photozelle ist, wird die Ansprechfrequenz bei konstantem $C$ proportional der auffallenden Lichtintensität (s. S. 152). Ein mit dem Relais verbundenes Zählwerk kann die auffallenden Lichtmengen registrieren. In analoger Weise können auch alle Arten von Ionisationsvorgängen usw. registriert werden.

An Stelle der Photozelle kann auch eine Elektronen- (Verstärker-) Röhre geschaltet werden, deren Spannungsabfall durch Beeinflussung seiner Gitterspannung zur Gitterzündspannung der Glimmröhre erhöht wird. So können Hochfrequenzzeichen (z. B. Zeitzeichen) registriert werden.

Da schon ganz geringe Gitterströme zur Zündung genügen ($10^{-8}$ bis $10^{-11}$ Amp), so reicht z. B. bei Erdung des positiven Poles der Relaisbatterie $E$ die Leitfähigkeit des Bodens und des menschlichen Körpers aus, um durch Berührung der Gitterelektrode das Relais zum Ansprechen zu bringen. Auch Influenzladungen auf dem Gitter (Nähern eines geladenen Körpers) bewirken die Zündung.

Die Anwendung der Gitterglimmröhre als empfindliches Voltmeter ist schon bei der intermittierenden Entladung S. 134 besprochen worden. Sie spricht auf den Maximalwert zeitlich veränderlichen Spannungen an (indirekt auch auf Ströme bei Abzweigung von Ohmschen Widerständen).

## 3. Stromsteuerung bei Glimmentladungsstrecken durch Gitterelektroden.

Außer der eben behandelten Spannungssteuerung ist auch eine Stromsteuerung nach Eintritt der Glimmentladung möglich.

**Liebenröhre.** Die älteste derartige Glimmentladungsstrecke ist die jetzt durch die Elektronenröhre verdrängte, von R. v. Lieben, E. Reisz und S. Strauss[1] vorgeschlagene sog. Liebenröhre, die zur Verstärkung schwacher Wechselströme hauptsächlich in der Telephontechnik Anwendung gefunden hat. Sie hat ähnliche Anordnung wie die Glühkathodenröhre mit Gitter (Wehneltglühkathode, siebartiges Gitter, stiftförmige Anode), sie enthält aber eine Quecksilberdampffüllung von etwa $^1/_{100}$ mm Hg-Druck. Bei kleiner Gittervorspannung herrscht zwischen

[1] Siehe R. Lindemann u. E. Hupka: Verh. dtsch. Phys. Ges. **16**, 881 (1914); Arch. Elektrot. **3**, 49 (1914). Reisz, E.: ETZ **34**, 1359 (1913).

Kathode und Gitter eine unselbständige Entladung, während zwischen Gitter und Anode sich eine selbständige Glimmentladung mit hohem Kathodenfall ausbildet. Wird die Spannung am Gitter erhöht, so werden durch Stoß Ionen erzeugt, die zum Teil durch das Gitter hindurchstoßen und dort den Kathodenfall verkleinern, bei konstanter Anodenspannung also den Strom vergrößern.

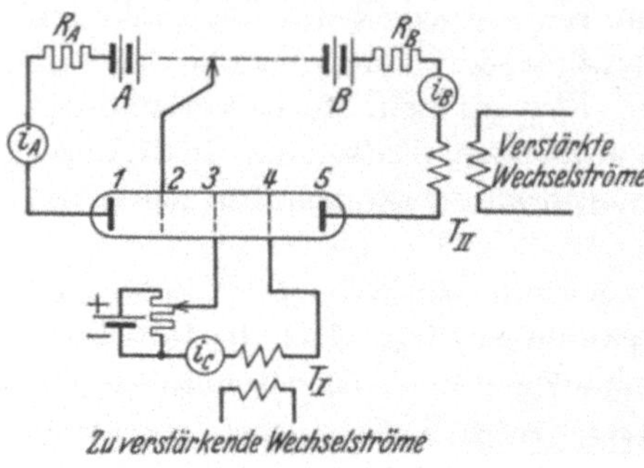


Abb. 151. 5-Elektrodenröhre (nach Marx).

**5-Elektrodenröhre nach Marx.** Eine mit Edelgas gefüllte, zur Lautverstärkung bestimmte Entladungsröhre mit 5 Elektroden untersuchte E. Marx[1] (Schaltung Abb. 151). Die Elektroden *1*, *2* und *5* sind die eigentlichen Gasentladungselektroden im Anodenkreis *A* und *B*, *3* und *4* sind Steuer- oder Relaiselektroden. Die Relaiselektroden sind mit dem Transformator $T_I$ und einer Batterie verbunden, die entgegengesetzt wie das Gefälle im Kreis *B* geschaltet ist. Die bei $T_I$ in die Anordnung hineingesandte Stromschwankung wird in $T_{II}$ verstärkt empfangen. Die Verstärkung ist bei gegebener Anodenspannung des Kreises *B* eine Funktion der Klemmenspannung der Elektroden *3* und *4*. Bei Elektroden aus Bleikaliumlegierungen wurde bis 50fache Verstärkung erreicht.

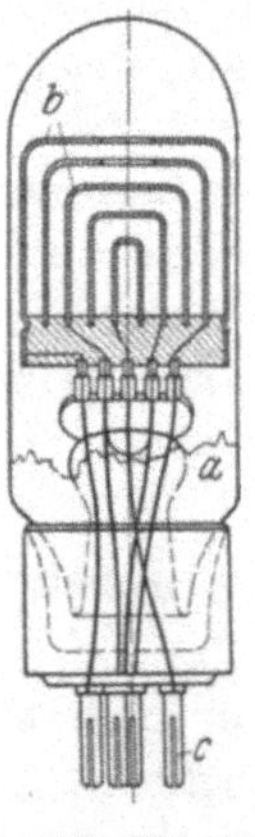

Abb. 152. Glimmlichtspannungsteiler mit fünf Metallelektroden.

**Glimmlichtspannungsteiler.** Eine andere Vielelektrodenanordnung wirkt als Spannungsteiler[2], der den Vorzug eines geringen inneren Widerstandes und weitgehender Unabhängigkeit von der Belastung hat. Dieser nach einem Vorschlag von Körös gebaute Glimmlichtspannungsteiler enthält in einer mit Neon gefüllten Glasröhre mehrere (in Abb. 152 fünf) glockenförmig übereinander gestülpte Metallelektroden, die mit den Sockelstiften leitend verbunden sind. Der Abstand der Elektroden ist so gewählt, daß zwischen den einzelnen Metallelektroden bei der

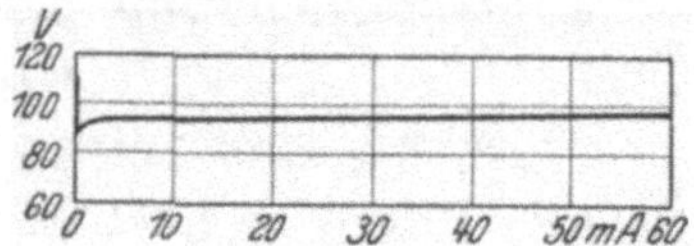


Abb. 153. Die Konstanz der Elektrodenspannung, abhängig vom Strom bei dem Glimmlichtspannungsteiler der Abb. 152.

[1] Marx, E.: Ann. Physik (4) **67**, 77 (1922).

[2] Siehe F. Noack: Z. V. d. I. **74**, 548 (1930); hergestellt von der C. Lorenz A.G. und Osramwerk gemeinsam.

Glimmentladung Spannungsabfälle entstehen, die von der Strombelastung weitgehend unabhängig sind. Abb. 153 zeigt die Konstanz der Elektrodenspannung oberhalb 3 mA.

## 4. Normaler Kathodenfall.

### Glimmschichtgröße—Stromstärke (Glimmlichtoszillograph).

**Elektrodenformen.** Nach dem Hehlschen Gesetz (s. S. 87) besteht mit großer Annäherung Proportionalität zwischen Ausdehnung des negativen Glimmlichtes und der Stromstärke, solange die Kathode noch nicht ganz bedeckt ist (normaler Kathodenfall). Gehrcke[1] hat zuerst diese Beziehung zur Ausbildung eines Glimmlichtoszillographen benutzt. Die erste Ausführung von Gehrcke benutzt zwei etwa 20 cm lange, gegeneinander versetzte Nickeldrahtelektroden, deren Enden in einer Ebene liegen (Abb. 154). Für die Beobachtung und Photographie muß man beide Drähte in eine Bildebene legen. Bei sehr sauberen und polierten Nickeldrahtelektroden in trockenem Stickstoff bei 7 bis 8 mm Druck und etwa 300 V Entladespannung ergab eine Stromstärke von 0,04 Amp eine Glimmlichtlänge von 10 cm. Ruhmer ordnete die Drahtelektrode in einer Linie axial an (Abb. 155); in den kleinen Zwischenraum von wenigen mm legte er eine Scheibe aus Glas oder Glimmer, so daß sich kein

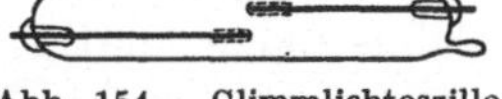

Abb. 154. Glimmlichtoszillograph (nach Gehrcke) mit zwei gegeneinander versetzten Nickeldrahtelektroden.

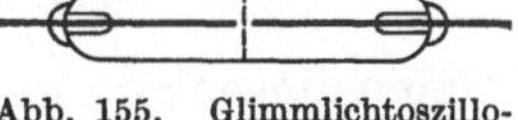

Abb. 155. Glimmlichtoszillographenröhre (nach Ruhmer), mit axialen Drahtelektroden.

---

[1] Literatur über Glimmlichtoszillographen: W. Hittorf: Pogg. Ann. **136**, 1 (1860). E. Goldstein: Wiedem. Ann. **64**, 38 (1898). N. Hehl: Diss. Erlangen **1901**; Physik. Z. **3**, 547 (1902). H. A. Wilson: Phil. Mag. (6) **4**, 608 (1902). W. Lessing: Diss. Erlangen **1902**; Verh. dtsch. Phys. Ges. **6**, 340 (1904). Wehnelt: Verh. dtsch. Phys. Ges. **5**, 29 (1903). E. Gehrcke: Verh. dtsch. Phys. Ges. **6**, 176 (1904). C. A. Skinner: Phil. Mag. (6) **8**, 397 (1904). E. Gehrcke: Verh. dtsch. Phys. Ges. **7**, 63 (1905). Z. Instrumentenkde. **25**, 33 (1905). E. Ruhmer: ETZ **26**, 143 (1905). E. Gehrcke: Z. Instrumentenkde. **25**, 278 (1905); Electrician **56**, 1020 (1906). E. Ruhmer: Z. phys. chem. Unterr. **19**, 141 (1906); ETZ **26**, 143 (1905). H. Diesselhorst: Verh. dtsch. Phys. Ges. **9**, 317 (1907); **10**, 306 (1908); ETZ **29**, 703 (1908). E. Goldstein: Verh. dtsch. Phys. Ges. **12**, 426 (1910). G. Eichhorn: Jahrb. drahtl. Telegr. u. Telef. **3**, 404 (1910). F. Voltz u. F. Janus: Physik. Z. **16**, 133, 213 (1915). F. Voltz: Arch. Elektrot. **9**, 247 (1920). F. Zacher: Z. techn. Phys. **2**, 250 (1921). W. Geyger: Physik. Z. **22**, 360 (1921); Helios **27**, 497, 529 (1921); **28**, 85 (1922). L. Bergmann: Z. phys. chem. Unterr. **35**, 165 (1929). L. Jakobsohn: Z. ärztl. Fortbildg. **21**, Nr. 24, **1924** [Radioamat. **2**, Nr. 13 (1924)]. V. Engelhardt u. E. Gehrcke: Z. techn. Physik **6**, 153, 438 (1925); **7**, 146 (1926). V. Engelhardt: Z. Instrumentenkde. **46**, 240 (1926).

Lichtbogen bilden kann. Wesentliche Verbesserung trat durch Anwendung von ebenen Metallblechen als Elektroden ein, weil beim seitlichen Anvisieren der Ebenen die größere Intensität der sich in eine gewisse Tiefe (1 bis 2 cm) erstreckenden Glimmlichthaut ausgenutzt wird. Die Bleche beider Elektroden liegen in einer Ebene und sind durch ein senkrecht zur Rohrachse stehendes Glimmerblättchen getrennt. Eine konkrete Ausführung[1] besteht aus einer Glasröhre, 35 mm Durchmesser, 275 mm Länge, mit zwei 60 mm langen, 10 mm breiten Elektroden. Die Gasfüllung ist Stickstoff von 10 mm Hg-Druck; Glimmlichtlänge einseitig etwa 0,8 mm pro mA, bei 60 mA etwa 50 mm. Durch Erniedrigung des Gasdruckes kann die Empfindlichkeit unter wesentlicher Einbuße an Lichtstärke gesteigert werden. Bei Aufnahmen von Wechselströmen sind bei dieser Anordnung zwei Nachteile vorhanden: Einmal stört das anodische Glimmlicht, andererseits liegt zwischen zwei Halbperioden eine Lücke, da der Glimmstrom erlischt, wenn die Spannung unter einen gewissen Wert sinkt (Löschspannung). Der erstere Nachteil kann durch zwei gabelförmige Elektroden, deren Zinken je aus verschiedenem Metall (Aluminium und Platin) bestehen, beseitigt werden. Die beiden Aluminiumzinken liegen in einer Ebene und werden zur Messung benutzt. Die seitlichen Platinzinken sind jeweils wegen ihres geringeren Anodenfalles Anode, das Anodenlicht kann also abgeblendet werden. Der zweite Nachteil wird durch Überlagerungen von Gleichstrom beseitigt. Es hat dies auch den Vorteil, daß man nur an einer Elektrode, der Kathode, Aufnahmen zu machen braucht, also ganz kontinuierliche Bilder bekommt und die Anode beliebig ausbilden kann. Die Gleichstromquelle kann durch eine Drossel vor dem Eindringen des Wechselstromes, umgekehrt die Wechselstromquelle durch einen Kondensator vor dem Eindringen des Gleichstromes bewahrt werden (s. Abb. 164, S. 148). Für solche, nur an einer Elektrode, der Kathode, aufzunehmende Bilder hat der Glimmlichtoszillograph die in Abb. 156 angegebene Form bekommen: Die Kathode besteht aus zwei 60 mm langen und 10 mm breiten Nickelblechen, die sich im Abstand von 1,5 mm gegenüberstehen. Die Außenseiten und die Ränder der Bleche sind mit Glimmer bedeckt, so daß das Glimmlicht nur innerhalb der beiden Kathodenbleche entsteht und seitlich scharf begrenzt ist. Die Form der Anode ist beliebig, z. B. einfach ein kreisrundes, senkrecht zur Rohrachse stehendes Aluminiumblech. Gasart und Druck ist meist Stickstoff von

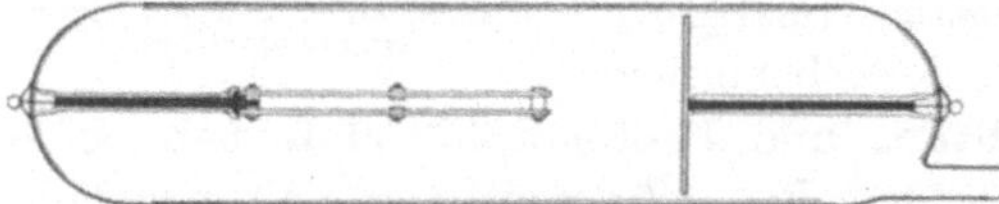

Abb. 156. Glimmlichtoszillographenröhre (nach Engelhardt und Gehrcke).

[1] Hergestellt von der Firma H. Boas, Berlin.

etwa 10 mm Hg, da er sich für photographische Zwecke am besten eignet (violett-blaues Licht); für subjektive Beobachtung werden besser Edelgase (Neon-Helium) verwendet, die auch eine kleinere Zündspannung haben. Bei Stickstoff von 10 mm Hg beträgt die Zündspannung etwa 300 V, die Glimmlichtlänge bei 25 mA etwa 16 mm.

**Methoden zur Zeitablenkung der Glimmlichtbilder.** Will man nicht nur ein Bild der Extremwerte der aufgenommenen Ströme haben, was bei ruhender Röhre und ruhender photographischer Platte geschehen kann (die Länge des leuchtenden Bandes ist dem Maximalwert des Stromes proportional), sondern will man den zeitlichen Verlauf der Stromvorgänge untersuchen, so muß man dem Glimmlichtbild eine zeitliche Ablenkung (Bewegung) erteilen. Das Glimmlichtbild wird dann zu einer Glimmlichtfläche auseinandergezogen, deren Umgrenzungslinien die Stromkurve darstellen. Die Kurven können in drei verschiedenen Koordinatensystemen[1] dargestellt werden:

1. Im rechtwinkligen Koordinatensystem.
2. Im Kreiskoordinatensystem.
3. Im Polarkoordinatensystem.

Zur Erzielung der Bewegung des Bildes kann dienen:

a) bewegte Röhre,
b) bewegte photographische Platte,
c) bewegter Spiegel,
d) bewegte Trommel.

Das Bild kann durch diese Mittel entweder verzerrt oder unverzerrt erhalten werden.

Zu 1. Rechtwinkliges Koordinatensystem.

Hier muß dem Glimmlichtbild eine geradlinige Bewegung senkrecht zur Glimmröhrenachse, die die Ordinate bildet, erteilt werden. Die älteste und bekannteste Anordnung ist die mit rotierendem Spiegel mit ebenen Spiegelflächen; wird der Spiegel synchron zur Wechselstromperiode gedreht (evtl. durch Synchronmotor), so steht die Spiegelkurve still und man kann sie photographieren. Man kann aber auch der photographischen Platte eine geradlinige Bewegung erteilen (Platte mit gleichmäßiger Geschwindigkeit an einem länglichen Schlitz (Ordinate) vorbeiführen, durch den das stillstehende Glimmlichtbild fällt). Ebenso kann die Röhre geradlinig bewegt werden, was aber meist Schwierigkeiten bereitet. Einfacher ist es, die Röhre auf der Mantelfläche eines Zylinders entlang wandern zu lassen, wobei die Drehungsachse parallel zur Achse der Glimmröhre liegt (nach Siemens). Die Bilder werden allerdings in der Abszisse um so mehr verzerrt (seitlich zusammen-

[1] Siehe W. Geyger: Helios 28, 85 (1922).

gedrückt), je kleiner der Abstand zwischen Zylinder und Glimmröhrenachse ist[1]. Eine ähnliche Anordnung nach Kock[2] benutzt eine rechtwinklig abgebogene Glimmröhre, die nach Abb. 157 rotiert. Kock benutzt noch einen Kunstgriff, um das Fehlen eines Teiles der Kurvenfläche infolge der höheren Löschspannung zu vermeiden: Er führt zwei Hilfselektroden in das Glimmrohr in die Nähe des Zwischenraumes der Hauptelektroden ein und zündet eine Hilfsentladung zwischen ihnen, die die Zünd- und Löschspannung der Hauptelektroden stark herabsetzt. Die Verzerrungen in der Abszisse kann man verhindern, wenn man nach Geyger[3] das Glimmlichtbild auf eine synchron rotierende Trommel projiziert, deren Leitlinie den Teil einer archimedischen Spirale bildet (Abb. 158). Diese ist dadurch definiert, daß die Länge eines Radiusvektors proportional dem Winkel ist, den er mit dem Anfangsvektor bildet. Wird also das Glimmlichtbild auf der Trommel abgebildet, so scheint dieses für ein in der angegebenen Richtung vertikal auf die Trommel blickendes Auge proportional der Zeit, z. B. von links nach rechts, zu wandern. Man bekommt so unverzerrte Bilder[4]. Nachteilig ist eine gewisse Unschärfe der Bilder, weil der Abstand der Mantelfläche vom Objektiv sich periodisch ändert. In manchen Fällen kann man die archimedische Spirale direkt auf die Achse der zu untersuchenden rotierenden Maschine setzen.

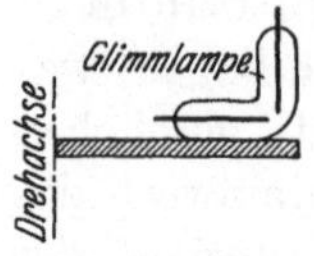

Abb. 157. Rechtwinklig abgebogene Glimmlichtoszillographenröhre.

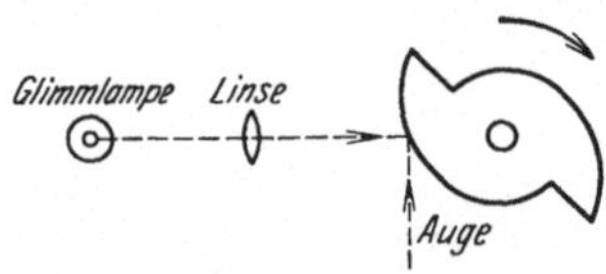

Abb. 158. Zeitablenkung von Glimmlichtoszillogrammen durch Projektion auf eine Trommel, deren Leitlinie eine archimedische Spirale bildet.

Zu 2. Kreiskoordinatensystem.

Hier ist die Abszisse ein Kreis (Grundkreis oder Nullkreis genannt); die positiven Ordinaten liegen außerhalb, die negativen innerhalb dieses Kreises. Die einfachste Anordnung ist, die Röhre mit der Achse zur Drehachse gerichtet nach Abb. 159 rotieren zu lassen. Bei synchroner Rotation (ganzzahlige Vielfache oder Bruchteile der Periode) erhält man wieder stillstehende Bilder. Bei dem in beiden Stromrichtungen verschieden verzerrten Flächenbild werden die in größerem Abstand vom Drehpunkt befindlichen Teile auseinandergezogen (verschiedene Geschwindigkeit der Kurvenpunkte auf verschiedenen Radien). Die Ver-

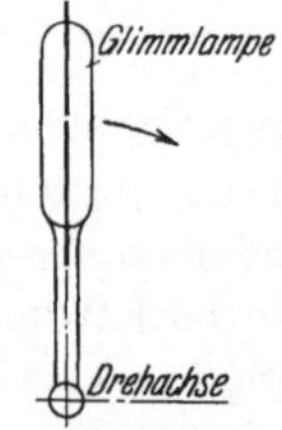

Abb. 159. Bewegung der Glimmlichtoszillographenröhre bei Kreiskoordinatendarstellung.

[1] Lasser, K.: Berl. klin. Wschr. **16**, Nr 12 u. 13.
[2] Kock, F.: Physik. Z. **12**, 379 (1911).
[3] Geyger, W.: Physik. Z. **23**, 153 (1922).
[4] Kock, F.: Physik. Z. **15**, 840 (1914); das Verfahren wird von Siemens & Halske angewandt.

zerrung kann aber leicht quantitativ festgestellt werden. Abb. 160 gibt den Verlauf eines sinusförmigen Wechselstromes wieder[1].

Statt der Glimmröhre kann man auch die photographische Platte rotieren lassen[2], schließlich nach Geyger[3] auch einen Spiegel, der um 45° gegen die Röhrenachse geneigt ist und dessen Drehachse mit der Röhrenachse zusammenfällt (Abb. 161). Die Größe des Grundkreises ist abhängig vom Abstand zwischen Spiegel und Glimmröhre. Letztere muß natürlich zylindrische, in der Röhrenachse liegende Elektroden besitzen (keine ebenen Flächenelektroden). Eine Vorrichtung wie unter 1. mit bewegter Trommel ist hier nicht möglich.

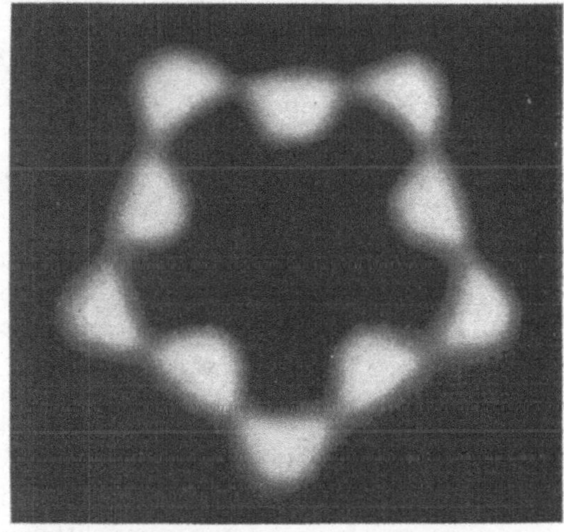

Abb. 160. Verlauf eines sinusförmigen Wechselstromes, aufgenommen mit einer Glimmlichtoszillographenröhre, bei Darstellung in Kreiskoordinaten.

Zu 3. Polarkoordinatensystem.

Hier wird der Grundkreis des Kreiskoordinatensystems unendlich klein und bildet den Pol des Systems, von dem die Ordinaten der Stromwerte ausgehen. Am einfachsten läßt man die Glimmröhre rotieren, die Trennstelle der Elektroden bildet den Drehungsmittelpunkt. Hat man nur eine, z. B. die positive Stromhälfte aufzunehmen, so werden die Bilder schärfer, wenn man die Glimmröhre im Fußpunkt des Glimmlichtes an der Kathode rotieren läßt (siehe F. Zacher[1]). Bei der Polarkoordinatendarstellung werden die Amplituden besonders deutlich dargestellt.

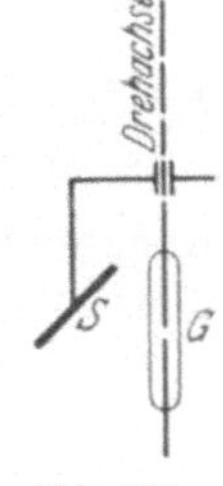


Abb. 161. Drehung des Spiegels bei Kreiskoordinatendarstellung.

Abb. 162 zeigt eine annähernd sinusförmige Wechselspannung, wobei die Drehzahl der Röhre halb so groß ist wie die Periodenzahl. Zur Bestimmung des Maßstabes muß man entweder die Röhre mit bekanntem Gleichstrom eichen oder den Effektivwert des zu untersuchenden Glimmstromes messen,

[1] Zacher, F.: Z. techn. Phys. **2**, 250 (1921); siehe auch F. Janus u. F. Voltz: Physik. Z. **16**, 133, 213 (1915). L. Jakobsohn: Z. ärztl. Fortbildg **21**, Nr 24 (1924) (Verwendung gewöhnlicher Glimmlampen mit streifenartigen Elektroden).

[2] Chubb, L. W.: Electr. J. **14**, 2 (1917); **19**, 62 (1922).

[3] Geyger, W.: Helios **28**, 85 (1922).

woraus man durch Rechnung den Maßstab findet. Man muß dazu den Effektivwert der in Polarkoordinaten vorliegenden Stromkurven bestimmen, d. h. den Radius des Kreises, welcher den gleichen Flächeninhalt besitzt wie die von den Stromkurven eingeschlossenen Flächenstücke (Ausplanimetrieren); es ist (Abb. 163)

Abb. 162. Annähernd sinusförmige Wechselspannung im Polarkoordinatensystem, aufgenommen mit einer Glimmlichtoszillographenröhre (Drehzahl die Hälfte der Frequenz).

$$R = \sqrt{\frac{1}{2\pi}\int_0^{2\pi} \varphi^2 \partial\alpha} \,. \quad (114)$$

Das Verhältnis des Effektivwertes in Amp zum Effektivwert in cm ergibt den gesuchten Maßstab.

Statt der Röhre kann man auch die photographische Platte bewegen, deren Drehungsmittelpunkt mit der Nullstellung des Oszillographenlichtstrahls zusammenfällt[1].

Bei den Aufnahmen in Polarkoordinaten ist das Flächenbild in beiden Stromrichtungen gleich verzerrt und hängt natürlich von der gewählten Tourenzahl der Röhre oder der Platte ab. Eine Anordnung mit bewegtem Spiegel oder Trommel ist hier nicht möglich.

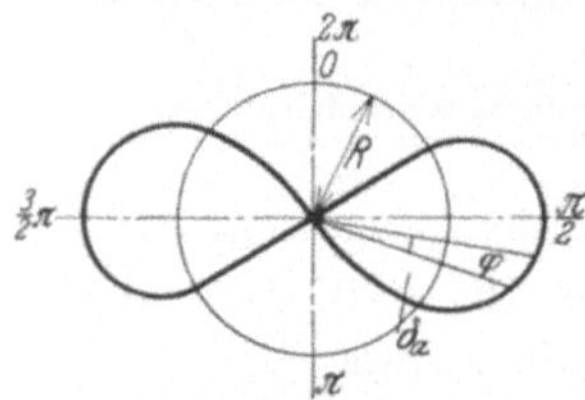


Abb. 163. Maßstabsbestimmung bei Polarkoordinatendarstellung.

**Verstärkerschaltungen.** Die Vorteile des Glimmlichtoszillographen sind große Einfachheit, Trägheitslosigkeit (bis etwa $10^{-5}$ sec) und große Lichtstärke, Nachteile die große notwendige Stromstärke (nicht unter einigen mA) und hohe Zündspannung; diese Nachteile lassen sich nach Engelhardt und Gehrcke[2] durch Anwendung von Glühkathodenverstärkern vermeiden. Der zu untersuchende Wechselstrom oder Wechselspannung wird dem durch das Glimmrohr fließenden Gleichstrom nicht direkt überlagert, sondern dem Gitter einer Glühkathodenröhre zugeführt (die Spannung direkt, der Strom als Spannungsabfall an Ohmschen Widerstand). Anodenspannung des Verstärkers

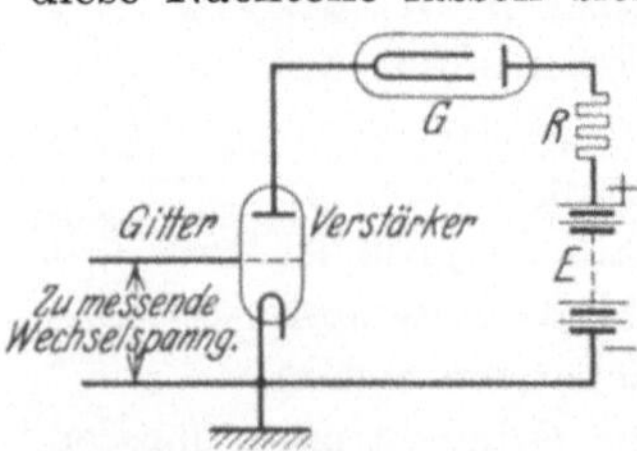


Abb. 164. Verstärkerschaltung des Glimmlichtoszillographen.

[1] Geyger, W.: Physik. Z. 22, 360 (1921).

[2] Engelhardt, V. u. E. Gehrcke: Z. techn. Phys. 6, 153, 438 (1925); 7, 146 (1926).

und Gleichspannung für die Glimmröhre können getrennten oder gleichen Stromquellen nach Abb. 164 entnommen werden. In Abb. 164 ist der Glimmröhrenstrom der Spannung am Gitter direkt proportional, bei getrennten Stromquellen der zeitlichen Änderung der Gitterspannung $\left(\frac{dU_g}{dt}\right)$, solange man im geradlinigen Teil der Glühkathodenröhrencharakteristik arbeitet.

Eine vollständige Ausführung des Glimmlichtoszillographen zur Aufnahme schwacher Ströme und Spannungen nach den obigen Schaltungen, mit der Schwingungen bis 50000 Hz aufgenommen werden können, ist von Engelhardt und Gehrcke[1] beschrieben und abgebildet.

**Hochfrequenzmessungen.** Aufnahmen von Hochfrequenzschwingungen sind besonders von Diesselhorst[2] angegeben worden. Verzichtet man auf Darstellung von Einzelheiten der Strukturen und untersucht z. B. nur Dämpfungs- und Kopplungsverhältnisse einer Schwingung, so kann man noch Schwingungen bis über $10^6$ Hz (200 m Wellenlänge) mit rotierendem Doppelspiegel photographisch aufnehmen[3]. Bei einer Spiegeldrehzahl von 200/sec (12000/min) werden z. B. 750000 Hz (400 m) mit 1 mm Phasenabstand wiedergegeben.

**Maximalstrommesser.** Nach einem Vorschlag von Ruhmer werden Glimmlichtmeßröhren hergestellt[3], bei denen an einer an der Röhre angebrachten Skala, die empirisch in mA geeicht ist, der maximale Strom in einer bestimmten Richtung aus der Bedeckung der drahtförmigen Kathode abgelesen wird (Maximalstrominstrument mit Richtungsanzeiger). Solche Röhren werden vor allem in der Röntgentechnik verwendet in Hintereinanderschaltung mit einer Röntgenröhre, um festzustellen, ob bei Indikatorbetrieb sog. Schließungsstrom vorhanden ist, der die Röntgenröhre in verkehrter Richtung durchsetzt und schädigt. Dazu kann auch die Glimmelektrodenanordnung Draht gegen Platte gewählt werden, wobei normalerweise am Draht kein Glimmlicht auftreten darf, nur bei Schließungsstrom bedeckt er sich mit Glimmlicht.

**Andere Messungen.** Durch Anordnung verschiedener Glimmlichtoszillographen nebeneinander können gleichzeitig mehrere Vorgänge miteinander gemessen und auch zeitliche Unterschiede aufgenommen werden.

Die Glimmlichtgröße und Stromstärke kann indirekt zur Spannungsmessung benutzt werden, wenn genügend große Widerstände vor-

---

[1] Engelhardt, V. u. E. Gehrcke: Z. techn. Phys. **7**, 146 (1926).
[2] Diesselhorst, H.: Verh. dtsch. Phys. Ges. **9**, 317 (1907).
[3] Hergestellt von der Firma H. Boas, Berlin.

geschaltet werden. Die Osram-Hochspannungsglimmlampe bis 1500 V dient so als annäherndes Voltmeter[1]. Es sind

bei 200 V: schwache Pünktchen an den Elektrodenrändern,
400 V: Elektroden etwas bedeckt,
800 V: Elektroden fast völlig bedeckt,
1500 V: Helles Glimmlicht.

Die Lampe hat die Form von Soffittenlampen, die Widerstände sind in beiden Sockeln untergebracht. (Verbrauch bei 1500 V etwa 5 mA, also 7,5 W).

## 5. Anormaler Kathodenfall.

α) Stromstärke — Stromrichtung (Gleichrichterwirkung).

Bei den Gleichrichtern wird der Unterschied zwischen normalem und anormalem Kathodenfall ausgenutzt. Das kann durch verschieden große Elektrodenoberflächen oder durch Verwendung verschiedenen Materials mit unterschiedlichem Kathodenfall oder durch beides erreicht werden. Glimmlichtgleichrichterröhren[2] werden bis zu etwa 300 mA Gleichstrom bei Spannungen zwischen 100 und 1000 V hergestellt; die Kathode hat meist die Form eines Zylinders oder Topfes, in den die Anoden als Stifte hineinragen. Als Kathodenmaterial werden z. B. Überzüge von Cäsium- oder Bariumoxyd auf Eisen- oder Nickelbleche für geringen Kathodenfall, Aluminium oder sog. Elektronmetall (Al-Mg) für höheren Kathodenfall benutzt. Zur Verringerung des Kathodenfalls kann eine Hilfsionisierung dienen. Die Gleichrichterwirkung wird auch zur Erzeugung stoßförmiger (diskontinuierlicher) Wechselströme benutzt, die sich zu Leitfähigkeitsmessungen[3] z. B. besonders gut eignen. Dazu liegt der Gleichrichter an einem Wechselstromnetz, und der abgehackte Gleichstrom gibt über einem Transformator den diskontinuierlichen Wechselstrom nach Abb. 165. Die Gleichrichterwirkung als solche gehört nicht zu den Meßentladungsstrecken.

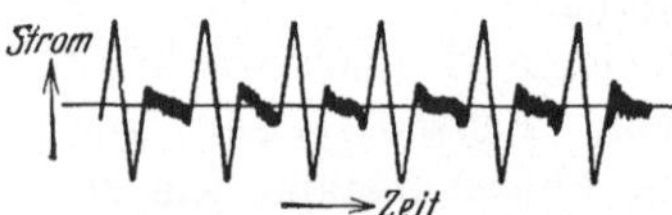


Abb. 165. Erzeugung stoßförmiger Wechselströme mit Glimmlichtgleichrichtern.

β) Spannung oder Stromstärke — Druck.

Die Beziehung zwischen Druck und anormalem Kathodenfall wird zur Messung kleiner Drucke benutzt. Nach einer Anordnung von Wellauer[4] ist in der Mitte einer Glaskugel mit Glasrohransatz die kleine Elektrode

---

[1] Siehe ETZ **49**, 1616 (1928).

[2] Siehe A. Güntherschulze: El. Gleichrichter und Ventile. 2. Aufl. Berlin 1930. [3] Scheminzky, F.: Z. physik. Chem. **104**. 349 (1922).

[4] Wellauer, M.: Arch. Elektrot. **24**, 4 (1930). Hersteller Maschinenfabrik Oerlikon-Zürich.

aus 1 mm dickem Aluminium- oder Magnesiumdraht angebracht, die bis auf eine kurze Spitze von etwa 1 mm von einem Glasröhrchen eng umgeben ist. Die zweite Elektrode, deren Gestalt beliebiger sein kann, ist als Außenelektrode am Glasrohransatz gleichzeitig als Halter angebracht. Der Elektrodenabstand beträgt etwa 25 cm (Abb. 166). Die Schaltung ist in Abb. 167 angegeben; an den Elektroden liegt eine Wechselspannung von 7000 $V_{eff}$ bei 50 Hz, so daß die Röhre gleichzeitig als Gleichrichter dient. Die Primärspannung beträgt 220 V; als Vorschaltwiderstand sind 4 $M\Omega$ gewählt. Als Vakuumanzeige-Instrument kann entweder ein elektrostatisches Voltmeter parallel zur Röhre dienen oder einfacher ein Strommesser vor der Röhre. Zur Steigerung der Empfindlichkeit kann das Amperemeter Fremderregung mittels einer Spannungsspule erhalten, die z. B. von der Unterspannung des Spannungswandlers gespeist wird.

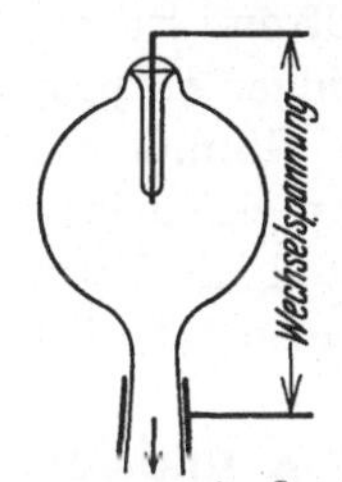


Abb. 166. Glimmentladungsgefäß (nach Wellauer) zur Druckmessung.

Abb. 167. Schaltung einer Glimmröhre zur Messung kleiner Drucke (nach Wellauer).

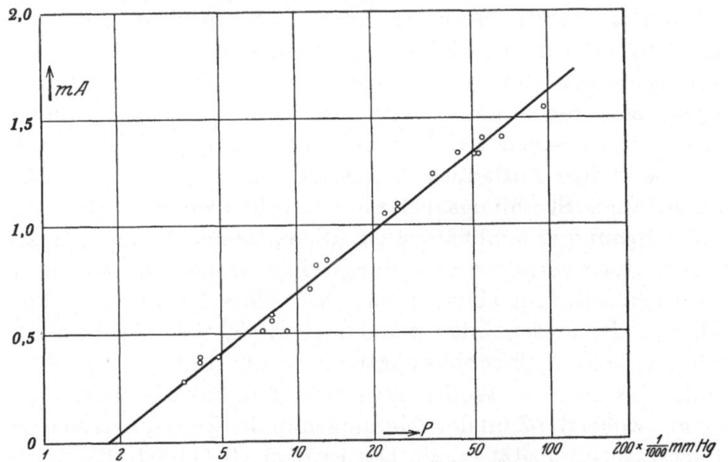


Abb. 168. Stromstärke der Glimmentladung abhängig vom Luftdruck zur Druckmessung nach Abb. 167, $R = 4\ M\,\Omega$, $E = 7000\ V_{eff}$ (nach Wellauer).

Für diese spezielle Anordnung läßt sich der Röhrenstrom $i$ innerhalb des Druckbereiches $p - p_0$ ausdrücken durch

$$i = \frac{K}{R}(\ln p - \ln p_0). \tag{115}$$

$p_0$ = Druck, bei dem die Glimmentladung einsetzt, $p$ = zu messender Druck bei Röhrenstrom $i$, $R$ = Vorschaltwiderstand, $K$ = Röhrenkonstante.

Abb. 168 gibt die Messungen bei $R = 4\ \mathrm{M}\Omega$ und 7000 $\mathrm{V}_{\mathrm{eff}}$ und Luft als Gasfüllung wieder; der Meßbereich ist etwa $^1/_{10}$ bis $^1/_{1000}$ mm Hg, läßt sich aber durch Änderung der Spannung und des Vorschaltwiderstandes in weiten Grenzen verschieben. Der maximale Strom beträgt bei $^1/_{10}$ mm Hg etwa 1,5 mA, so daß der Transformator nur mit 15 W belastet ist. Der Strom ist von Spannungsschwankungen abhängig, aber wesentlich geringer als proportional. Unterhalb etwa $^2/_{1000}$ mm Hg-Druck erlischt die Glimmentladung. Das Instrument ist besonders für Quecksilberdampfgleichrichter zur Druckmessung gedacht, wobei ein besonderer Vorteil die Unempfindlichkeit gegen plötzliche höhere Drucke und die Anzeige von Rückzündungsgefahr ist.

## 6. Messung ionisierender Strahlung mit der Glimmentladungsstrecke.

O. v. Bayer und W. Kutzner[1] beobachteten zuerst, daß eine Glimmlampe, die über einen Vorschaltwiderstand an eine höhere, etwas unterhalb der normalen Zündspannung liegende Spannung gelegt war, beim Nähern eines $\beta$- oder $\gamma$-Strahlpräparates plötzlich zündete. Um das sich nun einstellende kontinuierliche Brennen der Glimmlampe zu verhindern, wandten sie die S. 118 beschriebene Intermittenzschaltung an, indem sie einen Kondensator parallel zur Röhre schalteten. Nun erlischt die Entladung sofort wieder. Solange das Präparat in der Nähe der Glimmlampe bleibt, stellen sich unregelmäßige Zündungen ein, die offenbar den einzelnen $\beta$-Teilchen entsprechen. Von der Geigerschen Zählkammer unterscheidet sich diese Methode, daß selbständige Entladungen einsetzen und die Zahl der Zündungen bei konstanter Strahlungsquelle nur in sehr kleinem Spannungsbereich von der Spannung unabhängig ist. Die einzelnen Zündungen kann man mit dem Auge verfolgen oder durch ein zwischengeschaltetes Telephon hörbar machen. Gut eigneten sich besonders Lampen mit homogenen Feldern, z. B. die sog. Mikrophonlampe mit U-förmig gebogenem Eisenblech um die ebene Eisenblechkathode herum (s. S. 104). Auch auf Lichtstrahlen bis zu einer Wellenlänge von etwa 380 m$\mu$ sprach die Lampe noch an, wobei die Zahl der Zündungen in der Zeiteinheit sich proportional der Lichtintensität ergab. Das ist nach Gl. (110) S. 120 verständlich, da die Zündspannung $U_z$ durch die kontinuierlichen Lichtstrahlen der Lichtintensität etwa proportional erniedrigt, also die Frequenz erhöht wird[2]. Bei den obigen diskontinuierlichen $\alpha$- oder $\beta$-Strahlen bekommt man dagegen unregelmäßige Zündungen, die Glimmlampe wirkt als Zählkammer einzelner Teilchen. Die Genauigkeit der letzteren Verwen-

[1] v. Bayer, O. u. W. Kutzner: Z. Physik 21, 46 (1924).
[2] Siehe auch S. 125 N. Carrara (Tabelle 31).

dungsart wird durch den sog. Dunkeleffekt herabgesetzt, d. h. durch Zündungen, die auch nach Entfernen der Ionisierungsquelle auftreten.

Zur Beseitigung des Dunkeleffektes und zur Erzielung einer besseren Löschwirkung hat Kniepkamp[1] das Füllgas der Glimmröhre durch Dampfreste oder unedle Gase (z. B. Luft oder Wasserstoff) verunreinigt und außerdem zur Begrenzung des Entladestromes an Stelle des Vorschaltwiderstandes eine Glühkathodenröhre nach Schaltung 2, S. 120 verwendet. Er bildete auch besondere Zellen nach Abb. 169 aus. Die Stahlkugel von 4 mm Durchmesser in Abb. 169 ist Kathode, die Strahlung gelangt über das Quarzfenster $Q$ durch eine 2 mm im Durchmesser große Öffnung in der Anodenstirnfläche zur Kathode.

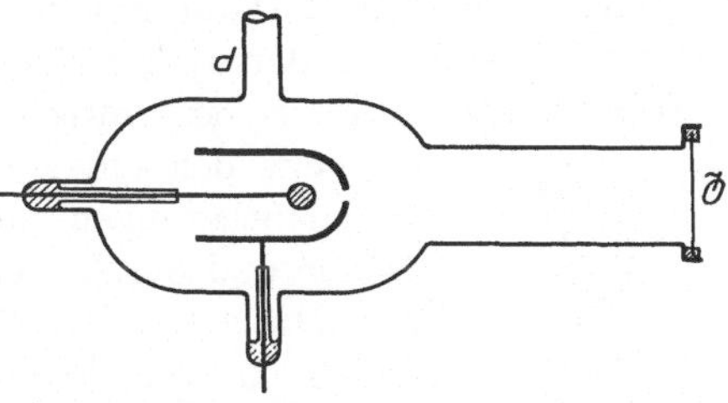


Abb. 169. Glimmröhre zur Messung ionisierender Strahlung.

Zur photometrischen Messung nimmt man an Stelle der Intermittenzschaltung besser die in Abb. 170 angegebene Schaltung unter direkter Verstärkung der kontinuierlichen Glimmströme ($R$ hoher Vorschaltwiderstand $10^7$ bis $10^9$ $\Omega$ oder Glühkathodenröhre).

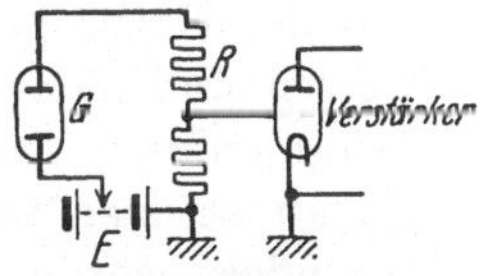


Abb. 170. Schaltung der Glimmröhre als Photometer.

Indirekt dient die Glimmlampe zu photoelektrischen Messungen nach der Schaltung von J. A. J. Poole[2] (s. S. 133), der die Intermittenzschaltung benutzt, aber an Stelle des Vorschaltwiderstandes eine Photozelle einschaltet[3].

## 7. Wandernde Glimmentladungen zur Wechselstrommessung.

Eine Art selbsttätiger Glimmlichtoszillograph, der allerdings nichts mit dem auf dem Hehlschen Gesetz beruhenden Gehrckeschen Glimmlichtoszillographen zu tun hat, besitzt nach Greinacher[4] das Aussehen eines Hörnerblitzableiters, der in eine luftverdünnte Röhre eingebracht ist (Abb. 171), so daß sich nur eine Glimmentladung, kein Lichtbogen ausbilden kann. Die Glimmentladung wandert nach der Zündung an der engsten Stelle infolge der elektrodynamischen Wirkung auf den frei beweglichen Stromfaden zur weiten Stelle, reißt dort ab und zündet von neuem an der engsten Stelle. Hat man eine Serie von Entladungen, z. B. eine periodische Wechselspannung, so kann man photographisch, bei

---

[1] Kniepkamp, H.: Z. Physik **40**, 12 (1926).

[2] Poole, J. A. J.: Nature **121**, 281 (1928).

[3] Siehe ferner R. Mecke u. A. Lambertz: Physik. Z. **27**, 86 (1926). L. R. Koller u. H. A. Breeding: Gen. El. Rev. **31**, 476 (1928).

[4] Greinacher, H.: Verh. dtsch. Phys. Ges. **15**, 123 (1913); ETZ **35**, 212 (1914).

nicht zu hohen Frequenzen auch mit bloßem Auge, die Glimmentladung, vor allem ihre Fußpunkte an den Elektroden, im Takte des Wechselstromes nach oben wandern sehen (Abb. 171, sog. Serienentladungsröhre). Der Vorteil ist, daß keine besondere Zeitablenkung nötig ist, sondern von der Entladung selbst besorgt wird.

Man kann mit der Röhre den Stromcharakter messen (Wechselstrom, kontinuierlicher oder intermittierender Gleichstrom), ebenso die Frequenz der Unterbrechungen, indem man die Zahl der Partialentladungen einer Aufstiegsperiode durch Photographie und die Zeit einer Aufstiegsperiode bestimmt; der Quotient der beiden Werte gibt die Frequenz. Man kann schließlich auch kleine Zeiten dadurch messen, daß man eine bekannte Wechselstromfrequenz, z. B. 50 Hz, zur Entladung benutzt. Der Zeitunterschied zwischen zwei Zacken beträgt dann $^1/_{100}$ sec. Durch Zwischenschalten des zu messenden Vorganges in den Stromkreis oder durch Bildübertragung wird so die Zeit bestimmt. Aus der Größe des negativen Glimmlichtes könnte man auch Ströme messen und hätte so einen Glimmlichtoszillographen mit selbsttätiger Zeitablenkung, wenn nicht durch die Veränderung des Elektrodenabstandes, der Oberflächenbeschaffenheit usw. die Entladung selbst verändert würde.

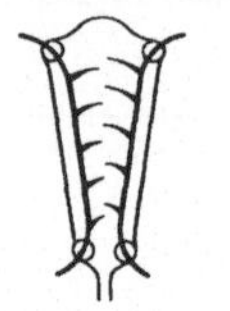

Abb. 171. Serienentladungsröhre.

## c) Sprüh-, Bogen- und Funkenentladungen.

### 1. Überblick.

In diesem dritten Kapitel werden die raumladungsbeschwerten Entladungsformen behandelt, die bei größeren Stromdichten und Drucken sich an die Townsendentladung anschließen. Die praktische Anwendung für Meßentladungsstrecken beschränkt sich ausschließlich auf Luft bei Atmosphärendruck; dieser Fall wird im folgenden allein zugrunde gelegt.

**Einteilung der Entladungen.** Man teilt die sehr vielgestaltigen Entladungen nach Toepler[1] nach der Ausdehnung und Verteilung der lichtaussendenden Gebiete (Gebiete der Stoßionisation mit Leuchten) innerhalb der Entladungsstrecke ein. Diese sind nicht nur von der Gestalt, Größe und Spannung der Entladungsstrecke selbst abhängig, sondern wegen ihrer Raumladungseigenschaften von den Bedingungen des ganzen Stromkreises (Stromquelle, Widerstände, Ka-

[1] Toepler, M.: Z. techn. Phys. **10**, 73, 113 (1929) [siehe auch ETZ **51**, 1470 (1930)]; dort weitere Literatur der früheren Arbeiten Toeplers. Die folgenden Ausführungen lehnen sich eng an die nach den Arbeiten Toeplers vom Ausschuß für Einheiten und Formelgrößen vorgeschlagenen Bezeichnungen und Erläuterungen an.

pazitäten, Induktivitäten), wie es auch bei den Glimmentladungen der Fall war (Stabilitätsbedingungen).

Die folgenden Betrachtungen gelten für Gleichstrom und für Wechselstrom nicht zu hoher Frequenz (etwa 100 Hz), bei dem die Gleichstromformen nacheinander durchlaufen werden, wobei meist die lichtstärkste, vorgeschrittenste Entladungsform die anderen überdeckt. Bei höheren Frequenzen treten durch Nachwirkungen verschiedener Art Verzerrungen ein.

Man unterscheidet ein *positives* und ein *negatives Gebiet*, das an die positive und negative Elektrode angrenzt. Das positive und negative Gebiet kann sich entweder in einer *ausgezeichneten Stelle* oder *Fläche* berühren, oder es kann sich (bei größeren Schlagweiten) ein *Zwischenstück* einschieben, das bei schwachem Gesamtstrom lichtlos ist, bei stärkerem einen besonderen Lichtteil (ähnlich der elektrodenlosen Entladung) bildet.

Jedes der beiden positiven und negativen Gebiete zerfällt in ein *elektrodennahes* und ein *elektrodenfernes Gebiet*. Das elektrodennahe Gebiet, das nur etwa 0,1 cm weit von der Elektrode aus reicht, entspricht in vielem der Glimmentladung bei niederen Drucken. Bei kleinen Schlagweiten bis etwa 0,3 cm besteht die Entladungsstrecke nur aus elektrodennahen Gebieten, das elektrodenferne fehlt hier. Bei größeren Schlagweiten reicht das elektrodenferne Gebiet vom elektrodennahen ab bis etwa 15 . . . 20 cm weit. Dabei sind (bei mittleren Schlagweiten und gleichen Elektroden) die positiven elektrodenfernen Gebiete etwa doppelt so groß wie die negativen. Das Zwischenstück zwischen den beiden elektrodenfernen Gebieten schiebt sich etwa bei Schlagweiten von 50 cm ab ein.

Jedes der genannten Entladungsgebiete wird durch einzelne Stromelemente gebildet. Solche Stromelemente können sein, nach steigender Stromdichte angeordnet:

Im *elektrodennahen Gebiet*, also an den Ein- und Austrittsstellen der Elektrizität dicht an den Elektroden:

Lichtloses Fließen (Townsendsche Strömung, Ionenströme durch Elektrodenbestrahlung),
Glimmpunkte oder Glimmflächen,
Lichtbogenfußpunkte (Thermionenstrom, Elektrodendampfionen).

Im *elektrodenfernen Gebiet*, also im wesentlichen im Raum zwischen den Elektroden:

| | |
|---|---|
| Lichtloses Fließen (mit nahezu Ohmschen Widerstand)<br>Leuchtfäden (0,2 bis 1 mm dick) | steigende Charakteristik. |
| Büschelbogenstücke ohne verdampfte Elektrodensubstanz<br>Lichtbogenstücke mit verdampfter Elektrodensubstanz<br>Funkenkanäle | fallende Charakteristik. |

Im Zwischenstück können dieselben Stromelemente wie in den elektrodenfernen Gebieten auftreten.

Die Farbe des Leuchtens eines Stromelementes hängt von der Feldstärke und der Zahl der in ihm vorhandenen Ionen ab und gibt so einen Anhalt für die herrschende Stromdichte. Mit wachsender Stromdichte ergibt sich etwa folgende Farbenskala (in Luft):

| | | | |
|---|---|---|---|
| a) graublau<br>b) blau<br>c) violettblau, rötlichblau<br>d) karmin | steigende Charakteristik | e) ziegelrot<br>f) orange<br>g) schwefelgelb<br>h) gelbweiß<br>i) weiß<br>k) violettweiß | fallende Charakteristik |

Besonders an kleinen Elektroden tritt immer eine typische Gruppierung der Stromelemente ein, so daß das negative und positive Gebiet für sich ein abgeschlossenes Ganzes (Entladungsform) bilden. Mit steigender Stromstärke erhält man folgende Entladungsformen:

| A. an der Kathode: | B. an der Anode: | |
|---|---|---|
| a) lichtloses Fließen | a) lichtloses Fließen | |
| b) neg. Glimmen<br>c) neg. stiellose Büschelentladung<br>d) neg. Stielbüschel<br>Abart $d^{\times}$) neg. Streifenentladung | b) pos. Glimmen<br>c) pos. kurzes Stielbüschel<br>d) pos. langes Stielbüschel<br>Abart $d^{\times}$) pos. Streifenentladung | Sprühen (steigende Gesamtcharakteristik) |
| e) neg. Büschelbogenanteil<br>f) neg. Lichtbogenanteil | e) pos. Büschelbogenanteil<br>f) pos. Lichtbogenanteil | Vor- oder Vollentladungen (fallende Gesamtcharakteristik). |

Die Entladungen b) ... d) kann man als

Sprühentladungen

mit steigender Gesamtcharakteristik zusammenfassen, im einzelnen als Glimmlicht das negative Glimmen, die negative stiellose Büschelentladung und das positive Glimmen, als Streifenentladung die Erscheinung, daß sich an der Kathode oder Anode eine ganze Reihe fadenförmiger Büschel ausbilden, die wie Haare einer Bürste die ganze Elektrode oder Teile von ihr umgeben, und als Büschelentladung das negative und das positive kurze und lange Stielbüschel. Als

Vollentladungen

faßt man alle zusammenhängenden Entladungsformen mit fallender Gesamtcharakteristik zusammen, im einzelnen als Bogenentladung die Büschelbogen- und Lichtbogenentladung und als Funkenentladung (Vollfunken) die stoßartige, wahrscheinlich als kurzdauernde

Bogenentladung anzusprechende diskontinuierliche Verbindung beider Elektroden mit durchwegs fallender Charakteristik. Es können aber auch

Vorentladungen

auftreten, entweder Teilfunken oder kurzdauernde schwache Vollentladungen, die manchmal den Vollentladungen vorausgehen.

Die Übergänge einer Entladungsform in die andere sind meist deutlich zu verfolgen, besonders weil dabei durch den Spannungssturz ein selbsttätiges Zerhacken der Strömung eintritt (rhythmische Strom- und Spannungsschwankungen), sog. diskontinuierliche Entladungen (Stoßglimmen, Stoßbüschel usw.). Die Spannung und die Stromstärke, bei welcher der Übergang in die nächst höhere Entladungsform einsetzt, heißt obere Grenzspannung und obere Grenzstromstärke, oder kurz Grenzspannung und Grenzstromstärke. Beim Übergang in die nächst tiefere Entladungsform bekommt man entsprechend die untere Grenzspannung und untere Grenzstromstärke. Man unterscheidet also

a) Anfangspannung als Grenzspannung des lichtlosen Fließens,
b) Glimmgrenzspannung,
c) Büschelgrenzspannung,
d) Streifengrenzspannung,
e) Büschelbogengrenzspannung

und entsprechend die dazugehörigen Grenzstromstärken.

**Funkenspannungen.** Besonders wichtig ist, daß die Spannung bei Funkenbildung, die Funkenspannung, mit jeder dieser Grenzspannungen zusammenfallen kann. Die Anfangspannung als Funkenspannung wurde bei der Townsendentladung betrachtet, hier werden die Funkenspannungen bei späteren Entladungsformen, z. B. als Büschelgrenzspannungen, behandelt. Nur dieses Einsetzen der Funkenspannung ist zur Messung geeignet (zur Spannungs- und Zeitmessung), dagegen sind alle anderen Entladungsformen wegen ihrer Abhängigkeit von vielen Einflüssen und Zufälligkeiten und wegen des schwierigeren Trennens einzelner Entladungsformen zu Meßzwecken nicht geeignet.

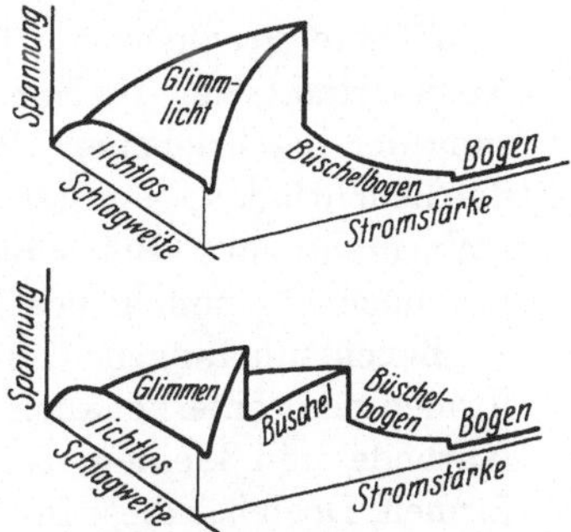

Abb. 172. Charakteristikenflächen für positive und negative Spitze gegen Platte (nach Toepler).

**Charakteristiken.** Die Existenzbereiche der einzelnen Entladungsformen kann man durch Charakteristikenflächen darstellen. Abb. 172 zeigt solche für positive und negative Entladung (Kathodenspitze—Anodenplatte und Anodenspitze—Kathodenplatte). Man sieht deutlich die Spannungssprünge, die beim Übergang von einer Entladungsform in die andere stattfinden. Man kann die Charakteristikenflächen auf die drei Koordinatenebenen projizieren. Besonders interessiert hier die Projektion auf die Schlagweite—Spannung-Ebene. Abb. 173 zeigt die verschiedenen Grenzspannungen abhängig von der Schlagweite für gleiche Spitzen oder kleine Kugeln als Elektroden nach Weicker[1]. Man sieht, daß die Funkenspannung (stark ausgezogene Kurve) zunächst Anfangspannung, dann Glimmgrenz- und schließlich Büschelgrenzspannung ist. Eine feinere Unterteilung in die einzelnen Entladungsformen gibt Abb. 174, ebenfalls für zwei gleiche Spitzen mit entgegengesetzt gleichen Spannungen (nach Toepler). Es sind immer die niedrigsten Beobachtungswerte eingetragen.

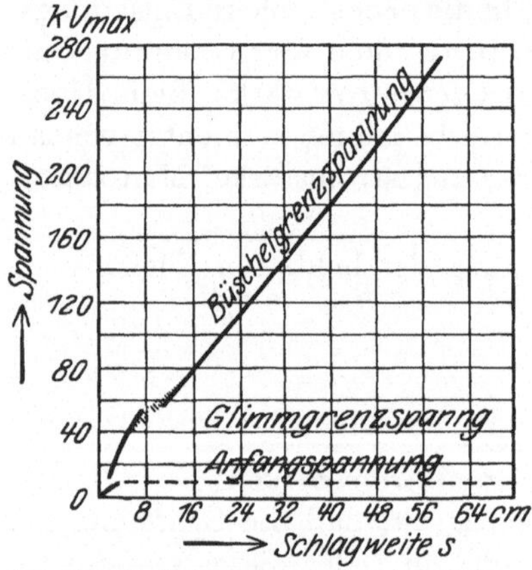


Abb. 173. Entladungsformen zwischen gleichen Spitzen bei Wechselspannung, abhängig von der Schlagweite (nach Weicker). Stark ausgezogen Funkenspannung.

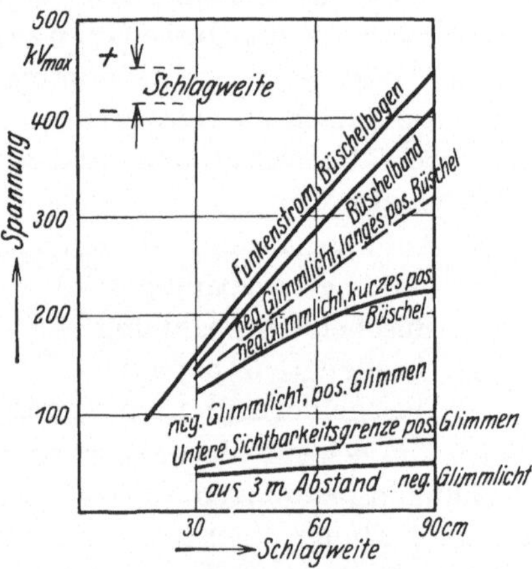


Abb. 174. Entladungsformen zwischen zwei Spitzen bei Gleichspannung (nach Toepler).

**Höhere Frequenzen.** Bei wachsenden Frequenzen tritt durch die Nachwirkung der Wärme, Ionisierung usw. eine zunehmende Verzerrung der beschriebenen Entladungsformen ein. Vor allem verkümmern die Leuchtfäden, es entstehen nur noch wurmartige Büschelstiele, sog. „Wurmbüschel". Bei sehr hohen Frequenzen tritt unter Umständen nur noch ein homogenes Raumleuchten ein.

**Bogenentladungen.** Zu den raumladungsbeschwerten Entladungsformen gehört hierher auch noch die eigentliche Bogenentladung mit heißer Kathode und kleinem Kathodenfall mit ihren verschiedenen Spezialformen. Doch hat diese für Meßentladungsstrecken bisher weniger Bedeutung, denn Zünd-, Brenn- und Löschspannung, Charakteristik usw. sind zu unbeständig, um exakte Meßgrundlagen zu bieten. Sie hat als Licht- und Wärmequelle, als Gleichrichter, als chemisches Agens usw. vielerlei Anwendung gefunden. Zu den Meßentladungsstrecken wäre die Verwen-

[1] Weicker, W.: Diss. Dresden **1910**; ETZ **32**, 436 (1911).

dung als Schwingungsgenerator zu rechnen; aber hier wirkt sie meist nur in einem Thomsonschen Schwingungskreis als Schwingungs„schalter“, der mit den spezifischen Eigenschaften der Entladungsstrecke wenig zu tun hat und durch ein anderes geeignetes Schaltelement ersetzt werden kann. Neuerdings ist die Zündspannung bei Metallichtbögen zur Analyse von Gasgemischen benutzt worden[1].

## 2. Die Spitzenfunkenstrecke zur Spannungsmessung.

Die Spitzenfunkenstrecke zur Spannungsmessung reicht in ihrer Meßgenauigkeit längst nicht an die Genauigkeit der Funkenstrecken heran, bei denen die Funkenspannung mit der Anfangspannung zusammenfällt (Kugel-, Zylinderfunkenstrecke). Trotzdem wird sie besonders in Amerika, wo sie sogar genormt worden ist, wegen einiger Vorzüge (Linearität zwischen Funkenspannung und Schlagweite, kleine Eigenkapazität) benutzt. Auch die starken Funkenspannungsunterschiede bei positiver oder negativer Spitze gegen Ebene können bei Messungen von Vorteil sein.

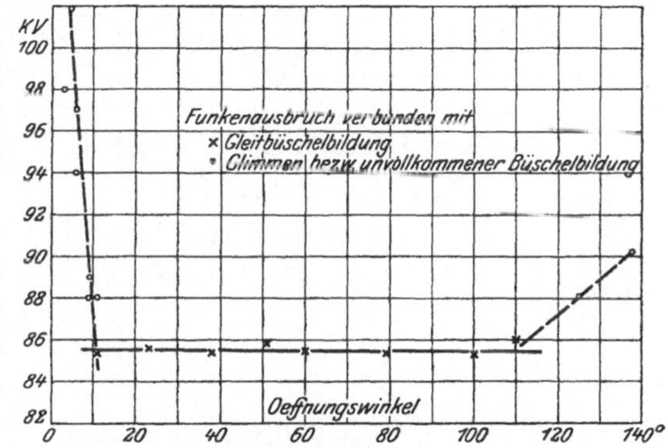

Abb. 175. Effektive Funkenspannung zwischen zwei Spitzen, abhängig vom Öffnungswinkel bei 25 cm Schlagweite (nach Weicker).

**Messungen bei niederfrequenten Spannungen.** Sehr eingehende Untersuchung über die Verwendbarkeit der Spitzenfunkenstrecke hat Weicker[2] angestellt. Er zeigte, daß die Form der Spitze großen Einfluß auf die Funkenspannung haben kann. Abb. 175 gibt die Funkenspannung zwischen gleichen Spitzen abhängig vom Öffnungswinkel der Spitzen (doppelter Winkel zwischen Mantel und Achse) bei einer konstanten Schlagweite von 25 cm (Wechselspannung 50 Hz). Innerhalb eines gewissen Bereiches ist die Funkenspannung unabhängig vom Öffnungswinkel; Weicker empfahl daher Spitzen mit

[1] Alterthum, H. u. H. Ewest: Z. techn. Physik **9**, 221 (1928); Techn.-Wiss. Abh. a. d. Osram-Konzern **1**, 282 (1930). Siehe auch F. Skaupy: ETZ **48**, 1797 (1927); Techn.-Wiss. Abh. a. d. Osram-Konzern **1**, 42 (1930).

[2] Weicker, W.: Diss. Dresden **1910**; ETZ **32**, 436 (1911); Mitt. Hermsd.-Schomburg-Isol. **1927**, 899, H. 31. Roth, A.: Hochspannungstechnik. Berlin 1927. Carroll, J. S. u. B. Cozzens: J. Am. Inst. El. Engs. **47**, 892 (1928). Peek, F. W.: Dielectric Phenom., 3. Aufl. New York 1929. Alle Messungen auf 760 mm Hg, 20° C und 80% rel. Feuchtigkeit bezogen (Korrektur siehe Weicker oben).

einem Öffnungswinkel von 25 bis 40°, vorderes Ende etwas abgefeilt (wegen Funkenabnutzung). Meist werden aber sehr kleine Winkel benutzt, hauptsächlich Nähnadeln (Amerikanische Normen: Nähnadeln Nr. 00).

Wegen des unsicheren Übergangsgebietes der Funkenspannung als Glimmgrenzspannung zur Büschelgrenzspannung (s. Abb. 173, S. 158) empfahl Weicker, Messungen nur bei Schlagweiten $s > 20$ cm (Funkenspannungen $> 85$ bis $100\,kV_{max}$) vorzunehmen. In diesem Gebiet kann folgendes Lineargesetz benutzt werden:

$$U_{eff} = 30 + (s - 6)(2{,}8 + 0{,}06\,q), \tag{116}$$

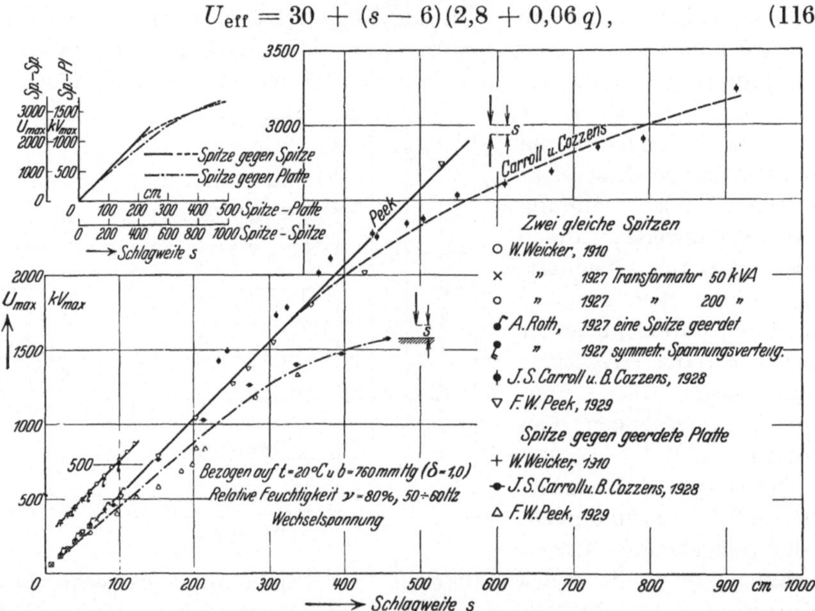


Abb. 176. Funkenspannungen zwischen zwei gleichen Spitzen und Spitze gegen Ebene, abhängig von der Schlagweite. (Zur Verdeutlichung der verschiedenen Meßpunkte ist ein Teil der Kurve parallelverschoben.)

gültig für 740 mm Hg und 20° C; $s$ Schlagweite in cm, $q$ absolute Feuchtigkeit in $\frac{g}{cbm}$. Die Linearität der Funkenspannung mit der Schlagweite ist später von Peek[1] bis zu den höchsten Spannungen bestätigt gefunden worden in Form des einfachen Lineargesetzes

$$U = a + b\,s. \tag{117}$$

Die lineare Spannungszunahme beträgt etwa 3,6 bis 4 kV je cm.

In Abb. 176 sind die wichtigsten Messungen an gleichen Spitzen und Spitzen gegen geerdete Platte angegeben[1]. Bei kleineren Spannungen stimmen die Messungen leidlich überein, bei größeren zeigen die Mes-

[1] Siehe Fußnote 2 S. 159.

sungen von Peek weiter linearen Verlauf, während nach Carroll und Cozzens von etwa 1700 $kV_{max}$ ab ein langsameres Ansteigen der Funkenspannung mit der Schlagweite festgestellt wird. Für den linearen Verlauf nach Abb. 176 gilt die Formel

$$U_{max} = 20 + 5{,}11 \cdot s \quad kV_{max} \tag{118}$$

$s$ in cm.

Nach den miteingezeichneten Messungen von Roth sind bei gleichen Spitzen auch Unterschiede der Funkenspannung bei symmetrischer Spannungsverteilung und einem geerdeten Pol vorhanden; bei ersterer Anordnung liegen sie 4 bis 5% tiefer als bei letzterer. Auch die räumliche Anordnung der Spitzen kann besonders bei großen Schlagweiten von erheblichem Einfluß sein[1]. Zum Vergleich mit Abb. 176 sind in Tabelle 34 noch die amerikanischen Normen für gleiche Spitzen angegeben (gültig für 25° C).

Tabelle 34. Funkenspannungen bezogen auf $t = 25°$ C, 760 mm Druck und 80% rel. Feuchtigkeit. Ein Pol geerdet oder ungeerdet. Amerikanische Normen

| $s$ mm | $U_{eff}$ | $U_{max}$ |
|---|---|---|
| 11,9 | 10 | 14,14 |
| 18,4 | 15 | 21,24 |
| 25,4 | 20 | 28,30 |
| 33 | 25 | 35,35 |
| 41 | 30 | 42,4 |
| 51 | 35 | 49,5 |
| 62 | 40 | 56,6 |
| 75 | 45 | 63,7 |
| 90 | 50 | 70,7 |

Die Funkenspannungen Spitze gegen Platte (Abb. 176) liegen tiefer als bei Spitze gegen Spitze (50 bis 60 Hz). Vergleicht man die Funkenspannungen $U$ und Schlagweiten $s$ bei Spitze gegen geerdete Platte mit $2\,U$ und $2\,s$ bei gleichen Spitzen und symmetrischer Spannungsverteilung (Abb. 176, links oben), wie es dem Feldbild entspricht, so zeigt sich keine Übereinstimmung der beiden Kennlinien; bis etwa 1400 $kV_{max}$ gegen Erde liegt die Funkenspannung bei symmetrischer Anordnung höher als bei unsymmetrischer, wie es analog auch bei Kugel- und Zylinderanordnungen der Fall ist.

**Messungen bei Gleichspannung.** Bei Gleichspannung bekommt man bei gleichen Spitzen etwa dieselben Funkenspannungen wie bei niederfrequenter Wechselspannung. Bei Spitze gegen Platte dagegen zeigen sich sehr große Polaritätsaffekte. Abb. 177 gibt Messungen von Marx[2] wieder; bei negativer Spitze liegen die Funkenspannungen bis zu 140% höher als bei positiver (bei großen Schlagweiten sind die Differenzen größer als bei kleinen). Die Unterschiede sind im groben daher zu erklären, daß das eine Mal die immer vor der Spitze im

[1] Nach Carroll u. Cozzens änderte sich bei konstant eingestellter Schlagweite $s = 274$ cm bei symmetrischer Spannungsverteilung auf den vertikal angeordneten gleichen Spitzen (aus 1,6 cm ⌀-Messingstäben gefertigt) die Funkenspannung zwischen 2500 und 3000 $kV_{max}$ bei Entfernung der unteren Nadel vom Erdboden von 0 bis 6 m.

[2] Marx, Erwin: Arch. Elektrot. **20**, 589 (1928); **24**, 61 (1930).

stärksten Feld liegende positive Raumladung das übrige Feld schwächt (positive Platte), im umgekehrten Fall aber verstärkt (negative Platte).

Der große polare Unterschied kann für manche Meßzwecke von Vorteil sein. Als Beispiel seien Spannungsmessungen an Röntgen-

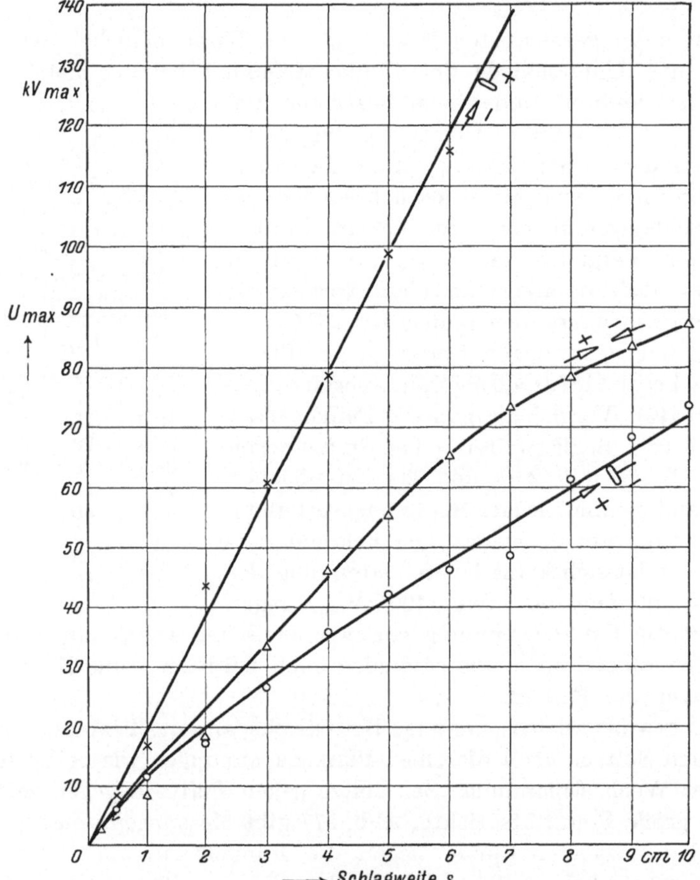


Abb. 177. Funkenspannungen bei Gleichspannung zwischen gleichen Spitzen und Spitze—Platte verschiedener Polarität (nach Marx).

röhren[1] genannt. An einer Röntgenröhre mit Glühkathode liege Wechselspannung. Eine Röhrenentladung findet nur in der einen Wechselspannungshalbperiode statt; also ist auch nur in der einen Halbperiode der Transformator belastet. Eine parallel geschaltete Kugelfunkenstrecke

[1] Kent, C. V.: Rev. Scient. Instr. (N.S.) 2, 44 (1931).

zeigt darum eine zu hohe Spannung an als der wirklichen Röhrenbetriebsspannung entspricht, weil sie in der unbelasteten Halbperiode von der um den Spannungsabfall im Transformator usw. höheren Maximalspannung gezündet wird. Schließt man dagegen eine Funkenstrecke Spitze gegen geerdete Platte so parallel zur Röhre an, daß Platte und Glühkathode verbunden (geerdet) sind, so wird die Schlagweite die zu messende Röhrenbetriebsspannung zeigen, weil bei der anderen Halbperiode erst bei einer über 100% höheren Spannung Zündung eintreten könnte.

**Messungen bei Hochfrequenz- und Stoßspannungen.** Bei Hochfrequenz bis etwa 25000 Hz bekommt man, eingestellt auf Verschwinden des Funkens, etwa dieselben Werte wie bei Niederfrequenz[1]. Die Funkenspannungen bei Spannungsstoßen verschiedener Form und Polarität werden im nächsten Abschnitt 3 mit behandelt.

**Einfluß der Luftdichte und Feuchtigkeit.** Die Funkenspannung nimmt stärker als proportional mit der Dichte zu, für 10 mm Hg-Druckzunahme etwa 2,4%, für $5^0$ C Temperaturabnahme bei gleicher absoluter Feuchtigkeit etwa 1,9% in der Nähe von 760 mm Hg und $20^0$ C. Bei gleicher relativer Feuchtigkeit nimmt die Funkenspannung mit der Temperatur sowohl zu wie ab (Minimum)[2]. Die Feuchtigkeit der Luft hat einen sehr starken Einfluß, der auch noch von der Schlagweite abhängig ist. Bei gleicher Luftdichte nimmt die Funkenspannung mit der relativen Feuchtigkeit $r$ zu (ziemlich linear bei größerem $r$).

Tabelle 35.

| Rel. Feuchtigkeit $r$ | Schlagweite $s$ cm | | |
|---|---|---|---|
| | 50 | 30 | 10 |
| % | % | % | % |
| 60 | 7,8 | 7,2 | 5,6 |
| 40 | 11,8 | 10,6 | 8,2 |
| 0 | 15,4 | 13,6 | 9,2 |

Die Werte von Abb. 176 gelten für $r = 80\%$. Die Funkenspannungen werden um die in Tabelle 35 angegebenen Prozente geringer bei kleinerem $r$.

## 3. Die Spitzenfunkenstrecke zur Zeitmessung (Wanderwellenformen).

**Überblick. Stoßverhältnis.** Wichtiger als zur Spannungsmessung ist die Spitzenfunkenstrecke zur Zeitmessung, nämlich zur Messung der Dauer und Form einer angelegten Spannung (Stoßspannung). Es wurde bereits bei der Anfangspannung S. 51 darauf hingewiesen, daß bei nur

[1] Hund, A.: Hochfrequenzmeßtechnik, 2. Aufl. Berlin 1928.

[2] Über die Korrektionen siehe W. Weicker: Diss. Dresden 1910; ETZ 32, 436 (1911).

kurze Zeit an die Elektroden angelegten Spannungen zum Durchbruch der Entladungsstrecke unter Umständen höhere Spannungen erforderlich sind als bei dauernd angelegten Spannungen (statische Spannungen). Solange man nur die Anfangspannung beobachtet und die Elektroden so ausbildet, daß die Funkenspannung mit der Anfangspannung zusammenfällt (größere Kugeln, Ebenen), ist die „Überspannung" bis zu Zeiten von etwa $10^{-9}$ sec unter gewissen Bedingungen sehr gering oder überhaupt Null. Fällt dagegen die Funkenspannung wie hier bei Spitzenelektroden mit einer der späteren Entladungsformen zusammen (Glimmgrenz-, Büschelgrenz-, Streifengrenzspannung), so ergeben sich natürlich viel größere Überspannungen, da die Zeit zur Ausbildung der vorgeschritteneren Entladungsform zu der Zeit der Ausbildung der Townsendentladung hinzukommt. Statt der Überspannung kann man das „Stoßverhältnis" einführen, d. h. das Verhältnis der Maximalwerte der Stoßfunkenspannung zur statischen (niederfrequenten) Funkenspannung. Das Stoßverhältnis ist für größere Kugeln und Ebenen angenähert gleich 1. Bei Spitzenelektroden ergeben sich nach Messungen von Peek[1] Stoßverhältnisse größer als 1, verschieden je nach der Form (von Stirn, Scheitel und Rücken der Welle), Dauer und Polarität des Spannungsverlaufes, dagegen bei konstanter Form, Dauer und Polarität des Spannungsverlaufes ziemlich unabhängig von der Schlagweite. Bezeichnet man das Stoßverhältnis mit $\beta$, die maximale Stoßspannung mit $U$ und die derselben Schlagweite entsprechende Funkenspannung bei Niederfrequenz oder Gleichspannung mit $U_0$, so ist

$$\beta = \frac{U}{U_0}. \tag{119}$$

**Messungen des Stoßverhältnisses für verschiedene Formen, Dauer und Polaritäten von Wanderwellen.** Das Stoßverhältnis $\beta$ ist hauptsächlich von den drei Faktoren Form, Dauer und Polarität der Welle abhängig.

### Einfluß der Form und Dauer der Wanderwellen.

Nach Peek unterscheidet man praktisch am besten drei Formen von Wellen: zeitlich exponentiell ansteigende Wellen mit abfallendem Rücken (die häufigste Form), annähernd rechteckige Wellen mit sehr kurzer Stirnzeit und linear ansteigende Wellen. Zur

[1] Peek, F. W.: Trans. Amer. Inst. El. Engs. **34**, 1857 (1915); Dielectric Phenomena, 3. Aufl. New York 1929; dort weitere Literatur. Gen. El. Rev. **32**, 602 (1929); El. World **94**, 973 (1929); J. Amer. Inst. El. Engs. **49**, 868 (1930). Torok, J. J. u. W. Ramberg: J. Amer. Inst. El. Engs. **47**, 864 (1928). Müller, H.: Hescho-Mitt. **1930**, H. 53/54; siehe auch Fußnote 1 S. 165.

Charakterisierung der Dauer bei exponentiell ansteigenden Wellen genügt die Angabe der Zeit des Anstieges (von Null bis zum Maximalwert) der Spannung (Stirn der Welle) und der Zeit des Abfalles des Rückens auf einen bestimmten Prozentsatz (z. B. 50%) des Maximalwertes (Länge der Welle); bei rechteckigen und linear ansteigenden Wellen ergibt sich die Dauer der Welle aus der Zeit vom Anstiegsbeginn bis zum Abbrechen der Welle (Durchschlag).

Als Zeitverzögerung[1] bezeichnet man allgemein die Zeit der Wellenspannung vom Erreichen der statischen (niederfrequenten) Spannung ($U_0$) ab bis zum Durchbruch; da letzterer immer bei einer Spannung $\geqq U_0$ stattfindet, ist die Zeitverzögerung die Zeit bis zum Funkendurchbruch, während der die Wellenspannung größer ist als die statische Funkenspannung $U_0$. Der Funkendurchbruch erfolgt bei exponentiell ansteigenden Wellen im Rücken, dessen Länge (Neigung) also Einfluß auf das Stoßverhältnis hat. Da aber der Durchschlagsbeginn meist nicht sehr exakt meßbar ist, bezeichnet man als Zeitverzögerung besser die Zeit der Welle vom Erreichen der statischen Spannung $U_0$ ab bis zu derem abermaligen Erreichen[2], also die Zeit, während der die Wellenspannung größer ist als $U_0$. Zu der zuerst definierten Zeitverzögerung kommt hier also noch die sehr kurze Zeit zwischen Durchbruch und Erreichen der statischen Spannung dazu.

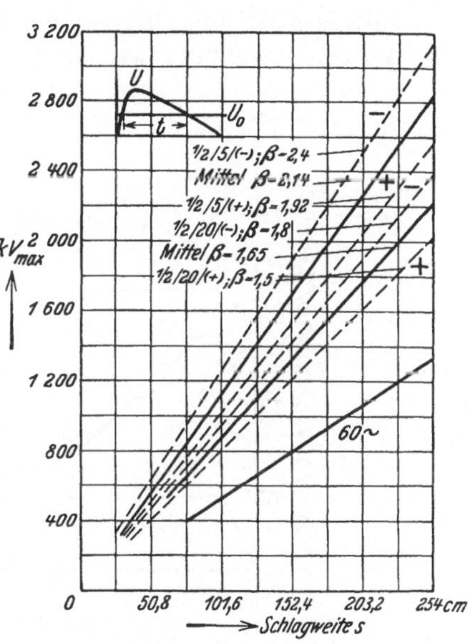


Abb. 178. Maximalwert der Funkenspannung zwischen zwei gleichen Spitzen bei verschiedener Dauer einer exponentiell ansteigenden Wanderwelle verschiedener Polarität gegen Erde (nach Peek).

[1] H. Müller (Hescho-Mitt. **1930**, H. 53/54) hat dem Relativwert des Stoßverhältnisses entsprechend auch für die Zeitverzögerung einen Relativwert vorgeschlagen: die relative Zeitverzögerung als die Zeit, während der die Stoßspannung höher als die Gleichstrom-Durchbruchspannung ist, zur Zeit vom Einsetzen der Stoßspannung bis zum erstmaligen Erreichen der Gleichstrom-Durchbruchspannung; siehe auch P. H. McAuley: El. World **94**, 780 (1929). F. D. Fielder u. P. H. McAuley: El. World **94**, 1019 (1929). J. J. Torok u. F. D. Fielder: J. Amer. Inst. El. Engs. **49**, 46 (1930). J. J. Torok: J. Amer. Inst. El. Engs. **49**, 276 (1930).

[2] Zum Teil wird auch die Zeit bis zum Absinken auf 50% des Scheitelwertes angenommen.

Abb. 178 zeigt Messungen von Peek[1] an einer Spitzenfunkenstrecke bei konstanter Stirn (exponentiell ansteigend, $^1/_2$ $\mu$sec Dauer) und verschiedener Länge (5 bis 20 $\mu$sec) und Polarität der Welle. Die Ordinate gibt den Maximalwert der Welle an (gemessen z. B. mit einer verzugsfrei ansprechenden Kugelfunkenstrecke). Die statische Funkenspannung (60 periodische Wechselspannung) ist ebenfalls mit aufgetragen. Das aus diesen Kurven errechenbare und in Abb. 178 angegebene Stoßverhältnis $\beta$ ist unabhängig von der Schlagweite, nur bei kleineren Schlagweiten sinkt es etwas. Mit zunehmender Wellenlänge wird es kleiner.

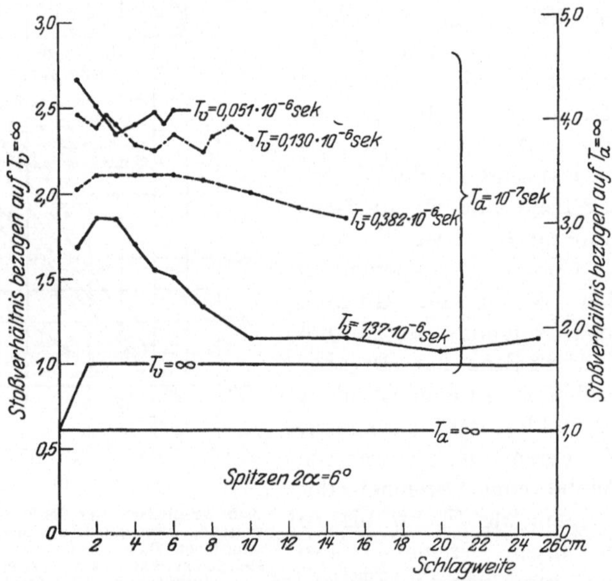


Abb. 179. Stoßverhältnis bei Spitzen für eine Anstiegdauer von $10^{-7}$ sec und verschiedene Verweildauer von Wanderwellen (nach Toepler).

Man kann auch das Stoßverhältnis getrennt für Anstiegdauer und Verweildauer (s. S. 58) angeben. Abb. 179 zeigt das Stoßverhältnis bei einer Anstiegdauer von $10^{-7}$ sec und Verweildauer von $1,4\cdot10^{-6}$ sec bis $\infty$ nach Toepler[2]; die linke Ordinate gibt das Stoßspannungsverhältnis, bezogen auf $T_v = \infty$, also nicht auf niederfrequente Wechselspannung, wie es bei der rechten Ordinate der Fall ist, sondern bei einer Anstiegdauer von $10^{-7}$ sec. Das Stoßverhältnis bei der rechten Ordinate entspricht dem in Abb. 178 von Peek angegebenen. Bei Bil-

[1] Peek, F. W.: Dielectric Phenomena. 3. Aufl. New York **1929**; J. Amer. Inst. El. Engs. **49**, 868 (1930).

[2] Toepler, M.: Arch. Elektrot. **17**, 389 (1926).

dung des Stoßverhältnisses muß man beachten, daß bei der gleichen Schlagweite die Funkenspannung beim Stoß und bei niederfrequenter Wechselspannung aus verschiedenen Entladungsformen heraus entstehen kann (z. B. aus Streifengrenz- und Glimmgrenzspannung). Das Stoßverhältnis wird auch aus diesem Grunde nicht ganz unabhängig von der Schlagweite sein.

Die Zeit, die zwischen Anlegen einer bestimmten konstanten Spannung und dem Funkendurchschlag besteht, zeigt gewisse Streuungen. McEachron und Wade[1] haben die Zeiten mit dem Kathodenstrahloszillographen gemessen und z. B. bei einer konstanten Maximalspannung von 75000 V folgende Werte bekommen:

Tabelle 36.

| Nadel-abstand mm | Rel. Feuchtigkeit % | Temperatur ° | Verzögerungszeiten maximale μ sec | minimale μ sec | mittlere μ sec |
|---|---|---|---|---|---|
| 95 | 14 | 22 | 491 | 21 | 260 |
| 80 | 14 | 22 | 335 | 15 | 120 |
| 72 | 26 | 19 | 60 | 2 | 35 |

Die mittlere Verzögerungszeit wächst mit zunehmender Schlagweite; die prozentuale Überspannung, die eine Verzögerungszeit von 2 μsec oder weniger erzwingt, nimmt dagegen mit zunehmender Schlagweite ab.

Die Beziehung zwischen $\beta$ und der Zeitverzögerung $t$ läßt sich wenigstens für nicht zu kurze Stirn und Länge der Wellen nach Peek durch folgende Gleichungsform wiedergeben:

$$\beta = 1 + \frac{a}{\sqrt{t}}. \qquad (120)$$

$\beta = \frac{U}{U_0}$ = Stoßverhältnis,

$t$ = Zeit in μsec,

$a$ = eine Konstante, die aber noch von der Wellenform und Polarität (u. U. auch der Schlagweite) abhängig ist; siehe Tabelle 37.

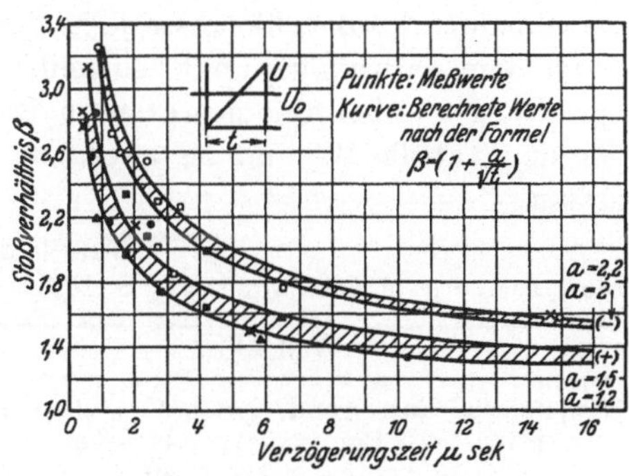


Abb. 180. Stoßverhältnis $\beta$ bei linear ansteigender Spannungswelle und verschiedener Polarität (nach Peek).

Ist $\beta$ und $a$ bekannt, so kann die Verzögerungszeit berechnet werden zu

$$t = \left(\frac{a}{\beta - 1}\right)^2. \qquad (121)$$

[1] McEachron, K. B. u. E. J. Wade: J. Amer. Inst. El. Engs. **45**, 46 (1926); Gen. El. Rev. **28**, 622 (1925).

Abb. 180 zeigt die Übereinstimmung zwischen Meßwerten und der ausgezogenen Kurve nach der Formel 120 bei linear ansteigender Welle verschiedener Polarität (nach Peek). Für $t$ ist in diesem Falle (lineare Welle) aber die Zeit vom Beginn der Welle ab eingesetzt.

Für die drei Wellenformen und verschiedene Dauer derselben ist in Tabelle 37 und 38 die Konstante $a$ und das Stoßverhältnis $\beta$ [siehe Gl. (119) und (120)] außer für Spitzen-Funkenstrecken auch für Isolatorenketten-Funkenstrecken angegeben, die man ähnlich wie jene als Zeitstrecken benutzen kann.

## Einfluß der Polarität der Welle.

Die Polarität spielt dann eine Rolle, wenn die Spitzen unsymmetrische Spannungen gegen Erde haben (ein Pol geerdet, wie meist der Fall) oder ungleich sind (Spitze gegen Platte). Es ist bei einem geerdeten Pol und gleichen Spitzen das Stoßverhältnis für die positive isolierte Spitze tiefer (bis etwa 10%) als für negative Spitze[1]. Abb. 180 zeigt positives und negatives Stoßverhältnis bei linear ansteigender Wellenfront. In Tabelle 37 und 38 sind für $a$ und $\beta$ die Polaritäten (positive oder negative Welle gegen Erde) immer mit angegeben. Bei ungleichen Elektroden kann der Polaritätseinfluß sehr groß werden. Bei der extremen Anordnung Spitze—Platte wird die Funkenspannung bei negativer Spitze bis zu 100% größer als bei positiver Spitze[2]. Bei der Isolatorenkette liegen auch ungleiche Elektroden vor, so daß man verschiedene Stoßverhältnisse je nach der Polarität der Leitung gegenüber dem Aufhängepunkt sowohl bei symmetrischer Spannungsverteilung wie bei einem geerdeten Pol bekommt[3]. Im letzteren Falle, der der Tabelle 37 und 38 zugrunde liegt, sind die Polaritätseffekte größer.

Tabelle 37.
Konstante $a$ (s. Gleichung 120, S. 167) für verschiedene Wellenformen.

| Wellenform | Nadeln | | Isolatoren | |
|---|---|---|---|---|
| Exponentiell ansteigend, große Verweildauer . . . | (+) | (−) | (+) | (−) |
| Stirn . . . Länge ½ . . . 40 $\mu$sec | 1,4 | 1,9 | 1,1 | 1,5 |
| 1½ . . . 40 | 0,8 | — | 0,6 | 0,9 |
| Rechteckige Wellen ½ $\mu$sec Front . . . . . . . . | — | — | 0,8 | — |
| Linear ansteigende Wellen . . . . . . . . . . . | 1,2 | 2,0 | 0,9 | 1,2 |
| | 1,5 | 2,2 | — | — |

[1] Siehe auch F. O. McMillan u. E. C. Starr: J. Amer. Inst. El. Engs. **49**. 859 (1930). S. Murray Jones u. J. T. Lusignan jr.: Electr. World **96**, 516 (1930). Sadatoski Bekku u. Osamu Narasaki: Res. Electrot. Lab. Tokyo **1929**, Nr 249.

[2] Marx, Erwin: Arch. Elektrot. **20**, 589 (1928).

[3] Müller, H.: Hescho-Mitt. H. 53/54 u. 57/58 (1930/31).

Tabelle 38. Stoßverhältnis $\beta$.

| Exponentiell ansteigende Welle (Abb. 178) | | | Nadeln | | Isolatoren | |
|---|---|---|---|---|---|---|
| | | | (+) | (−) | (+) | (−) |
| Stirn ... Länge der Wellen | ½ ... | 5 μsec | 1,92 | 2,4 | 1,75 | 1,95 |
| | 1 ... | 5 | — | — | 1,50 | 1,65 |
| | 1½ ... | 5 | — | — | 1,46 | 1,58 |
| | 3 ... | 5 | — | — | 1,28 | 1,34 |
| | ½ ... | 20 | 1,5 | 1,8 | 1,58 | 1,7 |
| | 1 ... | 20 | — | — | 1,33 | 1,40 |
| | 1½ ... | 20 | — | — | 1,25 | 1,33 |
| | 3 ... | 20 | — | — | 1,15 | 1,20 |
| | ½ ... | 40 | 1,33 | 1,55 | 1,40 | 1,50 |
| | 1 ... | 40 | — | — | 1,22 | 1,30 |
| | 1½ ... | 40 | — | — | 1,18 | 1,28 |
| | 3 ... | 40 | — | — | 1,10 | 1,15 |

**Anwendungen. Messungen der Form, Dauer und Polarität unbekannter Wanderwellen.** Die Messungen mit der Spitzenfunkenstrecke als „Zeitstrecke" zur Bestimmung der Dauer, Form und Polarität von Wanderwellen gehen so vor sich:

Es sei zunächst angenommen, daß die Form und Polarität der Wanderwelle annähernd bekannt sei (siehe S. 164). Man bestimmt zuerst den Maximalwert der zeitlich unbekannten Welle mit einer Funkenstrecke, deren Stoßverhältnis gleich 1 ist, z. B. mit der bestrahlten Kugelfunkenstrecke (Abb. 181). Dann bestimmt man mit der Nadelfunkenstrecke die Schlagweite, bei der Funkendurchbruch erfolgt. Nach Abb. 178, S. 165 bekommt man aus diesen beiden Werten sofort die Dauer der Wanderwelle ($U_{max}$ abhängig von der Schlagweite bei verschiedenen Längen der Welle). Man kann auch das Stoßverhältnis ausrechnen und nach Abb. 180, S. 167 die Dauer der Welle entnehmen ($\beta$ abhängig von $t$) oder die Verzögerungszeit nach Formel 121, S. 167 bestimmen.

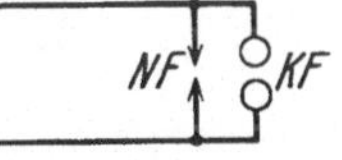

Abb. 181. Messung unbekannter Wanderwellen.

Kennt man die Form und Polarität der Welle nicht, so kann man durch mehrere Messungen an Zeitstrecken mit verschiedenen Stoßverhältnissen, z. B. der Nadel- und Isolatorenstrecke, nach Tabelle 37 und 38 auf die Form und Polarität der Welle schließen.

Durch gleichzeitige Messung mit Kugel- und Nadelfunkenstrecke kann man auch die Stirn von Wanderwellen genau messen, indem man die Welle durch die Nadelfunkenstrecke an verschiedenen Punkten der Stirn „abschneidet" (Einstellung verschiedener Schlagweiten der Nadelfunkenstrecke)[1]. Die Kugelfunkenstrecke mißt jeweils die Höhe der Stirn am Abschneidepunkt.

[1] Marx, Erwin: ETZ **45**, 1083 (1924).

## 4. Das Toeplersche Funkengesetz. Wanderwellenformen.

**Das Funkengesetz.** Für den Funken zwischen zwei Elektroden bei Atmosphärendruck hat Toepler ein Gesetz gefunden, das den Funkenwiderstand $R$, die Funkenlänge $F$ und die seit Funkenbeginn geflossene Elektrizitätsmenge $Q$ in einfacher Weise verknüpft:

$$R = \frac{kF}{Q}. \tag{122}$$

Dabei ist $R$ in $\Omega$, $Q$ in Coulomb, $F$ in cm, $k$ die sog. Funkenkonstante in $\Omega \cdot \frac{\text{Coulomb}}{\text{cm}}$ zu setzen. $k$ ist für 760 mm Hg und 20° C von der Größenordnung $10^{-4} \frac{\Omega\,\text{C}}{\text{cm}}$. Toepler[1] fand das Gesetz zuerst bei den Gleitentladungen (s. S. 72), es konnte dann aber auch auf den Funken im Raum ausgedehnt werden. Das Gesetz gilt nur für den Funken, nicht für die anderen Entladungsformen wie Glimmlicht oder Büschel-

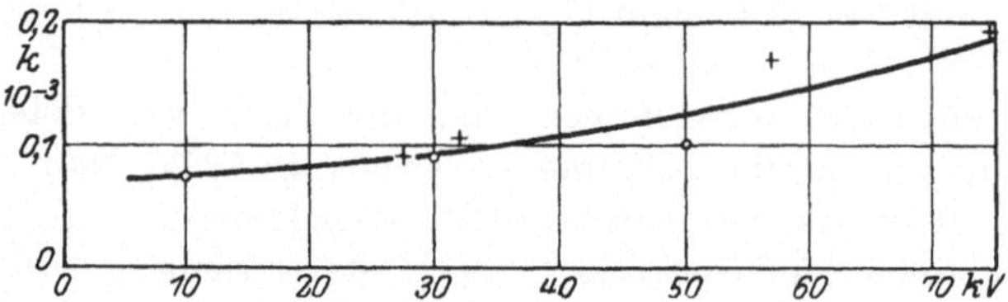


Abb. 182. Funkenkonstante $k$, abhängig von der Spannung.
○ Messungen von H. Müller; Kugeln 25 mm ∅, + Messungen von O. Mayr; Kugeln 50 mm ∅.

entladung, auch nicht für die Lichtbogenentladung; es gilt auch nur so lange, als Temperatur- und Diffusions oder Rekombinationseffekte zwischen den Ionen keine Rolle spielen, also der summierende Einfluß der nacheinander durchfließenden Elektrizitätsmengen durch diese Effekte nicht beeinträchtigt wird; weil aber eben die Funkendauer im allgemeinen sehr kurz ist ($10^{-8} \ldots 10^{-7}$ sec), gilt das Gesetz mit ziemlicher Genauigkeit.

**Die Funkenkonstante $k$.** Die absolute Größe von $k$ schwankt nach den verschiedenen Messungen, die Konstanz von $k$ selbst ist dagegen meist genau bestätigt gefunden worden. Nach O. Mayr[2] ergibt sich $k$ zu etwa $0{,}1 \cdot 10^{-3}$; außerdem steigt $k$ mit wachsender Spannung etwas an, wie Abb. 182 zeigt. Es sind dazu noch Messungen von H. Müller[3] an Kugeln von 25 mm eingetragen, während sich die

---

[1] Toepler, M.: Ann. Physik **19**, 191 (1905); **21**, 219 (1906); Arch. Elektrot. **14**, 305 (1925); ETZ **45**, 1045 (1924); Arch. Elektrot. **17**, 61 (1926); **18**, 549 (1927); **21**, 433 (1929); **22**, 243 (1929).

[2] Mayr, O.: Arch. Elektrot. **17**, 52 (1926).

[3] Müller, H.: Arch. Elektrot. **15**, 97 (1925); **18**, 328 (1927).

Werte von Mayr auf Kugeln von 50 mm beziehen. Bei Spitzenelektroden wird $k$ viel kleiner wegen der starken Vorionisierung des späteren Funkenkanals ($k = 0{,}044 \cdot 10^{-3}$ bei Spitze mit Krümmungsradius von etwa 0,75 mm gegen Kugel, Schlagweite 30 mm, Funkenspannung 45 $kV_{max}$). Toepler[1] gibt später $k$ zu $0{,}12 \ldots 0{,}20 \cdot 10^{-3}$, im Mittel zu $0{,}15 \cdot 10^{-3}$ als wahren Wert an, der nicht durch den Einfluß der speziellen Versuchsanordnung beeinflußt ist. Je nach den speziellen Versuchsanordnungen sind Korrektionen anzubringen, die den Einfluß des Funkenverzuges, der Zwischenleitungen, der Kapazität, der Umgebung, der Reflexion am Anfang und Ende der Leitung usw. berücksichtigen. Vom Luftdruck ist $k$ unabhängig[2], dagegen etwa umgekehrt proportional der absoluten Temperatur der den Funken umgebenden Luft[3], so daß das Funkengesetz zu schreiben ist:

$$R = \frac{k_0 F}{Q} \frac{273}{T}. \tag{123}$$

$k_0$ ist dabei die Funkenkonstante bei 0° C.

**Anwendungen. Wanderwellenformen.** Eine für Meßzwecke besonders wichtige Konsequenz des Funkengesetzes ist, daß die Stirn der von Funken ausgelösten Wanderwellen dasselbe Gesetz wie der Funke selbst befolgen muß. Dadurch läßt sich für verschiedene Schaltungsfälle die Stirn der Wellen berechnen.

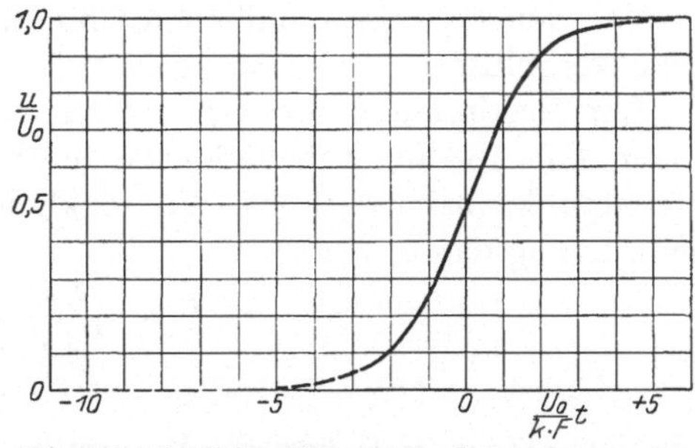

Abb. 183. Zeitlicher Verlauf der Spannung an einer Funkenstrecke in einem Kreis mit der Kapazität $C$ und dem Funkenwiderstand $R$.

Berechnet man den zeitlichen Verlauf der Spannung an einer Funkenstrecke in einem Kreis, der nur von der Kapazität $C$ und der Funkenstrecke mit dem Funkenwiderstand $R$ gebildet ist, also keinen Ohmschen Widerstand enthält, so bekommt man als Differentialgleichung aus Gl. (122), S. 170

$$\frac{du}{dt} = -u \frac{U_0 - u}{kF}; \tag{124}$$

dabei ist $u$ die Spannung an der Funkenstrecke zur Zeit $t$ und $U_0$ die

---

[1] Toepler, M.: Arch. Elektrot. **18**, 549 (1927); **21**, 433 (1929); siehe ferner Yoshio Satot: Mem. Ryojun Coll. Engs. **2**, 154 (1929).

[2] May, K.: Arch. Elektrot. **21**, 467 (1929); gemessen zwischen 1 und 1/10 Atmosphärendruck.

[3] Toepler, M.: Arch. Elektrot. **22**, 243 (1929).

Spannung bei Beginn der Entladung. Abb. 183 gibt den so berechneten Verlauf von $\frac{u}{U_0}$ abhängig von $\frac{U_0}{kF}t$. $t$ ist die Zeit in sec von dem Augenblick gerechnet, in dem $u$ den Wert $\frac{U_0}{2}$ erreicht hat. Dort ist die größte Spannungsänderung der Zeiteinheit oder Steilheit der Welle. Sie errechnet sich zu

$$\left(\frac{du}{dt}\right)_{max} = -\frac{1}{4}\frac{U_0^2}{kF}. \tag{125}$$

Wie man sieht, ist der Verlauf von der Kapazität $C$ ganz unabhängig.

Ein anderer Grenzfall ist der, daß ein Kreis mit $C$, $R$ und einem unendlich großen Ohmschen Widerstand $W$ gegeben ist. Das ist der Fall bei einer unendlich langen Leitung mit dem Wellenwiderstand $Z$, auf die über eine Funkenstrecke eine Wanderwelle übertritt; hier bekommt man

$$\frac{du}{dt} = -\frac{u^2}{kF}\frac{U_0 - u}{U_0}, \tag{126}$$

$$\left(\frac{du}{dt}\right)_{max} = -\frac{4}{27}\frac{U_0^2}{kF}. \tag{127}$$

Für den Fall eines endlichen Ohmschen Widerstandes $W$ bekommt man kompliziertere Gleichungen[1].

Zur Bestimmung der Gesamtfunkendauer ersetzt man am besten die in Abb. 183 angegebene Kurve durch eine Sinuskurve, die denselben Mittelpunkt bei $t = 0$ wie die wirkliche Kurve hat und eine Halbschwingungsdauer von

$$T = \frac{2\pi}{\frac{U_0}{F}k} \sec \tag{128}$$

für den obigen Fall besitzt. Während dieser Zeit $T$ fließen 92% der Ladung ab. $T$ ist nur von $\frac{U_0}{F}$, dem Verhältnis Höchstspannung (Funkenspannung) zu Schlagweite abhängig; also auch von der Elektrodenform, da die Funkenspannung sowohl von der Schlagweite wie der Elektrodenform abhängt. Es ergibt sich so bei gekrümmteren Elektroden eine größere Entladungsdauer als bei Ebenen. $T$ ändert sich mit der Schlagweite verhältnismäßig wenig, da im allgemeinen $U_0$ mit der Schlagweite wenigstens bei wenig gekrümmten Elektroden zunächst annähernd proportional wächst; die Entladedauer liegt bei Ebenen und größeren Kugeln bei Schlagweiten zwischen 1 und 20 cm zwischen $0{,}1 \cdot 10^{-6}$ und $0{,}3 \cdot 10^{-6}$ sec. Zu dieser Entladezeit gehört nicht

---

[1] Toepler, M.: Arch. Elektrot. **18**, 549 (1927). Krutzsch, J.: ETZ **49**, 607 (1928). Karapetoff, V.: Arch. Elektrot. **25**, 315 (1931).

die Zeit, die zum Ausbilden einer endlichen Stromstärke nötig ist (Vorprozeß, Funkenverzug), sondern nur die Zeit während der fallenden Charakteristik des Funkens. Das Umkippen von den Leuchtfäden in den Funken erfolgt nach Toepler, wenn etwa eine statische Ladungseinheit durch den Leuchtfaden geflossen ist.

Zahlentafel 1. Eichspannungen für ebene Funkenstrecken. Anfangspannungen und Durchbruchfeldstärken ebener Elektroden in Luft. Gültig für $b = 760$ mm Hg und $t = 20^0$ (rel. Luftdichte $\delta = \frac{b \cdot 293}{760\,(273 + t)} = 1{,}0$).
Mittelwerte aus Abb. 9 S. 12.

| $s$ cm | $\mathfrak{E}_0 \frac{kV_{max}}{cm}$ | $U_{max}$ $kV_{max}$ | $s$ cm | $\mathfrak{E}_0 \frac{kV_{max}}{cm}$ | $U_{max}$ $kV_{max}$ |
|---|---|---|---|---|---|
| 0,01 | 95,6 | 0,956 | 1,0 | 31,3 | 31,3 |
| 0,02 | 73,0 | 1,460 | 1,5 | 30,3 | 45,5 |
| 0,03 | 63,0 | 1,890 | 2,0 | 29,7 | 59,4 |
| 0,04 | 57,6 | 2,304 | 2,5 | 29,3 | 73,3 |
| 0,05 | 53,9 | 2,695 | 3 | 29,0 | 87,0 |
| 0,06 | 51,2 | 3,072 | 4 | 28,5 | 114 |
| 0,07 | 49,2 | 3,444 | 5 | 28,0 | 140 |
| 0,08 | 47,5 | 3,800 | 6 | 27,7 | 166 |
| 0,09 | 46,1 | 4,149 | 7 | 27,4 | 192 |
| 0,1 | 45,1 | 4,51 | 8 | 27,1 | 217 |
| 0,2 | 39,1 | 7,82 | 9 | 26,8 | 241 |
| 0,3 | 36,4 | 10,92 | 10 | 26,6 | 266 |
| 0,4 | 34,8 | 13,92 | 11 | 26,4 | 290 |
| 0,5 | 33,8 | 16,90 | 12 | 26,3 | 316 |
| 0,6 | 33,0 | 19,80 | | | |
| 0,7 | 32,5 | 22,75 | | | |
| 0,8 | 32,0 | 25,60 | | | |
| 0,9 | 31,6 | 28,44 | | | |

Zahlentafel 2. Eichspannungen für Kugelfunkenstrecken. Anfangspan-
geerdeten Pol und symmetrischer Spannungsverteilung an den Elektroden. Gültig

| $s$ | $D = 2$ cm | | | | | $D = 5$ cm | | | | |
|---|---|---|---|---|---|---|---|---|---|---|
| | | Eine Kugel geerdet | | Symmetr. Spannung | | | Eine Kugel geerdet | | Symmetr. Spannung | |
| cm | $\frac{s}{D}$ | $\mathfrak{E}_0 \frac{kV}{cm}$ | $U_{max}$ kV | $\mathfrak{E}_0 \frac{kV}{cm}$ | $U_{max}$ kV | $\frac{s}{D}$ | $\mathfrak{E}_0 \frac{kV}{cm}$ | $U_{max}$ kV | $\mathfrak{E}_0 \frac{kV}{cm}$ | $U_{max}$ kV |
| 0,1 | 0,05 | 48,12 | 4,65 | 48,12 | 4,65 | 0,02 | 47,17 | 4,65 | 47,17 | 4,65 |
| 0,2 | 0,10 | 43,40 | 8,13 | 43,12 | 8,08 | 0,04 | 41,44 | 8,03 | 41,44 | 8,03 |
| 0,3 | 0,15 | 42,17 | 11,44 | 41,44 | 11,29 | 0,06 | 39,16 | 11,28 | 39,16 | 11,28 |
| 0,4 | 0,20 | 41,82 | 14,54 | 40,97 | 14,41 | 0,08 | 37,98 | 14,40 | 37,85 | 14,35 |
| 0,5 | 0,25 | 42,22 | 17,60 | 40,95 | 17,45 | 0,10 | 37,33 | 17,47 | 37,03 | 17,33 |
| 0,6 | 0,30 | 43,20 | 20,68 | 41,28 | 20,48 | 0,12 | 36,94 | 20,44 | 36,53 | 20,21 |
| 0,7 | 0,35 | 44,28 | 23,59 | 41,61 | 23,39 | 0,14 | 36,69 | 23,36 | 36,23 | 23,16 |
| 0,8 | 0,40 | 45,34 | 26,30 | 41,93 | 26,15 | 0,16 | 36,59 | 26,25 | 36,11 | 26,03 |
| 0,9 | 0,45 | 46,43 | 28,90 | 42,17 | 28,73 | 0,18 | 36,52 | 29,08 | 36,06 | 28,83 |
| 1,0 | 0,50 | 47,32 | 31,20 | 42,41 | 31,20 | 0,20 | 36,69 | 31,90 | 36,03 | 31,70 |
| 1,1 | 0,55 | 48,21 | 33,35 | 42,64 | 33,50 | 0,22 | 36,92 | 34,71 | 36,07 | 34,45 |
| 1,2 | 0,60 | 48,96 | 35,28 | 42,82 | 35,68 | 0,24 | 37,15 | 37,45 | 36,16 | 37,22 |
| 1,3 | 0,65 | 49,66 | 36,98 | 43,00 | 37,76 | 0,26 | 37,45 | 40,22 | 36,25 | 39,93 |
| 1,4 | 0,70 | 50,35 | 37,50 | 43,16 | 38,31 | 0,28 | 37,76 | 42,97 | 36,32 | 42,57 |
| 1,5 | 0,75 | 50,96 | 40,03 | 43,34 | 41,70 | 0,30 | 38,05 | 45,54 | 36,43 | 45,20 |
| 1,6 | 0,80 | 51,57 | 41,33 | 43,47 | 43,47 | 0,32 | 38,33 | 48,04 | 36,52 | 47,70 |
| 1,7 | 0,85 | 52,13 | 42,71 | 43,62 | 45,20 | 0,34 | 38,64 | 50,48 | 36,62 | 50,22 |
| 1,8 | 0,90 | 52,65 | 43,84 | 43,77 | 46,83 | 0,36 | 38,90 | 52,80 | 36,71 | 52,73 |
| 1,9 | 0,95 | 53,11 | 44,85 | 43,87 | 48,20 | 0,38 | 39,17 | 55,00 | 36,80 | 55,10 |
| 2,0 | 1,0 | 53,52 | 45,80 | 43,96 | 49,70 | 0,40 | 39,46 | 57,25 | 36,88 | 57,48 |
| 2,5 | 1,25 | 55,59 | 49,98 | 44,36 | 55,72 | 0,50 | 40,76 | 67,20 | 37,23 | 68,50 |
| 3,0 | 1,5 | 57,15 | 52,70 | 44,61 | 60,48 | 0,60 | 42,02 | 75,60 | 37,52 | 78,20 |
| 4,0 | 2,0 | 59,70 | 56,87 | 44,88 | 67,08 | 0,80 | 44,12 | 88,63 | 37,96 | 94,87 |
| 5,0 | — | — | — | — | — | 1,0 | 45,71 | 97,75 | 38,23 | 108,0 |
| 6,0 | — | — | — | — | — | 1,2 | 47,04 | 104,8 | 38,41 | 118,5 |
| 7,0 | — | — | — | — | — | 1,4 | 48,14 | 110,2 | 38,55 | 127,1 |
| 8,0 | — | — | — | — | — | 1,6 | 49,03 | 114,3 | 38,64 | 134,3 |
| 9,0 | — | — | — | — | — | 1,8 | 49,90 | 117,8 | 38,70 | 139,9 |
| 10,0 | — | — | — | — | — | 2,0 | 50,64 | 120,7 | 38,75 | 144,8 |
| 12,0 | — | — | — | — | — | — | — | — | — | — |
| 14,0 | — | — | — | — | — | — | — | — | — | — |
| 15,0 | — | — | — | — | — | — | — | — | — | — |
| 16,0 | — | — | — | — | — | — | — | — | — | — |
| 18,0 | — | — | — | — | — | — | — | — | — | — |
| 20,0 | — | — | — | — | — | — | — | — | — | — |

nungen und Durchbruchfeldstärken von gleichen Kugeln in Luft bei einem für $b = 760$ mm Hg und $t = 20^0$ $\left(\text{rel. Luftdichte } \delta = \frac{b \cdot 293}{760\,(273 + t)} = 1{,}0\right)$.

| | $D = 6{,}25$ cm | | | | | $D = 10$ cm | | | | |
|---|---|---|---|---|---|---|---|---|---|---|
| | Eine Kugel geerdet | | Symmetr. Spannung | | | Eine Kugel geerdet | | Symmetr. Spannung | | |
| $\frac{s}{D}$ | $\mathfrak{E}_0\,\frac{\text{kV}}{\text{cm}}$ | $U_{max}$ kV | $\mathfrak{E}_0\,\frac{\text{kV}}{\text{cm}}$ | $U_{max}$ kV | $\frac{s}{D}$ | $\mathfrak{E}_0\,\frac{\text{kV}}{\text{cm}}$ | $U_{max}$ kV | $\mathfrak{E}_0\,\frac{\text{kV}}{\text{cm}}$ | $U_{max}$ kV | $s$ cm |
| 0,016 | 47,00 | 4,65 | 47,00 | 4,65 | 0,01 | 46,89 | 4,65 | 46,89 | 4,65 | 0,1 |
| 0,032 | 41,20 | 8,04 | 41,20 | 8,04 | 0,02 | 40,84 | 8,05 | 40,84 | 8,05 | 0,2 |
| 0,048 | 38,92 | 11,29 | 38,90 | 11,28 | 0,03 | 38,43 | 11,28 | 38,43 | 11,28 | 0,3 |
| 0,064 | 37,63 | 14,40 | 37,58 | 14,37 | 0,04 | 36,97 | 14,37 | 36,97 | 14,37 | 0,4 |
| 0,080 | 36,83 | 17,46 | 36,68 | 17,38 | 0,05 | 36,04 | 17,43 | 36,04 | 17,43 | 0,5 |
| 0,096 | 36,43 | 20,53 | 36,11 | 20,35 | 0,06 | 35,35 | 20,38 | 35,35 | 20,38 | 0,6 |
| 0,112 | 36,12 | 23,58 | 35,71 | 23,30 | 0,07 | 34,88 | 23,28 | 34,88 | 23,28 | 0,7 |
| 0,128 | 35,91 | 26,35 | 35,47 | 25,98 | 0,08 | 34,58 | 26,20 | 34,51 | 26,17 | 0,8 |
| 0,144 | 35,77 | 29,25 | 35,29 | 28,90 | 0,09 | 34,38 | 29,13 | 34,24 | 29,02 | 0,9 |
| 0,160 | 35,69 | 32,00 | 35,19 | 31,70 | 0,10 | 34,24 | 32,05 | 34,05 | 31,88 | 1,0 |
| 0,176 | 35,65 | 34,75 | 35,12 | 34,50 | 0,11 | 34,16 | 34,91 | 33,88 | 34,62 | 1,1 |
| 0,192 | 35,73 | 37,56 | 35,11 | 37,26 | 0,12 | 34,09 | 37,77 | 33,77 | 37,40 | 1,2 |
| 0,208 | 35,88 | 40,29 | 35,16 | 40,00 | 0,13 | 34,06 | 40,60 | 33,68 | 40,20 | 1,3 |
| 0,224 | 36,06 | 43,04 | 35,21 | 42,74 | 0,14 | 34,04 | 43,40 | 33,61 | 43,00 | 1,4 |
| 0,240 | 36,27 | 45,72 | 35,29 | 45,44 | 0,15 | 34,06 | 46,18 | 33,58 | 45,72 | 1,5 |
| 0,256 | 36,51 | 48,45 | 35,36 | 48,12 | 0,16 | 34,12 | 48,98 | 33,57 | 48,38 | 1,6 |
| 0,272 | 36,76 | 51,10 | 35,42 | 50,77 | 0,17 | 34,20 | 50,86 | 33,58 | 50,20 | 1,7 |
| 0,288 | 36,97 | 53,60 | 35,48 | 53,25 | 0,18 | 34,29 | 54,52 | 33,59 | 53,78 | 1,8 |
| 0,304 | 37,20 | 56,11 | 35,56 | 55,80 | 0,19 | 34,40 | 57,35 | 33,61 | 56,51 | 1,9 |
| 0,32 | 37,41 | 58,64 | 36,64 | 58,38 | 0,20 | 34,51 | 60,10 | 33,65 | 59,20 | 2,0 |
| 0,40 | 38,53 | 69,92 | 35,99 | 70,10 | 0,25 | 35,08 | 73,10 | 33,89 | 72,20 | 2,5 |
| 0,48 | 39,54 | 79,70 | 36,22 | 80,85 | 0,30 | 35,67 | 85,40 | 34,03 | 84,50 | 3,0 |
| 0,64 | 41,29 | 95,60 | 36,59 | 99,45 | 0,40 | 36,92 | 107,2 | 34,35 | 107,1 | 4,0 |
| 0,80 | 42,73 | 107,3 | 36,88 | 115,2 | 0,50 | 37,91 | 125,0 | 34,56 | 127,0 | 5,0 |
| 0,96 | 43,93 | 116,2 | 37,06 | 128,2 | 0,60 | 38,85 | 139,8 | 34,72 | 144,7 | 6,0 |
| 1,12 | 44,95 | 123,2 | 37,18 | 138,9 | 0,70 | 39,65 | 152,0 | 34,85 | 160,5 | 7,0 |
| 1,28 | 45,87 | 128,8 | 37,28 | 148,0 | 0,80 | 40,36 | 162,0 | 34,97 | 174,7 | 8,0 |
| 1,44 | 46,71 | 133,8 | 37,35 | 155,7 | 0,90 | 40,98 | 170,7 | 35,07 | 187,6 | 9,0 |
| 1,60 | 47,34 | 137,6 | 37,41 | 162,3 | 1,0 | 41,55 | 177,7 | 35,14 | 198,5 | 10,0 |
| 1,92 | 48,58 | 143,8 | 37,49 | 173,0 | 1,2 | 42,59 | 189,8 | 35,26 | 217,4 | 12,0 |
| — | — | — | — | — | 1,4 | 43,45 | 199,5 | 35,34 | 233,0 | 14,0 |
| — | — | — | — | — | 1,5 | 43,82 | 202,2 | 35,37 | 239,5 | 15,0 |
| — | — | — | — | — | 1,6 | 44,18 | 206,1 | 35,39 | 245,7 | 16,0 |
| — | — | — | — | — | 1,8 | 44,82 | 210,8 | 35,42 | 256,0 | 18,0 |
| — | — | — | — | — | 2,0 | 45,39 | 216,1 | 35,44 | 264,8 | 20,0 |

Zahlentafel 2

| s | D = 12,5 cm | | | | | D = 15 cm | | | | |
|---|---|---|---|---|---|---|---|---|---|---|
| | $\frac{s}{D}$ | Eine Kugel geerdet | | Symmetr. Spannung | | $\frac{s}{D}$ | Eine Kugel geerdet | | Symmetr. Spannung | |
| cm | | $\mathfrak{E}_0 \frac{kV}{cm}$ | $U_{max}$ kV | $\mathfrak{E}_0 \frac{kV}{cm}$ | $U_{max}$ kV | | $\mathfrak{E}_0 \frac{kV}{cm}$ | $U_{max}$ kV | $\mathfrak{E}_0 \frac{kV}{cm}$ | $U_{max}$ kV |
| 0,1 | 0,008 | 46,70 | 4,65 | 46,70 | 4,65 | 0,0066 | 46,62 | 4,64 | 46,62 | 4,64 |
| 0,5 | 0,04 | 35,90 | 17,46 | 35,90 | 17,46 | 0,0333 | 35,70 | 17,48 | 35,70 | 17,48 |
| 1,0 | 0,08 | 33,83 | 32,07 | 33,74 | 32,00 | 0,066 | 33,53 | 32,08 | 33,49 | 32,02 |
| 1,5 | 0,12 | 33,36 | 46,62 | 33,07 | 46,23 | 0,1 | 32,94 | 46,27 | 32,69 | 45,90 |
| 2,0 | 0,16 | 33,42 | 59,96 | 32,92 | 59,37 | 0,133 | 32,79 | 60,00 | 32,46 | 59,84 |
| 2,5 | 0,20 | 33,77 | 73,40 | 32,99 | 72,58 | 0,166 | 33,00 | 73,67 | 32,43 | 72,70 |
| 3,0 | 0,24 | 34,20 | 86,22 | 33,13 | 85,40 | 0,20 | 33,31 | 86,94 | 32,50 | 85,82 |
| 4,0 | 0,32 | 35,11 | 110,1 | 33,43 | 109,4 | 0,266 | 34,00 | 111,8 | 32,73 | 110,4 |
| 5,0 | 0,40 | 36,06 | 130,8 | 33,64 | 131.2 | 0,333 | 34,70 | 134,1 | 32,95 | 133,4 |
| 6,0 | 0,48 | 36,86 | 148,5 | 33,80 | 150,9 | 0,40 | 35,46 | 154,3 | 33,09 | 154,7 |
| 7,0 | 0,56 | 37,62 | 164,0 | 33,93 | 168,6 | 0,466 | 36,14 | 172,1 | 33,21 | 174,1 |
| 8,0 | 0,64 | 38,25 | 177,2 | 34,03 | 184,9 | 0,533 | 36,81 | 188,3 | 33,31 | 192,0 |
| 9,0 | 0,72 | 38,84 | 188,0 | 34,11 | 200,0 | 0,60 | 37,37 | 202,0 | 33,40 | 208,6 |
| 10,0 | 0,80 | 39,37 | 197,7 | 34,18 | 213,6 | 0,666 | 37,86 | 213,8 | 33,47 | 224,3 |
| 12,0 | 0,96 | 40,30 | 213,6 | 34,28 | 237,0 | 0,80 | 38,77 | 233,3 | 33,57 | 251,7 |
| 14,0 | 1,12 | 41,05 | 225,0 | 34,35 | 257,0 | 0,933 | 39,53 | 249,3 | 33,64 | 275,0 |
| 15,0 | 1,20 | 41,45 | 230,3 | 34,38 | 265,5 | 1,0 | 39,85 | 255,8 | 33,67 | 285,2 |
| 16,0 | 1,28 | 41,78 | 235,0 | 34,41 | 273,3 | 1,066 | 40,18 | 262,4 | 33,69 | 294,5 |
| 18,0 | 1,44 | 42,39 | 242,8 | 34,45 | 287,2 | 1,20 | 40,71 | 272,4 | 33,73 | 312,2 |
| 20,0 | 1,60 | 42,92 | 249,6 | 34,48 | 299 4 | 1,33 | 41,19 | 280,7 | 33,77 | 327,0 |
| 25,0 | 2,0 | 44,01 | 262,0 | 34,53 | 322,4 | 1,66 | 42,17 | 296,1 | 33,83 | 357,7 |
| 30,0 | — | — | — | — | — | 2,0 | 43,05 | 307,5 | 33,89 | 379,7 |

(Fortsetzung).

| $s$ | $D = 25$ cm | | | | | $D = 50$ cm | | | | |
|---|---|---|---|---|---|---|---|---|---|---|
| | | Eine Kugel geerdet | | Symmetr. Spannung | | | Eine Kugel geerdet | | Symmetr. Spannung | |
| cm | $\frac{s}{D}$ | $\mathfrak{E}_0 \frac{\text{kV}}{\text{cm}}$ | $U_{max}$ kV | $\mathfrak{E}_0 \frac{\text{kV}}{\text{cm}}$ | $U_{max}$ kV | $\frac{s}{D}$ | $\mathfrak{E}_0 \frac{\text{kV}}{\text{cm}}$ | $U_{max}$ kV | $\mathfrak{E}_0 \frac{\text{kV}}{\text{cm}}$ | $U_{max}$ kV |
| 0,5 | 0,02 | 35,56 | 17,53 | 35,56 | 17,53 | 0,01 | 35,42 | 17,58 | 35,42 | 17,58 |
| 1,0 | 0,04 | 33,05 | 32,15 | 33,05 | 32,15 | 0,02 | 32,82 | 32,35 | 32,82 | 32,35 |
| 1,5 | 0,06 | 32,14 | 46,30 | 32,08 | 46,20 | 0,03 | 31,62 | 46,50 | 31,62 | 46,50 |
| 2,0 | 0,08 | 31,72 | 60,18 | 31,59 | 59,90 | 0,04 | 30,97 | 60,13 | 30,97 | 60,13 |
| 2,5 | 0,1 | 31,51 | 73,80 | 31,36 | 73,45 | 0,05 | 30,58 | 71,00 | 30,58 | 71,00 |
| 3,0 | 0,12 | 31,48 | 87,18 | 31,23 | 86,70 | 0,06 | 30,35 | 87,50 | 30,31 | 87,40 |
| 4,0 | 0,16 | 31,70 | 113,8 | 31,21 | 112,5 | 0,08 | 30,12 | 114,2 | 30,01 | 113,8 |
| 5,0 | 0,20 | 32,06 | 139,3 | 31,31 | 137,7 | 0,10 | 30,06 | 140,7 | 29,84 | 139,7 |
| 6,0 | 0,24 | 32,47 | 163,6 | 31,45 | 161,8 | 0,12 | 30,07 | 166,3 | 29,79 | 164,8 |
| 7,0 | 0,28 | 32,89 | 187,1 | 31,53 | 184,7 | 0,14 | 30,16 | 192,0 | 29,80 | 190,5 |
| 8,0 | 0,32 | 33,30 | 208,2 | 31,65 | 206,7 | 0,16 | 30,28 | 217,2 | 29,85 | 215,1 |
| 9,0 | 0,36 | 33,72 | 228,9 | 31,74 | 227,7 | 0,18 | 30,43 | 242,3 | 29,90 | 239,0 |
| 10,0 | 0,40 | 34,10 | 247,2 | 31,82 | 248,0 | 0,20 | 30,58 | 265,8 | 29,95 | 263,4 |
| 12,0 | 0,48 | 34,87 | 281,0 | 31,92 | 284,8 | 0,24 | 30,97 | 312,3 | 30,05 | 309,4 |
| 14,0 | 0,56 | 35,49 | 309,6 | 32,00 | 317,7 | 0,28 | 31,37 | 357,0 | 30,11 | 352,8 |
| 15,0 | 0,60 | 35,77 | 322,3 | 32,03 | 333,7 | 0,30 | 31,55 | 377,4 | 30,13 | 374,0 |
| 16,0 | 0,64 | 36,02 | 333,4 | 32,06 | 348,8 | 0,32 | 31,73 | 397,6 | 30,16 | 394,0 |
| 18,0 | 0,72 | 36,52 | 353,7 | 32,11 | 377,5 | 0,36 | 32,12 | 436,0 | 30,21 | 433,8 |
| 20,0 | 0,80 | 36,95 | 370,4 | 32,16 | 401,8 | 0,40 | 32,51 | 471,7 | 30,26 | 471,5 |
| 25,0 | 1,00 | 37,89 | 405,2 | 32,23 | 455,4 | 0,50 | 33,34 | 549,6 | 30,37 | 558,5 |
| 30,0 | 1,20 | 38,65 | 431,0 | 32,29 | 498,0 | 0,60 | 34,04 | 612,0 | 30,47 | 634,5 |
| 35,0 | 1,40 | 39,28 | 451,0 | 32,30 | 532,0 | 0,70 | 34,62 | 664,2 | 30,55 | 703,7 |
| 40,0 | 1,60 | 39,81 | 464,3 | 32,31 | 560,7 | 0,80 | 35,12 | 706,0 | 30,60 | 765,0 |
| 50,0 | 2,0 | 40,69 | 484,3 | 32,32 | 604,0 | 1,0 | 35,94 | 769,0 | 30,65 | 865,7 |
| 60,0 | — | — | — | — | — | 1,2 | 36,64 | 817,0 | 30,69 | 947,0 |
| 70,0 | — | — | — | — | — | 1,4 | 37,24 | 852,5 | 30,71 | 1013 |
| 80,0 | — | — | — | — | — | 1,6 | 37,71 | 879,8 | 30,71 | 1068 |
| 90,0 | — | — | — | — | — | 1,8 | 38,18 | 902,0 | 30,72 | 1112 |
| 100,0 | — | — | — | — | — | 2,0 | 38,57 | 918,0 | 30,73 | 1148 |

Zahlentafel 2

| $s$ | $D = 75$ cm | | | | | $D = 100$ cm | | | | |
|---|---|---|---|---|---|---|---|---|---|---|
| | | Eine Kugel geerdet | | Symmetr. Spannung | | | Eine Kugel geerdet | | Symmetr. Spannung | |
| cm | $\frac{s}{D}$ | $\mathfrak{E}_0 \frac{kV}{cm}$ | $U_{max}$ kV | $\mathfrak{E}_0 \frac{kV}{cm}$ | $U_{max}$ kV | $\frac{s}{D}$ | $\mathfrak{E}_0 \frac{kV}{cm}$ | $U_{max}$ kV | $\mathfrak{E}_0 \frac{kV}{cm}$ | $U_{max}$ kV |
| 0,5 | 0,0066 | 35,38 | 17,58 | 35,38 | 17,58 | 0,005 | 35,36 | 17,59 | 35,36 | 17,59 |
| 1,0 | 0,0133 | 32,75 | 32,44 | 32,75 | 32,44 | 0,010 | 32,67 | 32,38 | 32,67 | 32,38 |
| 1,5 | 0,020 | 31,52 | 46,60 | 31,52 | 46,60 | 0,015 | 31,42 | 46,20 | 31,42 | 46,20 |
| 2,0 | 0,0266 | 30,80 | 60,50 | 30,80 | 60,50 | 0,020 | 30,71 | 60,54 | 30,71 | 60,54 |
| 2,5 | 0,033 | 30,37 | 74,20 | 30,37 | 74,20 | 0,025 | 30,29 | 74,40 | 30,29 | 74,40 |
| 3,0 | 0,040 | 30,06 | 87,73 | 30,06 | 87,73 | 0,030 | 29,95 | 88,00 | 29,95 | 88,00 |
| 4,0 | 0,0533 | 29,71 | 113,5 | 29,67 | 113,3 | 0,040 | 29,54 | 114,8 | 29,54 | 114,8 |
| 5,0 | 0,066 | 29,55 | 141,3 | 29,45 | 140,8 | 0,050 | 29,30 | 141,7 | 29,30 | 141,7 |
| 6,0 | 0,080 | 29,46 | 167,5 | 29,32 | 166,8 | 0,060 | 29,17 | 168,1 | 29,14 | 168,0 |
| 7,0 | 0,0933 | 29,44 | 193,7 | 29,24 | 192,4 | 0,070 | 29,11 | 194,3 | 29,03 | 193,8 |
| 8,0 | 0,1066 | 29,43 | 219,2 | 29,19 | 217,3 | 0,080 | 29,06 | 220,3 | 28,97 | 219,7 |
| 9,0 | 0,120 | 29,45 | 244,7 | 29,17 | 242,3 | 0,090 | 29,05 | 246,2 | 28,92 | 245,1 |
| 10,0 | 0,133 | 29,50 | 270,0 | 29,18 | 267,2 | 0,10 | 29,04 | 272,0 | 28,88 | 270,4 |
| 12,0 | 0,160 | 29,69 | 319,5 | 29,21 | 315,8 | 0,12 | 29,05 | 322,0 | 28,84 | 319,6 |
| 14,0 | 0,1866 | 29,91 | 368,0 | 29,28 | 363,2 | 0,14 | 29,14 | 371,6 | 28,85 | 369,0 |
| 15,0 | 0,20 | 30,01 | 391,5 | 29,32 | 387,0 | 0,15 | 29,19 | 395,8 | 28,85 | 393,0 |
| 16,0 | 0,2133 | 30,14 | 414,7 | 29,35 | 409,0 | 0,16 | 29,26 | 420,0 | 28,86 | 416,0 |
| 18,0 | 0,240 | 30,36 | 459,0 | 29,40 | 454,3 | 0,18 | 29,41 | 468,0 | 28,91 | 463,0 |
| 20,0 | 0,266 | 30,61 | 503,0 | 29,44 | 496,5 | 0,20 | 29,58 | 514,3 | 28,95 | 509,2 |
| 25,0 | 0,333 | 31,22 | 603,2 | 29,53 | 598,0 | 0,25 | 30,03 | 626,0 | 29,03 | 618,7 |
| 30,0 | 0,40 | 31,83 | 693,0 | 29,61 | 692,3 | 0,30 | 30,47 | 729,2 | 29,09 | 722,4 |
| 35,0 | 0,466 | 32,38 | 771,0 | 29,68 | 778,3 | 0,35 | 30,94 | 825,0 | 29,13 | 819,2 |
| 40,0 | 0,533 | 32,85 | 840,0 | 29,72 | 857,0 | 0,40 | 31,41 | 912,3 | 29,17 | 909,0 |
| 50,0 | 0,666 | 33,63 | 950,0 | 29,79 | 998,0 | 0,50 | 32,16 | 1060 | 29,24 | 1075 |
| 60,0 | 0,80 | 34,29 | 1031 | 29,85 | 1120 | 0,60 | 32,78 | 1181 | 29,29 | 1221 |
| 70,0 | 0,933 | 34,82 | 1098 | 29,88 | 1220 | 0,70 | 33,30 | 1277 | 29,32 | 1350 |
| 80,0 | 1,066 | 35,26 | 1151 | 29,90 | 1307 | 0,80 | 33,77 | 1355 | 29,34 | 1467 |
| 90,0 | 1,20 | 35,69 | 1193 | 29,92 | 1394 | 0,90 | 34,17 | 1423 | 29,36 | 1570 |
| 100,0 | 1,333 | 36,07 | 1228 | 29,93 | 1449 | 1,00 | 34,58 | 1478 | 29,38 | 1659 |
| 110,0 | 1,466 | 36,39 | 1258 | 29,93 | 1508 | 1,10 | 34,83 | 1526 | 29,38 | 1737 |
| 120,0 | 1,60 | 36,68 | 1284 | 29,93 | 1559 | 1,20 | 35,13 | 1566 | 29,39 | 1813 |
| 150,0 | 2,0 | 37,41 | 1336 | 29,94 | 1678 | 1,50 | 35,87 | 1655 | 29,41 | 1993 |
| 200,0 | — | — | — | — | — | 2,0 | 36,81 | 1753 | 29,43 | 2198 |

(Fortsetzung).

| s |  | D = 150 cm |  |  |  |  | D = 200 cm |  |  |  |
|---|---|---|---|---|---|---|---|---|---|---|
|  |  | Eine Kugel geerdet |  | Symmetr. Spannung |  |  | Eine Kugel geerdet |  | Symmetr. Spannung |  |
| cm | $\frac{s}{D}$ | $\mathfrak{E}_0 \frac{kV}{cm}$ | $U_{max}$ kV | $\mathfrak{E}_0 \frac{kV}{cm}$ | $U_{max}$ kV | $\frac{s}{D}$ | $\mathfrak{E}_0 \frac{kV}{cm}$ | $U_{max}$ kV | $\mathfrak{E}_0 \frac{kV}{cm}$ | $U_{max}$ kV |
| 5 | 0,0333 | 29,04 | 141,8 | 29,04 | 141,8 | 0,025 | 28,92 | 142,5 | 28,92 | 142,5 |
| 10 | 0,0666 | 28,54 | 273,0 | 28,52 | 272,8 | 0,05 | 28,31 | 273,8 | 28,30 | 273,8 |
| 15 | 0,10 | 28,50 | 400,3 | 28,39 | 398,6 | 0,075 | 28,21 | 402,8 | 28,13 | 401,5 |
| 20 | 0,133 | 28,60 | 523,4 | 28,37 | 520,0 | 0,10 | 28,20 | 528,4 | 28,07 | 525,6 |
| 25 | 0,166 | 28,84 | 642,0 | 28,39 | 636,5 | 0,125 | 28,25 | 650,0 | 28,06 | 645,5 |
| 30 | 0,20 | 29,09 | 759,0 | 28,43 | 751,0 | 0,150 | 28,38 | 770,0 | 28,07 | 765,0 |
| 35 | 0,233 | 29,36 | 870,5 | 28,46 | 858,5 | 0,175 | 28,54 | 887,4 | 28,09 | 878,0 |
| 40 | 0,266 | 29,65 | 975,0 | 28,51 | 962,0 | 0,20 | 28,75 | 1000 | 28,10 | 989,0 |
| 50 | 0,333 | 30,29 | 1170 | 28,58 | 1157 | 0,25 | 29,17 | 1215 | 28,13 | 1199 |
| 60 | 0,40 | 30,88 | 1344 | 28,62 | 1338 | 0,30 | 29,60 | 1417 | 28,16 | 1397 |
| 70 | 0,466 | 31,38 | 1494 | 28,64 | 1502 | 0,35 | 30,06 | 1602 | 28,18 | 1584 |
| 80 | 0,533 | 31,79 | 1626 | 28,66 | 1651 | 0,40 | 30,51 | 1770 | 28,21 | 1760 |
| 90 | 0,60 | 32,18 | 1738 | 28,68 | 1792 | 0,45 | 30,90 | 1922 | 28,24 | 1925 |
| 100 | 0,666 | 32,51 | 1837 | 28,70 | 1922 | 0,50 | 31,24 | 2060 | 28,25 | 2078 |
| 110 | 0,733 | 32,83 | 1920 | 28,71 | 2044 | 0,55 | 31,56 | 2182 | 28,26 | 2220 |
| 120 | 0,80 | 33,14 | 1995 | 28,71 | 2152 | 0,60 | 31,83 | 2293 | 28,27 | 2354 |
| 150 | 1,0 | 33,88 | 2173 | 28,73 | 2435 | 0,75 | 32,55 | 2558 | 28,29 | 2725 |
| 200 | 1,33 | 34,83 | 2373 | 28,75 | 2785 | 1,0 | 33,48 | 2863 | 28,32 | 3200 |
| 250 | 1,66 | 35,52 | 2496 | 28,75 | 3040 | 1,25 | 34,20 | 3075 | 28,34 | 3560 |
| 300 | 2,0 | 36,10 | 2579 | 28,76 | 3222 | 1,50 | 34,78 | 3155 | 28,35 | 3840 |
| 350 | — | — | — | — | — | 1,75 | 35,25 | 3322 | 28,36 | 4067 |
| 400 | — | — | — | — | — | 2,0 | 35,67 | 3397 | 28,37 | 4240 |

Zahlentafel 3. **Eichspannungen für kleine Kugelfunkenstrecken.** Anfangsspannungen und Durchbruchfeldstärken von Kugeln in Luft bei einem geerdeten Pol und symmetrischer Spannungsverteilung an den Elektroden. Gültig für $b = 760$ mm Hg und $t = 20^0$ (rel. Luftdichte $\delta = \frac{b \cdot 293}{760\,(273 + t)} = 1{,}0$).

| $s$ | | Eine Kugel geerdet | | Symmetr. Spannung | | | Eine Kugel geerdet | | Symmetr. Spannung | |
|---|---|---|---|---|---|---|---|---|---|---|
| cm | $\frac{s}{D}$ | $\mathfrak{E}_0$ $\frac{\text{kV}}{\text{cm}}$ | $U_{max}$ kV | $\mathfrak{E}_0$ $\frac{\text{kV}}{\text{cm}}$ | $U_{max}$ kV | $\frac{s}{D}$ | $\mathfrak{E}_0$ $\frac{\text{kV}}{\text{cm}}$ | $U_{max}$ kV | $\mathfrak{E}_0$ $\frac{\text{kV}}{\text{cm}}$ | $U_{max}$ kV |
| | $D = 0{,}5$ cm | | | | | $D = 1{,}0$ cm | | | | |
| 0,01 | 0,02 | 107,4 | 1,06 | 107,4 | 1,06 | 0,01 | 103,8 | 1,03 | 103,8 | 1,03 |
| 0,02 | 0,04 | 80,54 | 1,56 | 80,54 | 1,56 | 0,02 | 78,34 | 1,54 | 78,34 | 1,54 |
| 0,03 | 0,06 | 70,15 | 2,02 | 70,15 | 2,02 | 0,03 | 68,08 | 2,00 | 68,08 | 2,00 |
| 0,04 | 0,08 | 64,64 | 2,45 | 64,64 | 2,45 | 0,04 | 62,37 | 2,43 | 62,37 | 2,43 |
| 0,05 | 0,10 | 61,66 | 2,89 | 61,45 | 2,87 | 0,05 | 58,48 | 2,82 | 58,48 | 2,82 |
| 0,06 | 0,12 | 59,70 | 3,31 | 59,29 | 3,29 | 0,06 | 55,98 | 3,22 | 55,98 | 3,22 |
| 0,07 | 0,14 | 58,21 | 3,71 | 57,68 | 3,69 | 0,07 | 54,10 | 3,61 | 54,10 | 3,61 |
| 0,08 | 0,16 | 57,15 | 4,10 | 56,49 | 4,07 | 0,08 | 52,78 | 4,01 | 52,70 | 3,99 |
| 0,09 | 0,18 | 56,36 | 4,48 | 55,65 | 4,45 | 0,09 | 51,64 | 4,38 | 51,55 | 4,37 |
| 0,1 | 0,2 | 55,85 | 4,85 | 55,02 | 4,83 | 0,1 | 50,74 | 4,75 | 50,64 | 4,74 |
| 0,2 | 0,4 | 59,70 | 8,65 | 55,21 | 8,60 | 0,2 | 48,03 | 8,34 | 47,04 | 8,28 |
| 0,3 | 0,6 | 65,46 | 10,75 | 57,02 | 11,88 | 0,3 | 48,87 | 11,70 | 46,94 | 11,65 |
| 0,4 | 0,8 | 69,50 | 13,96 | 58,21 | 14,55 | 0,4 | 51,46 | 14,90 | 47,73 | 14,85 |
| 0,5 | 1,0 | 72,94 | 15,37 | 58,99 | 16,65 | 0,5 | 54,01 | 17,80 | 48,42 | 17,80 |
| 0,6 | 1,2 | 75,68 | 16,90 | 59,57 | 18,40 | 0,6 | 56,10 | 20,15 | 48,98 | 20,40 |
| 0,7 | 1,4 | 78,34 | 17,95 | 60,02 | 19,78 | 0,7 | 57,74 | 22,13 | 49,49 | 22,80 |
| 0,8 | 1,6 | 80,54 | 18,78 | 60,39 | 20,90 | 0,8 | 59,36 | 23,85 | 49,91 | 24,94 |
| 0,9 | 1,8 | 82,80 | 19,50 | 60,72 | 21,94 | 0,9 | 60,74 | 25,30 | 50,27 | 26,87 |
| 1,0 | 2,0 | 84,72 | 20,15 | 60,98 | 22,80 | 1,0 | 61,87 | 26,50 | 50,52 | 28,50 |
| 1,5 | — | — | — | — | — | 1,5 | 66,60 | 30,90 | 51,38 | 34,80 |
| 2,0 | — | — | — | — | — | 2,0 | 70,39 | 33,50 | 51,93 | 38,80 |
| | $D = 1{,}5$ cm | | | | | $D = 2{,}5$ cm | | | | |
| 0,01 | 0,0066 | 101,9 | 1,01 | 101,9 | 1,01 | 0,004 | 99,90 | 0,995 | 99,90 | 0,995 |
| 0,02 | 0,0133 | 76,74 | 1,52 | 76,74 | 1,52 | 0,008 | 75,25 | 1,49 | 75,25 | 1,49 |
| 0,03 | 0,020 | 66,83 | 1,97 | 66,83 | 1,97 | 0,012 | 65,69 | 1,95 | 65,69 | 1,95 |
| 0,04 | 0,0266 | 61,02 | 2,40 | 61,02 | 2,40 | 0,016 | 60,12 | 2,38 | 60,12 | 2,38 |
| 0,05 | 0,0333 | 57,28 | 2,80 | 57,28 | 2,80 | 0,020 | 56,43 | 2,77 | 56,43 | 2,77 |
| 0,06 | 0,040 | 54,70 | 3,19 | 54,70 | 3,19 | 0,024 | 53,76 | 3,17 | 53,76 | 3,17 |
| 0,07 | 0,0466 | 52,76 | 3,58 | 52,76 | 3,58 | 0,028 | 51,70 | 3,55 | 51,70 | 3,55 |
| 0,08 | 0,0533 | 51,23 | 3,95 | 51,23 | 3,95 | 0,032 | 50,12 | 3,93 | 50,12 | 3,93 |
| 0,09 | 0,060 | 50,00 | 4,31 | 50,00 | 4,31 | 0,036 | 48,81 | 4,27 | 48,81 | 4,27 |
| 0,1 | 0,0666 | 49,09 | 4,70 | 49,09 | 4,70 | 0,04 | 47,70 | 4,64 | 47,70 | 4,64 |
| 0,2 | 0,133 | 44,98 | 8,23 | 44,46 | 8,15 | 0,08 | 42,49 | 8,06 | 42,35 | 8,04 |
| 0,3 | 0,20 | 44,16 | 11,50 | 43,27 | 11,40 | 0,12 | 40,90 | 11,35 | 40,49 | 11,24 |
| 0,4 | 0,266 | 44,60 | 14,65 | 43,13 | 14,56 | 0,16 | 40,27 | 14,42 | 39,63 | 14,30 |
| 0,5 | 0,333 | 45,97 | 17,75 | 43,57 | 17,63 | 0,20 | 40,18 | 17,44 | 39,37 | 17,30 |
| 0,6 | 0,40 | 47,70 | 20,70 | 44,06 | 20,58 | 0,24 | 40,41 | 20,37 | 39,38 | 20,30 |

Zahlentafel 3 (Fortsetzung).

| s | $\frac{s}{D}$ | Eine Kugel geerdet | | Symmetr. Spannung | | $\frac{s}{D}$ | Eine Kugel geerdet | | Symmetr. Spannung | |
|---|---|---|---|---|---|---|---|---|---|---|
| cm | | $\mathfrak{E}_0 \frac{kV}{cm}$ | $U_{max}$ kV | $\mathfrak{E}_0 \frac{kV}{cm}$ | $U_{max}$ kV | | $\mathfrak{E}_0 \frac{kV}{cm}$ | $U_{max}$ kV | $\mathfrak{E}_0 \frac{kV}{cm}$ | $U_{max}$ kV |
| | | $D = 1,5$ cm | | | | | $D = 2,5$ cm | | | |
| 0,7 | 0,466 | 49,18 | 23,26 | 44,46 | 23,30 | 0,28 | 41,11 | 23,34 | 39,55 | 23,20 |
| 0,8 | 0,533 | 50,47 | 25,77 | 44,84 | 25,90 | 0,32 | 41,86 | 26,20 | 39,77 | 25,98 |
| 0,9 | 0,60 | 51,64 | 27,86 | 45,10 | 28,10 | 0,36 | 42,66 | 28,90 | 40,01 | 28,60 |
| 1,0 | 0,666 | 52,72 | 29,75 | 45,39 | 30,40 | 0,40 | 43,40 | 31,40 | 40,23 | 31,30 |
| 1,5 | 1,0 | 56,75 | 36,50 | 46,34 | 39,20 | 0,60 | 46,61 | 41,90 | 41,17 | 42,80 |
| 2,0 | 1,333 | 50,57 | 40,70 | 46,88 | 45,50 | 0,80 | 40,00 | 40,20 | 41,84 | 52,35 |
| 2,5 | 1,666 | 61,80 | 43,40 | 47,24 | 50,00 | 1,0 | 50,99 | 53,70 | 42,30 | 59,75 |
| 3,0 | 2,0 | 63,75 | 45,50 | 47,53 | 53,30 | 1,2 | 52,48 | 58,50 | 42,58 | 65,70 |
| 3,5 | — | — | — | — | — | 1,4 | 53,76 | 61,70 | 42,78 | 70,60 |
| 4,0 | — | — | — | — | — | 1,6 | 54,89 | 64,00 | 42,93 | 74,50 |
| 4,5 | — | — | — | — | — | 1,8 | 55,91 | 66,00 | 43,50 | 77,80 |
| 5,0 | — | — | — | — | — | 2,0 | 56,75 | 67,55 | 43,15 | 80,60 |
| | | $D = 3,0$ cm | | | | | $D = 4,0$ cm | | | |
| 0,01 | 0,0033 | 99,14 | 0,988 | 99,14 | 0,988 | 0,0025 | 98,24 | 0,980 | 98,24 | 0,980 |
| 0,02 | 0,0066 | 75,16 | 1,49 | 75,16 | 1,49 | 0,0050 | 74,13 | 1,47 | 74,13 | 1,47 |
| 0,03 | 0,010 | 65,12 | 1,94 | 65,12 | 1,94 | 0,0075 | 64,94 | 1,93 | 64,94 | 1,93 |
| 0,04 | 0,0133 | 59,74 | 2,36 | 59,74 | 2,36 | 0,0100 | 59,64 | 2,36 | 59,64 | 2,36 |
| 0,05 | 0,0166 | 56,24 | 2,77 | 56,24 | 2,77 | 0,0125 | 56,01 | 2,77 | 56,01 | 2,77 |
| 0,06 | 0,020 | 53,69 | 3,17 | 53,69 | 3,17 | 0,0150 | 53,33 | 3,16 | 53,33 | 3,16 |
| 0,07 | 0,0233 | 51,49 | 3,55 | 51,49 | 3,55 | 0,0175 | 51,29 | 3,54 | 51,29 | 3,54 |
| 0,08 | 0,0266 | 49,87 | 3,93 | 49,87 | 3,93 | 0,020 | 49,66 | 3,91 | 49,66 | 3,91 |
| 0,09 | 0,030 | 48,60 | 4,27 | 48,60 | 4,27 | 0,0225 | 48,36 | 4,28 | 48,36 | 4,28 |
| 0,1 | 0,033 | 47,50 | 4,64 | 47,50 | 4,64 | 0,025 | 47,32 | 4,65 | 47,32 | 4,65 |
| 0,2 | 0,066 | 42,09 | 8,06 | 42,09 | 8,06 | 0,050 | 41,74 | 8,08 | 41,74 | 8,08 |
| 0,3 | 0,10 | 40,23 | 11,20 | 40,00 | 11,24 | 0,075 | 39,49 | 11,27 | 39,49 | 11,27 |
| 0,4 | 0,133 | 39,47 | 14,44 | 38,95 | 14,28 | 0,100 | 38,40 | 14,38 | 38,24 | 14,33 |
| 0,5 | 0,166 | 39,16 | 17,45 | 38,48 | 17,24 | 0,125 | 37,88 | 17,42 | 37,54 | 17,28 |
| 0,6 | 0,20 | 39,04 | 20,34 | 38,30 | 20,20 | 0,150 | 37,63 | 20,40 | 37,17 | 20,25 |
| 0,7 | 0,233 | 39,26 | 23,25 | 38,34 | 23,10 | 0,175 | 37,50 | 23,28 | 37,03 | 23,15 |
| 0,8 | 0,266 | 39,73 | 26,10 | 38,46 | 25,90 | 0,200 | 37,58 | 26,10 | 36,98 | 26,00 |
| 0,9 | 0,30 | 40,23 | 28,90 | 38,71 | 28,75 | 0,225 | 37,84 | 28,95 | 37,03 | 28,85 |
| 1,0 | 0,333 | 40,88 | 31,70 | 38,92 | 31,50 | 0,250 | 38,18 | 31,78 | 37,12 | 31,60 |
| 1,5 | 0,50 | 43,85 | 43,35 | 39,72 | 43,75 | 0,375 | 40,13 | 44,70 | 37,80 | 44,80 |
| 2,0 | 0,666 | 46,00 | 52,00 | 40,25 | 54,00 | 0,50 | 42,01 | 55,35 | 38,28 | 56,30 |
| 2,5 | 0,833 | 47,82 | 58,35 | 40,66 | 62,50 | 0,625 | 43,65 | 64,00 | 38,65 | 66,25 |
| 3,0 | 1,0 | 49,32 | 63,35 | 40,97 | 69,40 | 0,75 | 44,98 | 70,75 | 38,95 | 74,80 |
| 3,5 | 1,16 | 50,49 | 67,25 | 41,19 | 75,20 | 0,875 | 46,18 | 76,20 | 39,25 | 82,60 |
| 4,0 | 1,33 | 51,55 | 70,40 | 41,36 | 80,20 | 1,00 | 47,15 | 80,75 | 39,44 | 89,20 |
| 4,5 | 1,50 | 52,54 | 73,20 | 41,50 | 84,30 | 1,125 | 48,08 | 84,65 | 39,55 | 94,70 |
| 5,0 | 1,66 | 53,40 | 75,00 | 41,61 | 87,90 | 1,25 | 48,87 | 87,90 | 39,66 | 99,75 |
| 6,0 | 2,0 | 54,89 | 78,40 | 41,81 | 93,80 | 1,50 | 50,27 | 92,95 | 39,81 | 107,8 |
| 7,0 | — | — | — | — | — | 1,75 | 51,40 | 97,00 | 39,90 | 114,3 |
| 8,0 | — | — | — | — | — | 2,0 | 52,42 | 99,75 | 39,95 | 119,5 |

Zahlen-

Eichspannungen für Zylinderfunkenstrecken. Anfangsspannungen und einem geerdeten Pol oder symmetrischer Spannungsverteilung an den Elektroden.

| $s$ | $D = 1$ cm | | | $D = 2$ cm | | | $D = 5$ cm | | |
|---|---|---|---|---|---|---|---|---|---|
| cm | $\frac{s}{D}$ | $\mathfrak{E}_0 \frac{\text{kV}}{\text{cm}}$ | $U_{max}$ kV | $\frac{s}{D}$ | $\mathfrak{E}_0 \frac{\text{kV}}{\text{cm}}$ | $U_{max}$ kV | $\frac{s}{D}$ | $\mathfrak{E}_0 \frac{\text{kV}}{\text{cm}}$ | $U_{max}$ kV |
| 0,1 | 0,1 | 46,4 | 4,48 | — | — | — | — | — | — |
| 0,2 | 0,2 | 42,3 | 7,94 | 0,10 | 41,20 | 7,98 | — | — | — |
| 0,3 | 0,3 | 40,8 | 11,18 | 0,15 | 39,30 | 11,25 | 0,06 | 38,50 | 11,32 |
| 0,4 | 0,4 | 40,00 | 14,17 | 0,20 | 38,35 | 14,40 | — | — | — |
| 0,5 | 0,5 | 39,55 | 17,05 | 0,25 | 37,70 | 17,45 | 0,10 | 36,40 | 17,65 |
| 0,6 | 0,6 | 39,15 | 19,67 | 0,30 | 37,32 | 20,44 | — | — | — |
| 0,7 | 0,7 | 39,00 | 22,28 | 0,35 | 36,95 | 23,27 | 0,14 | 35,30 | 23,60 |
| 0,8 | 0,8 | 39,03 | 24,90 | 0,40 | 36,70 | 26,00 | — | — | — |
| 0,9 | 0,9 | 39,10 | 27,35 | 0,45 | 36,55 | 28,70 | 0,18 | 34,75 | 29,50 |
| 1,0 | 1,0 | 39,30 | 29,88 | 0,50 | 36,45 | 31,40 | 0,20 | 34,55 | 32,40 |
| 1,1 | 1,1 | 39,52 | 32,35 | 0,55 | 36,35 | 33,95 | — | — | — |
| 1,2 | 1,2 | 39,76 | 34,75 | 0,60 | 36,30 | 36,50 | — | — | — |
| 1,3 | 1,3 | 39,95 | 37,10 | 0,65 | 36,30 | 39,07 | — | — | — |
| 1,4 | 1,4 | 40,15 | 39,20 | 0,70 | 36,35 | 41,56 | — | — | — |
| 1,5 | 1,5 | 40,30 | 41,40 | 0,75 | 36,40 | 44,00 | 0,30 | 34,00 | 46,55 |
| 1,6 | 1,6 | 40,50 | 43,50 | 0,80 | 36,48 | 46,50 | — | — | — |
| 1,7 | 1,7 | 40,60 | 45,50 | 0,85 | 36,55 | 48,85 | — | — | — |
| 1,8 | 1,8 | 40,65 | 47,30 | 0,90 | 36,60 | 51,30 | — | — | — |
| 1,9 | 1,9 | 40,73 | 49,10 | 0,95 | 36,70 | 53,70 | — | — | — |
| 2,0 | 2,0 | 40,80 | 50,80 | 1,0 | 36,80 | 56,00 | 0,40 | 33,75 | 59,80 |
| 2,5 | — | — | — | 1,25 | 37,15 | 66,85 | 0,50 | 33,70 | 72,60 |
| 3,0 | — | — | — | 1,5 | 37,45 | 76,90 | 0,60 | 33,73 | 84,80 |
| 4,0 | — | — | — | 2,0 | 37,75 | 93,90 | 0,80 | 33,80 | 107,6 |
| 5,0 | — | — | — | — | — | — | 1,0 | 34,00 | 129,1 |
| 6,0 | — | — | — | — | — | — | 1,2 | 34,15 | 149,0 |
| 7,0 | — | — | — | — | — | — | 1,4 | 34,30 | 167,7 |
| 8,0 | — | — | — | — | — | — | 1,6 | 34,45 | 185,0 |
| 9,0 | — | — | — | — | — | — | 1,8 | 34,50 | 200,8 |
| 10,0 | — | — | — | — | — | — | 2,0 | 34,55 | 214,7 |

tafel 4.
Durchbruchfeldstärken von gleichen, parallelen oder gekreuzten Zylindern in Luft bei
Gültig für $b = 760$ mm Hg und $t = 20^0$ $\left(\text{rel. Luftdichte } \delta = \frac{b \cdot 293}{760\,(273 + t)} = 1{,}0\right)$.

| $s$ | $D = 10$ cm | | | $D = 15$ cm | | | $D = 25$ cm | | | $D = 50$ cm | | |
|---|---|---|---|---|---|---|---|---|---|---|---|---|
| cm | $\frac{s}{D}$ | $\mathfrak{E}_0 \frac{kV}{cm}$ | $U_{max}$ kV | $\frac{s}{D}$ | $\mathfrak{E}_0 \frac{kV}{cm}$ | $U_{max}$ kV | $\frac{s}{D}$ | $\mathfrak{E}_0 \frac{kV}{cm}$ | $U_{max}$ kV | $\frac{s}{D}$ | $\mathfrak{E}_0 \frac{kV}{cm}$ | $U_{max}$ kV |
| 1,0 | 0,1 | 33,60 | 32,50 | 0,066 | 33,10 | 32,40 | — | — | — | — | — | — |
| 1,5 | 0,15 | 32,75 | 46,80 | 0,1 | 32,10 | 46,70 | 0,06 | 31,50 | 46,30 | — | — | — |
| 2.0 | 0,20 | 32,30 | 60,70 | 0,133 | 31,63 | 60,70 | 0,08 | 30,90 | 60,25 | 0,04 | 30,7 | 60,70 |
| 2,5 | 0,25 | 32,00 | 74,00 | 0,166 | 31,38 | 74,33 | 0,1 | 30,50 | 73,80 | 0,05 | 30,40 | 74,80 |
| 3,0 | 0,30 | 31,85 | 87,25 | 0,20 | 31,20 | 87,80 | 0,12 | 30,30 | 87,50 | 0,06 | 30,00 | 88,25 |
| 4,0 | 0,40 | 31,80 | 112,5 | 0,266 | 31,02 | 114,3 | 0,16 | 30,10 | 114,3 | 0,08 | 29,60 | 115,5 |
| 5,0 | 0,50 | 31,90 | 137,4 | 0,333 | 31.00 | 139,8 | 0,20 | 29,95 | 140,5 | 0,10 | 29,40 | 142,2 |
| 6,0 | 0,60 | 31,95 | 160,5 | 0,40 | 31,03 | 164,6 | 0,24 | 29,90 | 166,5 | 0,12 | 29,25 | 169,0 |
| 7,0 | 0,70 | 32,00 | 183,0 | 0,466 | 31,06 | 189,0 | 0,28 | 29,90 | 191,8 | 0,14 | 29,20 | 195,5 |
| 8,0 | 0,80 | 32,08 | 204,5 | 0,533 | 31,09 | 212,4 | 0,32 | 29,92 | 216,7 | 0,16 | 29,15 | 221,4 |
| 9,0 | 0,90 | 32,15 | 225,0 | 0,60 | 31,10 | 234,5 | 0,36 | 29,93 | 241,5 | 0,18 | 29,10 | 247,0 |
| 10,0 | 1,0 | 32,20 | 244,8 | 0,666 | 31,12 | 256,5 | 0,40 | 29,95 | 265,0 | 0,20 | 29,10 | 273,0 |
| 12,0 | 1,2 | 32,30 | 282,3 | 0,80 | 31,15 | 297,4 | 0,48 | 29,96 | 311,0 | 0,24 | 29,10 | 324,5 |
| 14,0 | 1,4 | 32,40 | 317,0 | 0,933 | 31,20 | 337,0 | 0,56 | 29,98 | 355,0 | 0,28 | 29,12 | 374,0 |
| 15,0 | 1,5 | 32,45 | 333,0 | 1,0 | 31,22 | 356,7 | 0,60 | 29,99 | 377,0 | 0,30 | 29,13 | 399,0 |
| 16,0 | 1,6 | 32,50 | 349,0 | 1,066 | 31,24 | 374,6 | 0,64 | 30,00 | 398 | 0,32 | 29,14 | 423 |
| 18,0 | 1,8 | 32,55 | 379,0 | 1,20 | 31,26 | 410 | 0,72 | 30,03 | 440 | 0,36 | 29,16 | 471 |
| 20,0 | 2,0 | 32,60 | 405 | 1,33 | 31,30 | 443 | 0,80 | 30,05 | 478 | 0,40 | 29,17 | 517 |
| 25,0 | — | — | — | 1,66 | 31,40 | 521 | 1,0 | 30,10 | 572 | 0,50 | 29,18 | 628 |
| 30,0 | — | — | — | 2,0 | 31,50 | 588 | 1,2 | 30,15 | 658 | 0,60 | 29,20 | 734 |
| 35,0 | — | — | — | — | — | — | 1,4 | 30,25 | 738 | 0,70 | 29,22 | 835 |
| 40,0 | — | — | — | — | — | — | 1,6 | 30,30 | 814 | 0,80 | 29,25 | 932 |
| 50,0 | — | — | — | — | — | — | 2,0 | 30,40 | 945 | 1,0 | 29,30 | 1112 |
| 60,0 | — | — | — | — | — | — | — | — | — | 1,2 | 29,35 | 1281 |
| 70,0 | — | — | — | — | — | — | — | — | — | 1,4 | 29,37 | 1436 |
| 80,0 | — | — | — | — | — | — | — | — | — | 1,6 | 29,40 | 1580 |
| 90,0 | — | — | — | — | — | — | — | — | — | 1,8 | 29,45 | 1712 |
| 100,0 | — | — | — | — | — | — | — | — | — | 2,0 | 29,50 | 1835 |

# Namenverzeichnis.

# Sachverzeichnis.

## A. Alphabetisches Verzeichnis.

## B. Verzeichnis der meßbaren Größen.

### I. Spannungsmessung.